振動工学 新装版

振動の基礎から実用解析入門まで

藤田勝久 著

森北出版株式会社

まえがき

機械の歴史は，道具までを含めると人類の歴史とともにあると考えられる．古くはギリシャ文明におけるアルキメデス (Archimedes，B.C.287～B.C.212) や，15 世紀のレオナルド・ダ・ヴィンチ (Leonardo da Vinci，1452～1519) など，すでに多くの人々が機械文明の発達に大きな契機を与えてくれた．機械工学としての振動学の始まりは，ガリレイ (Galileo Galilei，1564～1642)，ホイヘンス (Christiaan Huygens，1629～1695) およびニュートン (Isaac Newton，1642～1727) に代表される多くの学者が発達させた古典力学にある．その後，多くの物理学者，音響学者および数学者が振動学の発展に寄与してきた．本書のなかに出てくる多くの固有名詞も，これらの偉大な学者に負っていることを示している．

振動学が振動工学として，ものづくりのなかで機械工学の実用学として重要な役割を演じるに至ったのは，チモシェンコ (Stephen Timoshenko，1878～1972) やハルトック (Jacob Pieter Den Hartog，1901～1989) などの貢献が大きい．とくに，第 1 次，第 2 次世界大戦の軍事的要求とあいまって，機械が超大形化，超高速化するにつれて，それまでの静力学的な配慮だけでは，振動が多発し，機械の設計が立ち行かなくなった．そういった状況のなか，振動工学の重要性は増し，研究が発展してきた．

日本でも，振動の研究は造船学，地震学などの分野において比較的早く始まったが，機械工学，航空工学，電気工学などにおいても盛んになり，その後さらに多くの大学研究者，官界・企業の研究者，技術者の相互の協力により進歩し，今では世界に引けをとらない水準になってきている．

さて，21 世紀に入った現在，機械のものづくりは多様を極めている．従来の重厚長大分野における超大形化や超高速化に加えて，ナノ技術分野におけるものづくり，輸送・物流革命，ロボット化，環境対策，資源リサイクル，省エネルギーなどにおいて，超小形化や超軽量化，超複合化および超精密化などが推し進められてきている．機械は，構造物としての強度機能と同時に，本質的には，動くことによって機能を発揮するものであるから，新しい機械の創造のブレークスルーは，振動問題の解決がキーとなることがしばしばである．それゆえ，振動に関する知識は，機械工学の基幹技術として，ますます重要となり，機械系学生にとって欠かすことのできない重要な科目となっている．

本書の内容は，大きく分けて振動工学の入門としての基礎的な面と，振動の専門家ではなくても設計者，開発者がわずかな努力によって，実務に対応できる実用入門書的な面からなっている．基礎的な面では，機械系の学部の学生が一般力学を学習し，剛体を中心とした機械の運動学・動力学を学んだあと，機械・構造物を弾性体としてとらえたときの動的な取り扱いの基礎を述べた．振動とは何かから始まり，振動の種類，1自由度，2自由度，多自由度および連続体について，例題を多く交えて説明している．学部レベルの半年間の講義時間では，ここまでが1つの区切りと考えられる．さらに実用入門書として，振動計測とデータ処理，振動制御および振動のコンピュータ解析をとりあげてある．

本書では大学の学部での機械振動論，大学院での振動工学特論の講義の永年の経験を踏まえて，静力学や材料力学を学び終え，これから振動工学を学ぼうとする学生に，将来，開発や設計に取り組むときに動的なものの考え方がいかに大事であるかを伝えることに力点を置いた．また，講義で経験してきた多くの質問を反映して，読者の理解を早めるために，いかに記述するか配慮した．

さらに，企業の研究開発部門での30数年の振動・騒音の技術における著者の経験を踏まえて，研究開発のなかで，何気なく軽く通りすぎていた点や，基本をおろそかにしていた点，さらに基礎のなかでもとくに実用上重要な点について詳しく述べ，学生が学んでおけば将来役立つように留意した．また，企業で設計開発者から，振動はわかりにくい，スペシャル分野として専門家に任せておけばよい，との言葉をしばしば耳にし，振動工学が要素技術の1つとして，十分に習得されていないと感じられたので，できるだけ平易な例題を用いてわかりやすく，かつとりつきやすくした．

さらに，単著とすることにより，はじめから終わりまでトーンを統一することで理解しやすくすることに努め，企業，大学を通じて永年培ってきた振動技術のすべてを新しい若い人に技術伝承することを狙いとした．

なお，振動工学の応用面としては，不規則振動，自励振動，非線形振動，回転機械振動，流体関連振動，耐震・免震設計などが重要課題であるが，本書では，実用入門書として振動工学の基礎に限定した．これは機械技術者の方々に，特殊な技術分野でなく習得しておかなければならない基幹の知識として，振動工学にできるだけ多くの興味をもってもらうためである．浅学，非才による不行き届きや，不満足な点があることについてはご容赦願うとともに，忌憚のないご意見をいただければ幸いである．

終わりに，本書に引用させて頂いた内外の書物，文献の著者に対して厚く感謝申し上げる．また，本書の刊行にあたっては，森北出版の石田昇司氏，石井智也氏ほか関係各位に多大なるご理解とご尽力を賜った．さらに，原稿の図表の作成にあたっては，著者の研究室の川辺恭介君や川崎宏昭君をはじめとする大学院生に，また原稿の整理に秘書の山口知子氏に手伝っていただいた．さらに演習問題の作成の一部については，著者の演習科目の講義に協力していただいた方々に感謝する．ここに皆様に深く感謝の意を表したい．

2005 年 8 月

藤田勝久

新装版まえがき

本書は初版発行以来多くの大学，高専でテキストとして用いられてきたが，発行から 10 年ほど経過したいま，新装版を発行する運びとなった．新装版においては，レイアウトを一新し，2 色刷によるよりわかりやすい紙面の構築に努めた．

初版発行以後も，機械のものづくりは多様化が進み，振動工学はさらに重要性を増している．本書では，解説とともに数多くの例題を掲載し，順番に解いていくことで開発や設計に役立つ考え方が身につくよう配慮している．本書が機械系の学生や技術者の勉学の一助となれば幸いである．

最後に，新装版の刊行にあたっては，森北出版の石田昇司氏，上村紗帆氏ならびに宮地亮介氏ほか関係各位に大変お世話になった．ここに厚くお礼を申し上げる．

2016 年 11 月

藤田勝久

目　次

第1章　振動とは何か

われわれのまわりで，変動するもの，**振動** (vibration, oscillation) しているものを考えてみると，非常に多くのことがらがあるのに驚くであろう．ここでは，これらについていくつか具体的に述べ，振動とは何かについて考える．

1.1　変動するもの，振動するもの

1.1.1　四季の移り変わり，気象の変化

われわれは，毎年新春を迎え，春，夏，秋，冬を経て，またつぎの新しい春を迎える．身のまわりの木々も鳥も，地球上のすべての生物がこの繰り返しの変動に従って，周期的な変動を繰り返しているといえる．月にしても新月，半月，満月を繰り返しながら四季の変化に対応していく．また，1 日も，東から朝日が昇り，西に夕日が沈む繰り返しの変動として観察される．庭の草花も桜の木も毎年春になれば見事な開花をし，桜の花の下で酩酊することもできる．さらに，冬の季節風，梅雨や，夏から秋にかけての台風など，巨視的にみれば大きな周期性をもったなかでわれわれは生活をしていることになる．

1.1.2　地震による振動

もう少し自然の話を続ける．昔のいい伝えに，恐ろしいものとして，地震，雷，火事，親父とある (第 4 番目は少しニュアンスが変化しているかもしれない…) が，依然として地震の災害は恐ろしい．世界的にも大地震災害は枚挙にいとまがないが，日本国内だけでも 1923 年の関東地震，その後の福井地震，昭和南海地震，さらには未曾有の大災害をもたらした 1995 年の兵庫県南部地震や 2004 年の新潟県中越地震，2011 年の東北地方太平洋沖地震があり，一方，海外では 2004 年末のインドネシア・スマトラ島沖地震による大津波災害などがある．このように，地震はわれわれの日常生活を脅かす恐ろしいものである．

地震は火山性のものもあるが，おもに地殻変動に起因するもので，地球表面を覆うマントルの数枚のプレートの変動・移動と活断層のずれにともなって起こる，大地を伝わる波動の振動現象である．地震がいつ発生するかについては，必ずしも明確な周

期性はないといわれているが，大地震では500年～1000年単位で巨視的な周期性があるとも考えられている．

大地を伝わる地震動そのものは，地殻プレートの境界面で起こりやすい海洋型と直下型があるが，一般的にはまず伝播速度の速い縦波(P波)が突き上げるようにして伝わってきて，その後，比較的周期の長い横波(S波)がゆらゆらと伝わってくる．さらに，地殻の表面まで地震の振動が伝わってくると，垂直または水平に旋回する表面波も生じ，これらの振動が地表面の建物，構造物，機械その他すべての物体を揺することになる．地震によって揺すられる側の周期が地震動の周期に非常に近いと大きな破壊を生じることにもなる．図1.1に，2004年に発生した新潟県中越地震によって列車が脱線した状況と，記録地震波形例を示す．

（a）脱線した上越新幹線「とき325号」

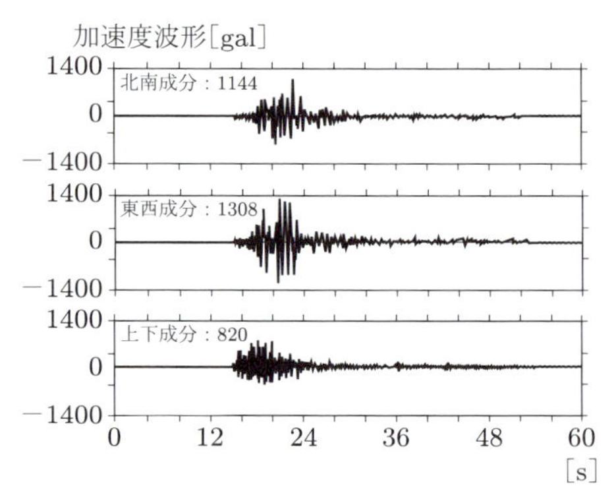

（b）新潟県小千谷での記録地震波
（防災科学技術研究所・強震観測網（K-NET）のデータをもとに作成）

図1.1　地震による列車脱線被害例と記録地震波形例

また，海洋では海底の地殻の変動が海面の変動を誘起し，この海面の変化が津波として，震源と地震観測点までの距離と伝播速度によって決まる時間遅れをもって伝わる．インド洋大津波や北海道の奥尻島および東北地方太平洋沖地震の津波被害を見ればわかるように，海岸付近に大惨事を引き起こす．

1.1.3　風による振動

さらに，もう少し自然現象について話を続ける．四季の変化，その移ろいに従って，モンスーンのような季節風，地球の回転に影響を受けている偏西風，さらには，ジェット気流などさまざまな形で，地球上を空気が変動しながら移動している．このなかを生物である鳥は周期的に翼を動かしながら移動するし，飛行機は流線形の翼によって進行方向に対して上向き，すなわち直角方向の揚力という上昇力を得て，地上の乗り物に比べて高速で目的地に運んでくれる．このとき，飛行機は，翼が受ける高速の空気流によって，翼が振動 (これは専門用語で**自励振動** (self-excited vibration) または**フラッター** (flutter) とよばれる) を起こさないように製作されたものでなければならない．

また，高層ビル，タワーや長大橋，さらに産業施設の煙突やクーリングタワーも超巨大化するにつれて，風により生じる振動による破壊やフラッターなどによる構造物の安全性について配慮した建設をしなければならない．この悲惨な事故例としては，図 1.2 の記録写真に示すように，1940 年にアメリカのワシントン州のタコマ橋の落橋事故がある．この橋は，開通して数ヶ月たったとき，17～18 m/s の横風を受けて，大きく振動して崩壊してしまった．

図 1.2　タコマ橋の風による振動と落橋 (シンフォニアテクノロジー(株)提供)

1.1.4　波浪による船体の破壊

大量輸送に欠かせない船舶輸送においても，悪天候時の波浪の変動外力によって，巨大タンカーが真っ二つに疲労破壊させられるような事故も過去に多く生じている．

1.1.5　宇宙船での振動

宇宙船で無重力実験を試みるとき，**G–ジッター**とよばれる微小な振動に注意する必要がある．また，宇宙ステーションでのロボット作業においても，ロボットの腕を伸ばす運動をすれば，作用・反作用の法則で宇宙船が反対方向の運動をしてしまう．動作に対する慣性のカウンターバランスなどの振動制御が重要となる．

1.1.6　日常生活に関係の深い多くの機械の振動

われわれは生まれてすぐの揺りかごの揺れや，幼児になってからのブランコ，メリーゴーランドの揺れなどを経験してきているが，われわれが文明の機械として開発してきたものは，多かれ少なかれ，変動・振動現象と切っても切り離せない．

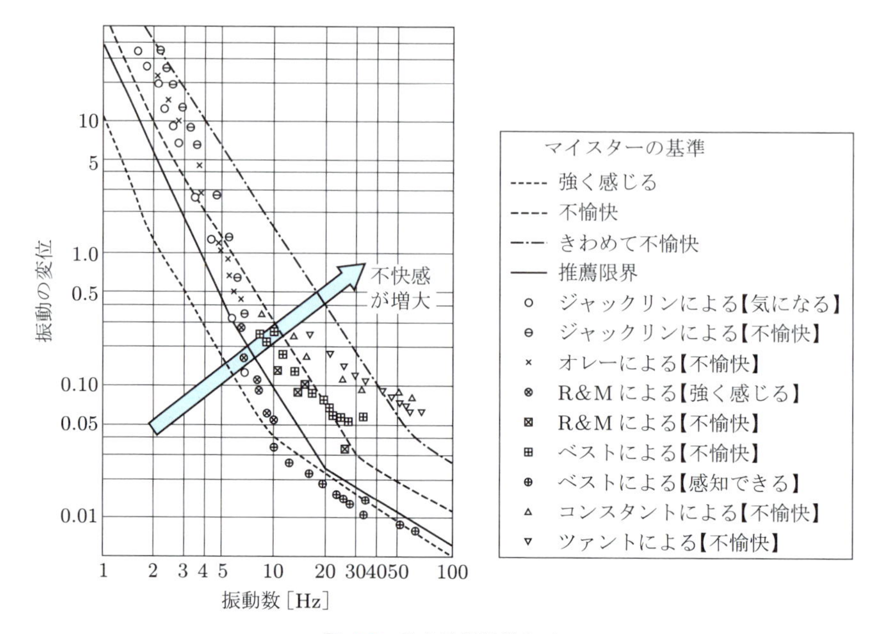

図 1.3　乗心地限界線 [11]

図 1.3 に，振動数 (振動の繰り返しの回数のこと) と振動の変位との関係による乗心地限界の例を示す．このように，自動車や電車の乗心地として感じる振動は，人間の体の振動に対する応答性 (感度) と密接に関係しており，乗り物酔いにも大いに関係がある．さらに，電動工具などの振動は，手のしびれなどの職業病を起こすことにもなる．

また，日常生活のなかで，洗濯機の振動，掃除機，扇風機，オーディオ製品など，ほとんどの電化ハイテク製品の回転体やモータにおいて振動が発生している．これらは小形，軽量化し，かつ高速化するにつれて，その振動の軽減が製品の性能を左右することになる．

1.1.7　エネルギー供給のための機械の振動

文明社会がここまで発展し，われわれが快適な生活をエンジョイできるようになったのも，電気エネルギーを筆頭とするエネルギー革命の担うところが大きい．とくに，家庭の何から何まで電化し尽くされた感が強い家庭電化製品，さらに最近のコンピュータ文明にともなう新たなるハイテク製品の出現などによって年々増加する電気エネルギーの需要に答えるためには，太陽熱，風力，地熱発電などもあるが，水力，火力，原子力発電が主力となる．図 1.4 に発電施設の構造例を示すが，いずれも超大型の回転機械を用いて，電気エネルギーへの変換を行っているものであり，図 1.5 に

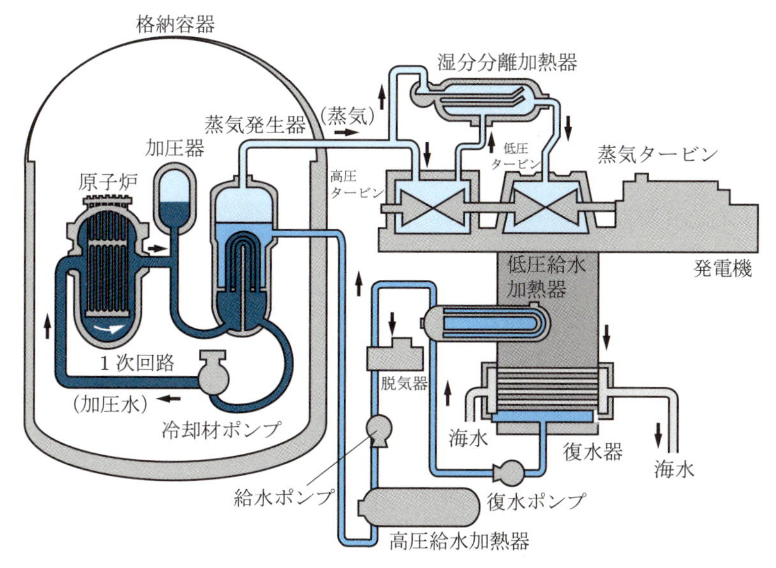

図 1.4　加圧水型原子力発電プラント

図 1.5　蒸気タービンの軸と翼

示すタービンや発電機の振動，さらには水や蒸気や熱ガスからなる流体の流れによる管群や配管や羽根車などの振動の防止が重要となる．これらの振動の防止の努力を怠ると，数十メートルの長さで，直径数メートルの回転体が破壊し，数百メートルのところまで，ばらばらになった回転体が飛散する大惨事につながることもある．また，管群や配管の破壊，漏洩(ろうえい)によって，放射能物質の汚染問題につながることもある．

さらに機械から発する振動は，空気の圧力の変動を生じさせ，音として体感される．家屋の窓ガラスなどがガタガタ揺れる公害振動としての低周波振動から，さまざまな生産機械，交通機械から発せられる騒音まである．むろん，逆に，小鳥のさえずり音や楽器の音，そよ風の心地よい音も，これまた固体の振動が，空気の振動に変化して，われわれを心地よく感じさせるのである．

1.1.8　人間のバイオリズム

生物は，体内に時計に相当する能力をもっているといわれている．これは，天体の動き，地球の自転，公転，気圧の変動，潮の満ち引きなどによって培われた能力と考えられる．渡り鳥が正確に四季の折々にやってきて去っていくのもこれらによると考えられている．また，植物も同様であり，開花や結実のタイミングが見事に守られている．人間のバイオリズムは，身体，感情，知性がある周期性をもって変動するといわれ，各個人によって現れ方はさまざまであるが，好調なときや，何をやってもうまくいかない不調なときは，これらのわずかに異なる周期が同時にピークにきたときや，逆に同時に谷底になったときだとも考えられないことはない．

ところで，自然の風のそよぎ，海岸の潮騒，小川のせせらぎなどは，人間にとって普通非常に心地よく感じられる．図 1.6 に示すように，振幅の 2 乗と振動数は，両対数グラフで -1 の勾配になっており，振動のエネルギーは振動数 f に逆比例していることがわかる．このように心地よい振動や音の大きさの分布は $1/f^n$ (f: 振動数，n: 任意の値) の分布特性に従っていることが多い．なぜ $1/f^n$ のゆらぎの振動成分をもつ音や振動が人間を心地よくさせるのかは，まだよくわかっていないが，上述の比較的

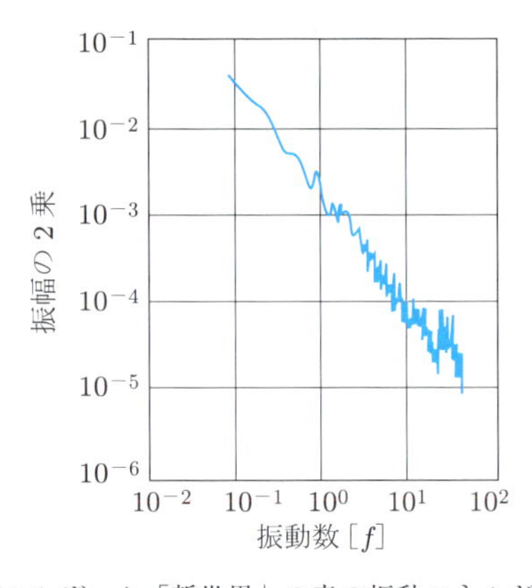

図 1.6　ドヴォルザーク「新世界」の音の振動エネルギーの分布 [36]

長周期のバイオリズムと同様，短周期の $1/f^n$ のゆらぎに対しても人間の脳，身体の変動リズムが深く関係していると考えられる．これはエアコンの風量の変動制御などに応用されている．

1.1.9 スポーツにおける各種器具の役割

文明が進み，人間が一生のうちで自由にできる時間の割合は年々増加している．多くの人が楽しむテニス，ゴルフ，サッカー，野球などの各スポーツにおいて用いられる器具の動的な特性が，そのスポーツの楽しさを倍加したり，半減したりすることになる．

テニスのラケットを例にとると，ボールをヒットしたときのラケットのフレームのたわみとフレームの質量に左右される衝撃的な反発作用，さらには，フレームに張られたガットの張り具合の強さ，ガット自身の弾性反発力，すなわちガットの弦としての弾性力が，スイートスポット (これはいかに小さな力で気持ちよくテニスの球を相手側に打ち返せるかを意味している) の面積の大きさを左右しており，よいラケットほどこのスイートスポットのエリアが広いといわれている．このように，ボール，ラケットのフレーム，ガット，さらにこれを握った人間の腕の動的な特性 (振動挙動) を考慮しなければよいラケットを作れない．また，これらの動的特性の作用・反作用がテニスエルボーなどのスポーツ障害を引き起こす．

1.2 振動を起こさせる外力

ここでは，もう少し，具体的に振動するものの原因となる，振動させる力について述べる．振動現象には，なんらかの外部から作用する力が存在する．これらの力には，連続的に作用するものや，単発的に作用するもの，エネルギーがたまった状態を開放するきっかけとなるものなど，さまざまなものがある．

1.2.1 乗り物などにおける振動外力

乗り物に乗るとき，いろいろな振動に遭遇する．たとえば，図 1.7 に自動車のステアリング–サスペンション系を示すが，ブレーキ時やコーナリング時など，タイヤから外力を受けてさまざまな振動が発生する．

乗用車の座席やトラックの荷台など，乗り物の種類やその位置によって，作用する外力は変化し，乗心地などにも影響を与える．もちろん走行する路面によっても異なる．舗装された道や非舗装路，石だたみの道など，また路面にできたへこみとでっぱ

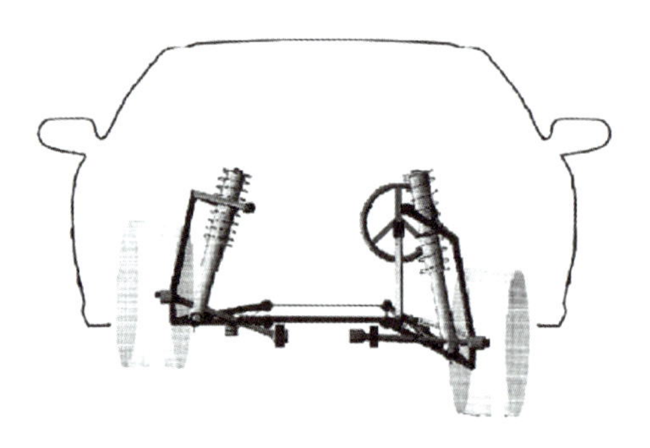

図 1.7　自動車のサスペンションに外力が加わっているときの状況例

り，高速道路の継ぎ目，踏切のレールなど，これらが走行する自動車のスピードに依存した振動外力として作用する．また，エンジンから伝わる振動もある．

同様のことは，列車や船，航空機に乗っているときにも，線路や海，大気から外圧を受けていろいろな振動が発生する．さらに，歩いているときの振動は，床振動や靴音などとなって住宅やオフィスで問題となる．

1.2.2　回転体やモータにおける振動外力

機械の振動で乗り物と同様に多いものは，回転体の振動である．洗濯機，掃除機，クーラー類など，モータをもった家庭電気製品がそれらにあたる．このような回転機械から発生する振動外力で最も強いのは，やはり，図 1.8 に示す回転体に存在する質量のアンバランスによって振れ回り振動をするときである．

このほかに回転機械から発生する振動には，水車，ポンプ，ファンの羽根車，変速機の歯車などに起因した振動がある．また，軸受にボールベアリングが使われているときは，ボールの数と回転数によって決まる振動外力が発生する．さらに，羽根車や歯車の振動では，羽根数や歯数と回転数で決まる振動外力が発生する．

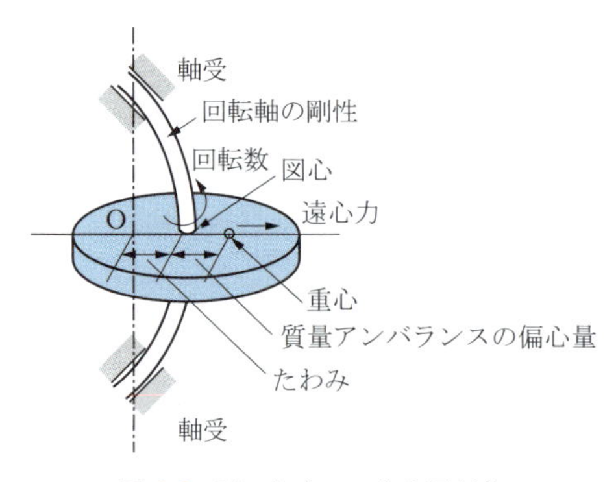

図 1.8　不つり合いのある回転体

1.2.3　機械から生じる流れによって，構造体の後流に生じる渦による振動外力

流れのなかに構造体を置くと，流れはそのまわりを流れるが，そのとき構造体に沿った流れが構造体から剥離して，図 1.9，1.10 に示すような渦が発生する．これらにより配管内に入れられた熱電対の棒や，熱交換器やボイラーなどの管群が振動したり，さらにボイラー管群などでは気柱共鳴による缶鳴りが発生することがある．

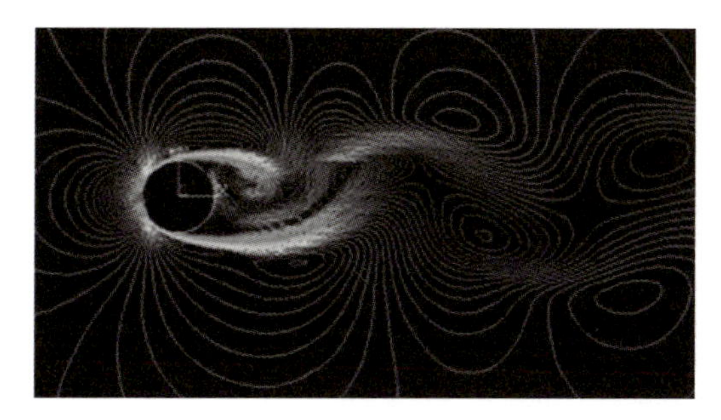

図 1.9　円柱の後流渦の可視化

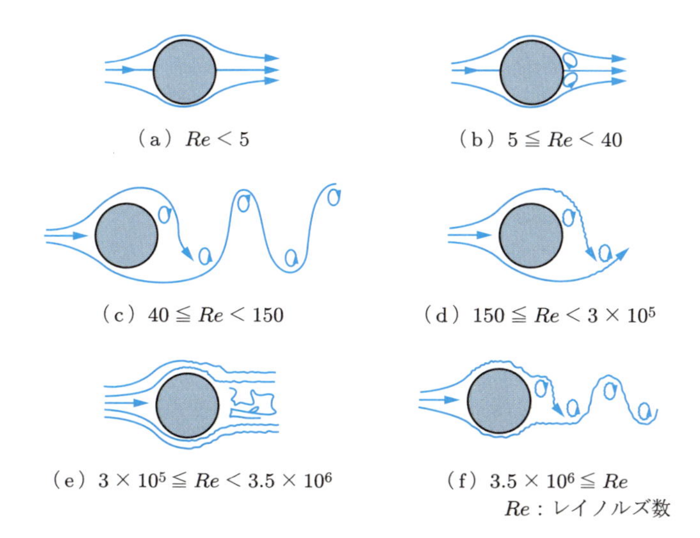

（a）$Re < 5$　（b）$5 \leqq Re < 40$

（c）$40 \leqq Re < 150$　（d）$150 \leqq Re < 3 \times 10^5$

（e）$3 \times 10^5 \leqq Re < 3.5 \times 10^6$　（f）$3.5 \times 10^6 \leqq Re$

Re：レイノルズ数

図 1.10　剛体円柱の後流の流況

1.2.4　圧力変動による振動外力

ガスの湯沸かしや風呂釜が，ゴーというかなり大きな音を発することがある．また，やかんのお湯が沸くと沸騰音が発生する．燃焼により圧力波動を発生し，その圧力波が燃焼室空間で**共鳴**したり，容器の構造系と**共振** (resonance)(気体の共鳴と同じ現象) したりして特定の音の成分が強められる．また，ボイラーやガスタービンのように，

エネルギーを発生する機器においても，燃焼による圧力変動によって構造体や閉じられた空間が激しい振動を起こすことがある．

また，往復圧縮機などの配管内では，脈動という流体の圧力変動により流体そのものが共振とよばれる振動を起こしたり，配管が共振により振動したりする．

1.2.5　地震や風による振動外力

地震の大きさは，マグニチュードで表し，地震観測地点では加速度の大きさによって震度として表される．また，地震の振動数成分は，地震を伝える地表面の特性によって異なっており，地盤を考慮して耐震設計をする必要がある．われわれは家やビルのなかにいるときに地震に遭遇することが多く，このような場合は，図 1.11 に示すように地盤から入ってくる地震波が建物というフィルターを通ってくるので，建物の振動の伝達特性により揺れやすい振動成分が強くなる．

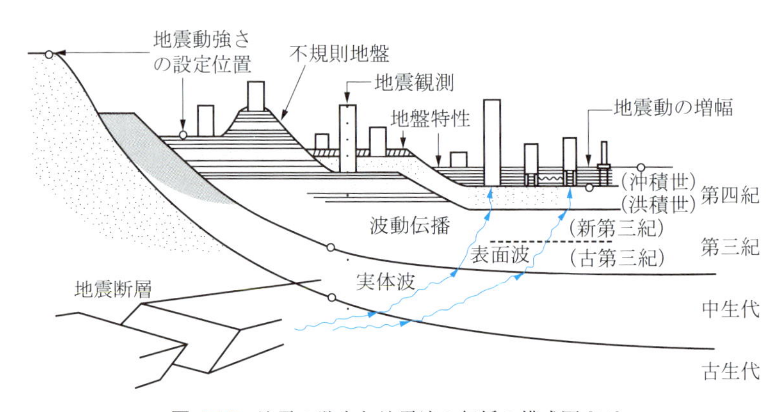

図 1.11　地震の発生と地震波の伝播の模式図 [30]

つぎに風の振動外力について見てみる．風の変動は，ガストともよばれている．一般に風圧や風速の大きな変化は，周期が 10 秒以上と長いもので，そのなかに小さな変化が重なっている．このような風の変動は，地球規模の大きな空気の流れの乱れや，山や島などの地形による局部的な流れの乱れの結果として起こっている．高層ビルやタワー，橋梁の桁やつりワイヤは，構造物の一部から流体が剥離することによって発生する渦による振動外力によって大きく揺すられることがある．また，図 1.12 に示すように風の向きと風によって起こされる力の向きが異なり，振動の原因になったりするが，うまく使えば揚力として飛行機を飛ばすことに使える．

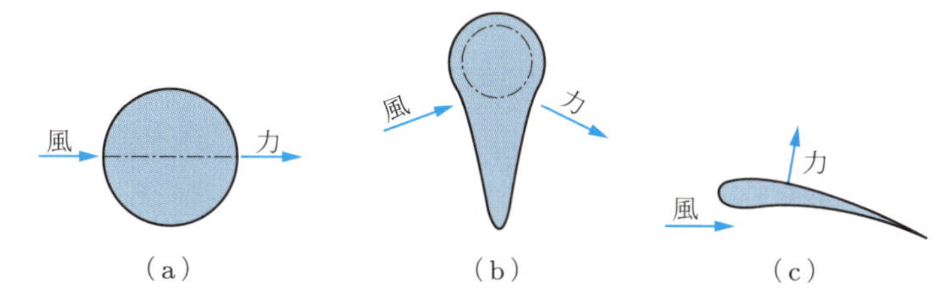

図 1.12　流体が物体に作用する力

1.2.6　地表面を伝わる常時微動による振動外力

われわれは地球の地表面で生活しているが，つねに微小な振動が伝わってきている．これを常時微動という．

常時微動の原因には，自然現象である，風，雨，川の流れ，海岸に打ち寄せる波，火山活動などや，人工現象の，工場の機械の振動，自動車や列車などの交通振動，土木建設現場の機械の振動などいろいろなものがある．

常時微動がとくに問題になるのは，たとえば，超精密な電子顕微鏡や，半導体製造装置，さらにはナノテクノロジーのものづくりにおいてである．

1.2.7　振動している外力がないのに振動が発生するもの

黒板にチョークで直線を描いているときに，断続的な音とともに，点線が描かれることがある．この場合，チョークをただ一定の速度で動かしているだけであり，とくにチョークに振動を与えているわけでない．このように振動する外力のないところに，特定の振動数の振動が発生する現象を**自励振動** (self-excited vibration) とよぶ．この現象は，チョークと黒板の間に存在する摩擦力で，チョークが止まったり，動いたりすることによる．まず，止まっている間に，動かす手から指先の筋肉にエネルギーが蓄えられ，止まろうとする摩擦力より大きな動かそうとする相対力が生じて，チョークが動き，蓄えたエネルギーがチョークの運動に変化してしまうという繰り返し現象が起こる．この現象は一般に**スティックスリップ** (stick slip) **現象**とよばれている．

このほかにも，われわれが出会うスティックスリップ現象はたくさんある．自動車では，窓のワイパーが窓が十分濡れていないとき振動しながら動いたり，音をたてたりするが，これもスティックスリップ現象である．自動車や自転車のブレーキの鳴きも同様な現象になる．これらは押しつけ力や，制動力などの 1 方向に加わるエネルギーを取り込んで，振動している外力がないのに構造体が振動することである．

また，自動車が開発された初期の頃は，車輪が垂直軸まわりに首振り振動を行い，車体が横振動して蛇行するシミー現象といわれる現象が問題になったこともある．

さらに，このような振動は，流体が関係するところに多く発生する．身近な例では，窓のブラインドがブラインドの板の角度によって風が振動していないのにばたつき，音を出して振動が発生することがある．さらに，航空機の翼やタービンの翼，熱交器・ボイラーの管群において，ある流速またはそれ以上になると流力弾性振動とよばれる振動が発生する．これらは，一定の方向に流れる流体から，構造体が変形することにより流体からエネルギーをもらって，ある条件のもとで振動エネルギーに変換することにより生じる．前述したタコマ橋の落橋事故もこの原因による．このような振動は前述したように**自励振動**または**フラッター**とよばれる．

1.2.8 衝撃，波動による外力

プレス機械や杭打ち機では，衝突現象によって，非常に大きな衝撃的な振動と耳をつんざく騒音が発生する．また，自動車の衝突の場合，自動車の速度がもつ運動のエネルギーを自動車のボディの変形で吸収させ，客室は変形をできるだけ抑えて，客室に伝わる衝撃力を軽減する構造になっている．

波動の伝播でわれわれがよく経験するのは，貨物列車のスタートや急に変速するときに発生する「ガタガタ…」という衝撃をともなう波動である．この波動のエネルギーが順に伝わって長い貨物列車を動かすことになる．衝突の波動エネルギーを利用するものも多くある．たとえば，集じん器の集じん板に付着したちりを落とす場合がそうである．ハンマー状のおもりをぶつけてその衝突の波動の加速度でちりを落とす．

また，ジェット機の速度が音速を超えるときに衝撃波ができて，そのときの圧力変化が可聴音となって「ドーン」という音が聞こえてくる．これは，発生した波が伝播していこうとするときに，波を発生している物体がその波の伝播速度より速く動き，波がその波動のエネルギーを伝えることができなくなってしまうからである．さらに，新幹線でトンネルに入って列車がトンネルを出るときにも「ドーン」という衝撃変動を体験することもあるが，これは閉空間を伝わる波動が急激に開放されることによる．

演習問題

1.1 われわれの身のまわりで，変動するもの，または振動するものを5項目列挙せよ．

1.2 振動を起こさせる強制外力を5項目列挙せよ．

第2章 振動工学の基礎

この章では，基礎として，振動の種類とその現象をわかりやすく説明し，これらの周期的な運動を表現する数学的表示と，その特徴について説明する．

2.1 振動の種類

振動現象については，前章にも述べたように，いろいろな種類がある．その代表的なものについて説明する．

2.1.1 自由振動

機械や構造物などに初期的な外乱，たとえば，初期変位，初期速度などが与えられ，その後に外乱の作用が除去されたとき，それらに生じる振動を**自由振動** (free vibration) という．この振動の形は，対象となる振動する系の特性を表す振動パラメータ (第3章で説明する質量，ばね，減衰など) によって定まり，最も単純な場合として図 2.1 や図 2.2 の振動波形になる．とくに図 2.2 の場合が多い．たとえば，寺の鐘をついたときの音の波や，鍛造機のハンマーを打ったときの地面の振動などがこの部類に属する．

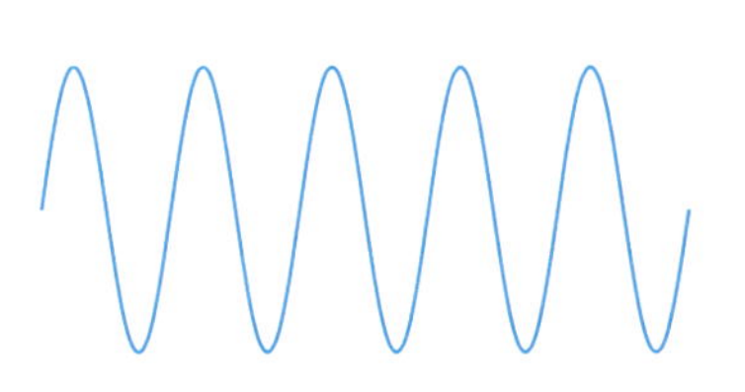

図 2.1 いつまでも続く規則的な振動

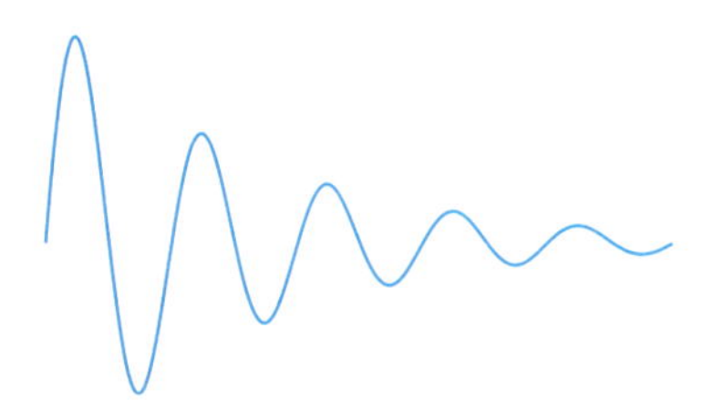

図 2.2 減衰する規則的な振動

2.1.2 強制振動

対象物に断続的に外力が作用して，結果として，それらが定常的な振動を行うとき，これを**強制振動** (forced vibration) という．たとえば，悪路走行中の自動車では，一定の波長に近い凹凸の続く路面を一定速度で走ると，自動車は凹凸に応じた振動数で振動するとともに，ある速度では車体の振動が大きくなる．また，モータを用いている家電製品の多くで，パネルが激しく振動するのが認められることがある．蒸気タービン，ガスタービンでもアンバランス質量によって回転軸が，また流体の流れによって翼が強制的に振動させられる．このような振動の最も単純な例は図 2.1 に示すように正弦波または余弦波状の波形をしており，一定の周期で繰り返し変動をしている．このような振動は**規則振動** (periodic vibration) とよばれる．

なお，扇風機の首振り機構などのように，系の慣性や剛性とは関係のない，すなわち共振のともなわない機械的機構による振動もある．さらに，往復機械のようにアンバランス質量が大きくて，カウンターウェイトによってバランスが取れないために，対象物のなかに振動を増幅させるメカニズムが存在しなくても，振動が激しい場合もある．

2.1.3　自励振動

窓のブラインドが一定方向の風の流れによりばたつくこと，バイオリンの弦が弓の一定方向の運動により振動すること，フルートが一定方向の人間の息の流れにより振動音を発生することなどがよい例であるが，これらは一定方向の外力が対象物の変位，速度，加速度などの応答の関数となって作用することにより発生する振動である．一定方向外力のエネルギーが，振動の 1 サイクルごとに対象物にエネルギーを注入することになる．このような現象を**自励振動**というが，これがいったん起こると，航空機の翼や長大橋の桁などの振動では，前述したように大事故につながることもある．

2.1.4　不規則な振動

これは，不規則な外力によって引き起こされる振動で，振動の波形にはっきりした周期性はなく，図 2.3 に示すように，不規則に変化する振動である．このような振動は**不規則振動** (random vibration) とよばれる．風や地震による振動のように，外力の振幅が時間に対して確定されず，不規則的，あるいは確率的に与えられるとき，対象

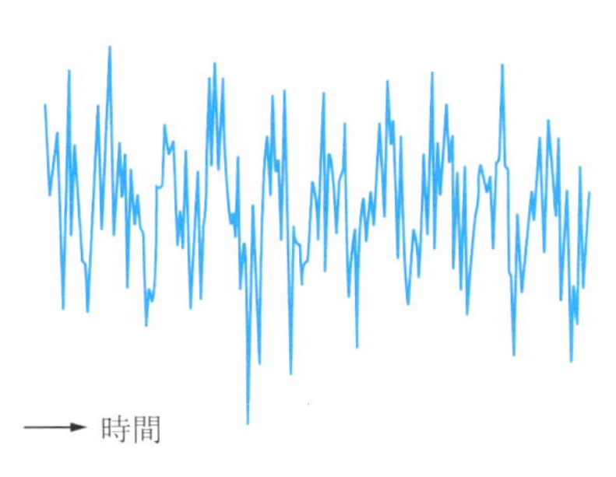

図 2.3　不規則な振動

物は不規則振動を行っているという.

2.1.5 非線形振動

以上述べてきた振動の種類については,**線形振動** (linear vibration) を前提として説明してきた.線形振動とは,振動する対象物の基本的構成要素の質量,減衰,ばね (剛性) が加速度,速度,変位に対して,その大きさに応じて線形的に変動することである.一方,これらのどれか 1 つでも非線形な挙動をするとき,**非線形振動** (nonlinear vibration) という.

非線形振動の例として,

- 振動する配管の取り付け部の応力が弾性域を超えて塑性域に入った状態の弾塑性振動応答をするとき
- 振り子が大振幅で揺れるとき
- ブランコをこぐときの 1 行程の間に,人の体重の重心移動による励振力を 2 行程加えると,大きい振動を発生させることができるブランコの振り子運動

などがあげられる.

2.2 調和振動

振動の基本的なものは周期的な運動のことであり,ある定まった時間ごとに同じ状態が繰り返される運動である.周期的な運動のなかで最も単純な運動は,**調和振動** (harmonic vibration) とよばれる.これは,余弦関数または正弦関数の波形で与えられるので,**単振動** (simple harmonic motion) ともよばれる.

調和振動の変位 x と時間の間には,つぎの関係がある.

$$x = a\cos(\omega t + \phi) = a\sin(\omega t + \phi') \tag{2.1}$$

ここで,a は**振幅** (amplitude),ω は**円振動数** (circular frequency) または**角振動数** (angular frequency),ϕ, ϕ' は**初期位相角** (initial phase angle) といい,$t = 0$ で振動の初期状態を示し,$\phi = \phi' - \pi/2$ の関係がある.ω, ϕ の単位は [rad] である.

図 2.4 は,横軸に時間,縦軸に調和振動の変位をとって,式 (2.1) を図示したものである.この図からわかるように,運動が繰り返している時間を**周期** (period) T といい,次式で表される.

$$T = \frac{2\pi}{\omega} \tag{2.2}$$

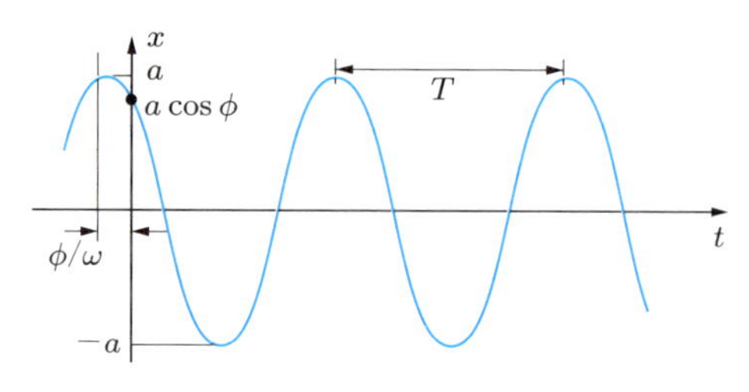

図 2.4　調和振動

運動が1秒間に何回繰り返されているかを表す数は**振動数** (frequency) f とよばれる．これは，**周波数**とよばれることもある．f と T と ω の関係は次式で与えられる．

$$f = \frac{1}{T} = \frac{\omega}{2\pi} \tag{2.3}$$

周期は秒 [s] で，振動数はヘルツ [Hz] またはサイクル毎秒 [c/s] の単位となる．調和振動の速度は，式 (2.1) の変位を時間 t で微分すると，つぎのように得られる．

$$\dot{x} = -a\omega\sin(\omega t + \phi) = a\omega\cos\left(\omega t + \phi + \frac{\pi}{2}\right) \tag{2.4}$$

さらに加速度は，$\dot{x}$ を t で微分すると，次式が得られる．

$$\begin{aligned}\ddot{x} &= -a\omega^2\cos(\omega t + \phi)\\ &= -a\omega^2\sin\left(\omega t + \phi + \frac{\pi}{2}\right) = a\omega^2\cos(\omega t + \phi + \pi)\end{aligned} \tag{2.5}$$

このことから，微分するごとに**位相角** (phase angle) が $\pi/2$ ずつ進むことになり，調和振動の変位の振幅が a のとき，速度の振幅は $a\omega$ となり，変位の振幅 a を円振動数 ω 倍したことになり，速度波形は変位波形より $\pi/2$ だけ進んだ余弦波状の波形になる．

また，加速度振幅は変位振幅 a を円振動数 ω の2乗倍したことになり，波形は変位波形に対して π，速度波形に対して $\pi/2$ 進んだ波形になる．

例題 2.1　最大変位振幅が 1 mm で，振動数 600 Hz で振動しているギターやバイオリンに使われる弦があるとする．この弦の最大速度振幅，最大加速度振幅を求めよ．

▶**解**　式 (2.4) より，

$$\begin{aligned}|\dot{x}| &= \left| -a\omega\sin(\omega t + \phi)\right|_{\max} = a\omega = a(2\pi f)\\ &= 1 \times 2 \times \pi \times 600 = 3770 \text{ mm/s} = 3.77 \text{ m/s}\end{aligned}$$

式 (2.5) より，

$$\begin{aligned}|\ddot{x}| &= \left| -a\omega^2\cos(\omega t + \phi)\right|_{\max} = a\omega^2 = a(2\pi f)^2\\ &= 1 \times (2\pi \times 600)^2 \text{ mm/s}^2 = 1.421 \times 10^7 \text{ mm/s}^2 = 1.42 \times 10^4 \text{ m/s}^2\end{aligned}$$

◁

2.3 振動のベクトル表示および複素数表示

振動している点の運動は，回転しているベクトルで表すことができる．図 2.5 のようにベクトル $\boldsymbol{a}$ が一定の角速度 ω で反時計まわりに回転しているとき，複素数表示すると回転ベクトル $\boldsymbol{a}$ はつぎのように表される．

$$\boldsymbol{a} = ae^{j(\omega t+\phi)} \tag{2.6}$$

ここで，$j = \sqrt{-1}$ であり，ϕ は初期位相角である．x 軸を実数軸，y 軸を虚数軸とすると，指数関数と三角関数の関係 $e^{j\theta} = \cos\theta + j\sin\theta$ (**オイラーの公式** (Euler's equation of motion) とよぶ) により，式 (2.6) はつぎのようになる．

$$\boldsymbol{a} = a\cos(\omega t+\phi) + ja\sin(\omega t+\phi) \tag{2.7}$$

この回転するベクトルを複素数表示したときの実部 (Re) あるいは虚部 (Im) は，調和振動を表すことになる．なお，角速度 ω は前述の円振動数に相当する．

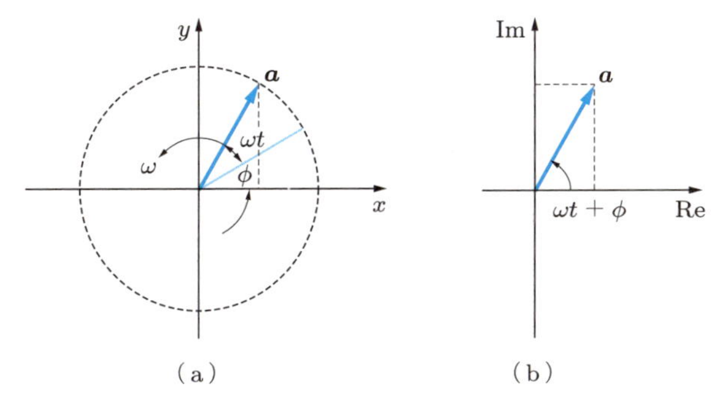

図 2.5　調和振動の回転ベクトル表示

式 (2.6) において，ベクトル $\boldsymbol{a}$ を時間 t で微分すると，

$$\dot{\boldsymbol{a}} = j\omega ae^{j(\omega t+\phi)} = j\omega\boldsymbol{a} \tag{2.8}$$

となる．さらに，$\dot{\boldsymbol{a}}$ を t で微分すると，次式が得られる．

$$\ddot{\boldsymbol{a}} = (j\omega)^2 ae^{j(\omega t+\phi)} = -\omega^2\boldsymbol{a} \tag{2.9}$$

$\boldsymbol{a}, \dot{\boldsymbol{a}}, \ddot{\boldsymbol{a}}$ をベクトル表示すると図 2.6 のようになる．

図 2.6 においても，速度 $\dot{\boldsymbol{a}}$ は変位 $\boldsymbol{a}$ に比べて大きさが ω 倍，位相が $\pi/2$ だけ進み，また，$\ddot{\boldsymbol{a}}$ は $\boldsymbol{a}$ に比べて大きさが ω^2 倍，位相が π だけ進んでいることがわかる．

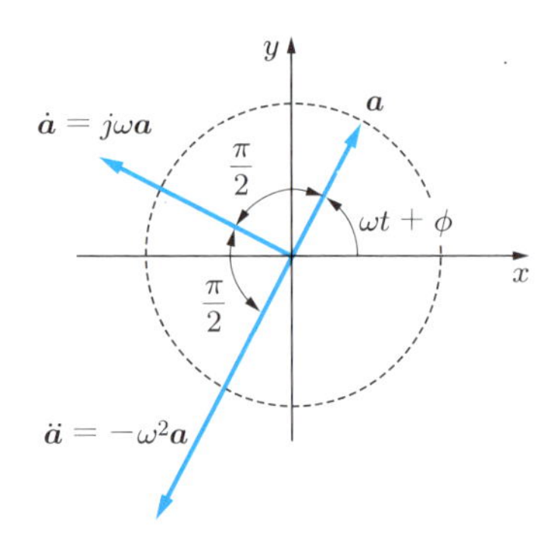

図 2.6 調和振動の変位，速度，加速度のベクトル表示

2.4 振動の合成と分析

2.4.1 調和振動の合成

同一方向に振動する円振動数の異なる2つの調和振動を合成する．いま，これらが，次式で表されるとする．

$$\left.\begin{aligned} x_1 &= a_1 \cos(\omega_1 t + \phi_1) \\ x_2 &= a_2 \cos(\omega_2 t + \phi_2) \end{aligned}\right\} \tag{2.10}$$

x_1, x_2 を加え合わせると，

$$x = x_1 + x_2 = a_1 \cos(\omega_1 t + \phi_1) + a_2 \cos(\omega_2 t + \phi_2) \tag{2.11}$$

となる．$\omega_1 = \omega_2 = \omega$ のとき，式 (2.11) は

$$x = (a_1 \cos\phi_1 + a_2 \cos\phi_2) \cos\omega t - (a_1 \sin\phi_1 + a_2 \sin\phi_2) \sin\omega t \tag{2.12}$$

となり，a_1, a_2, ϕ_1, ϕ_2 は与えられた値であり，$\cos\omega t$, $\sin\omega t$ の係数をあらためてそれぞれ $a\cos\phi$, $a\sin\phi$ とおきなおすことは可能である．これは，同じ角速度をもつ回転ベクトル $\boldsymbol{x}_1$ と $\boldsymbol{x}_2$ から $\boldsymbol{x} = \boldsymbol{x}_1 + \boldsymbol{x}_2$ が容易に合成できることからも理解できる．すなわち，振動数が等しい2つの調和振動を合成した振動も，また調和振動である．

一方，2つの調和振動の角速度が異なるときは，ベクトル的に加えたものは一定に保たれないので，もはや調和振動でなくなり，単なる**周期振動** (periodic motion) になる．特別の場合として，2つの調和振動の振動数がごく近い場合は**うなり** (beat) の現象を生じる．このように2つの調和振動の円振動数 ω_1 と ω_2 の比がたがいに素で整数比のときは，調和振動ではないが周期的になる．

実際上問題になることはないが，数学上2つの円振動数の比が無理数のときは，ど

んなに長い時間をとってもまったく同一の波形が再現されず，合成された振動は周期をもたないことになる．

以下，うなりの現象を解析的に説明する．円振動数 ω_1 と ω_2 をもつ 2 つの振動 $a_1 \cos(\omega_1 t + \phi_1)$ と $a_2 \cos(\omega_2 t + \phi_2)$ を合成する．ここで，$\omega_2 = \omega_1 + \Delta\omega$ $(\omega_2 > \omega_1)$ とし，$\Delta\omega$ は ω_1 に比べて非常に小さいとする．合成振動は

$$
\begin{aligned}
x &= a_1 \cos(\omega_1 t + \phi_1) + a_2 \cos(\omega_2 t + \phi_2) \\
&= a_1 \cos(\omega_1 t + \phi_1) + a_2 \cos\{\omega_1 t + (\Delta\omega t + \phi_2)\} \\
&= \{a_1 \cos\phi_1 + a_2 \cos(\Delta\omega t + \phi_2)\} \cos\omega_1 t - \{a_1 \sin\phi_1 + a_2 \sin(\Delta\omega t + \phi_2)\} \sin\omega_1 t \\
&= A \cos(\omega_1 t + \theta) \qquad (2.13)
\end{aligned}
$$

となる．ここで，

$$
\left.
\begin{aligned}
A &= \sqrt{a_1{}^2 + a_2{}^2 + 2a_1 a_2 \cos(\Delta\omega t + \phi_2 - \phi_1)} \\
\theta &= \tan^{-1} \frac{a_1 \sin\phi_1 + a_2 \sin(\Delta\omega t + \phi_2)}{a_1 \cos\phi_1 + a_2 \cos(\Delta\omega t + \phi_2)}
\end{aligned}
\right\} \qquad (2.14)
$$

となる．式 (2.13) は，一見，調和振動の形にみえ，振幅 A および位相角 θ は短い時間ではほとんど一定と考えられるが，長い時間たつと，振幅 A は $a_1 + a_2$ と $|a_1 - a_2|$ の間を周期 $\dfrac{2\pi}{\Delta\omega}$ をもって周期的に往復し，また位相角も同じ周期で周期的に変動する．このような現象をうなりとよぶ．うなりの周期は

$$
\frac{2\pi}{\Delta\omega} = \frac{2\pi}{|\omega_1 - \omega_2|} \qquad (2.15)
$$

で与えられ，したがって，うなりの振動数は，もとの振動数をそれぞれ f_1 および f_2 とすると，次式で与えられる．

$$
f = |f_1 - f_2| \qquad (2.16)
$$

例題 2.2 ある物体が $x_1 = 5\cos 21t$ と $x_2 = 4\cos 20t$ との 2 つの振動を同時に行っているとき，この合成振動の振幅の最大値と最小値を求めよ．また，うなりの振動数を求めよ．さらに，そのときの合成振動の波形を示せ．単位は mm とする．

▶**解** 式 (2.13)，(2.14) より，振幅は以下のようになる．

$$
\begin{aligned}
|x|_{\max} &= |A\cos(\omega t + \theta)|_{\max} = |A|_{\max} = a_1 + a_2 = 5 + 4 = 9 \text{ mm} \\
|x|_{\min} &= |A|_{\min} = a_1 - a_2 = 5 - 4 = 1 \text{ mm}
\end{aligned}
$$

式 (2.16) より，振動数は以下のようになる．

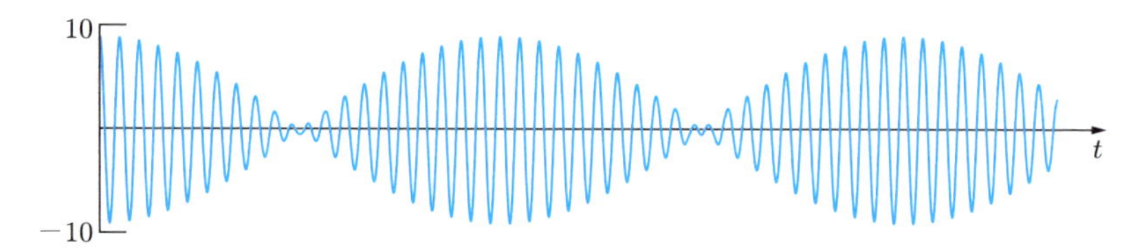

図 2.7 うなりの振動現象

$$f = |f_1 - f_2| = \left| \frac{\omega_1}{2\pi} - \frac{\omega_2}{2\pi} \right| = \frac{1}{2\pi}|21 - 20| = \frac{1}{2\pi} \text{ Hz} = 0.159 \text{ Hz}$$

合成振動波形は図 2.7 に示すようになる. ◁

これまでは，同一方向の振動の合成について説明してきたが，振動方向が異なる場合には適用できない．この扱いについて，以下の例題 2.3 で説明することにする．

例題 2.3 ある物体が x 軸方向に $x = a_x \cos(\omega_x t + \phi_x)$，$y$ 軸方向に $y = a_y \cos(\omega_y t + \phi_y)$ なる調和振動を行っている場合，この物体は，xy 平面上でいかなる図形を描くか．また，振動波形の変化の状況を図で示せ．なお，簡単化のため $\omega_x = \omega_y = \omega$ とせよ．

▶**解**
$$\frac{x}{a_x} = \cos(\omega t + \phi_x), \qquad \frac{y}{a_y} = \cos(\omega t + \phi_y)$$

とする．いま，$\theta = \phi_y - \phi_x$ とおくと，次式が得られる．

$$\begin{aligned} \cos(\omega t + \phi_y) &= \cos\{\omega t + \phi_x + (\phi_y - \phi_x)\} = \cos(\omega t + \phi_x + \theta) \\ &= \cos(\omega t + \phi_x)\cos\theta - \sin(\omega t + \phi_x)\sin\theta \end{aligned}$$

上式から，$\cos(\omega t + \phi_x)$，$\cos(\omega t + \phi_y)$ を消去すると，

$$\frac{y}{a_y} = \frac{x}{a_x}\cos\theta - \sqrt{1 - \left(\frac{x}{a_x}\right)^2}\sin\theta$$

が得られる．これを整理すると，次式が得られる．

$$\left(\frac{x}{a_x}\right)^2 + \left(\frac{y}{a_y}\right)^2 - 2\left(\frac{x}{a_x}\right)\left(\frac{y}{a_y}\right)\cos\theta = \sin^2\theta$$

1. $\theta = 0$ すなわち $\phi_x = \phi_y = 0$ の同位相のとき，$\left(\dfrac{x}{a_x} - \dfrac{y}{a_y}\right)^2 = 0$ となり，x, y 平面上の振動波形は直線を描く．
2. $\theta = \pm\dfrac{\pi}{2}$ のとき，$\dfrac{x^2}{{a_x}^2} + \dfrac{y^2}{{a_y}^2} = 1$ となり，だ円を描く．すなわち，x, y 軸上に主軸をもつだ円となる．このように，図 2.8 に示すように位相差に応じて振動図形が変化する． ◁

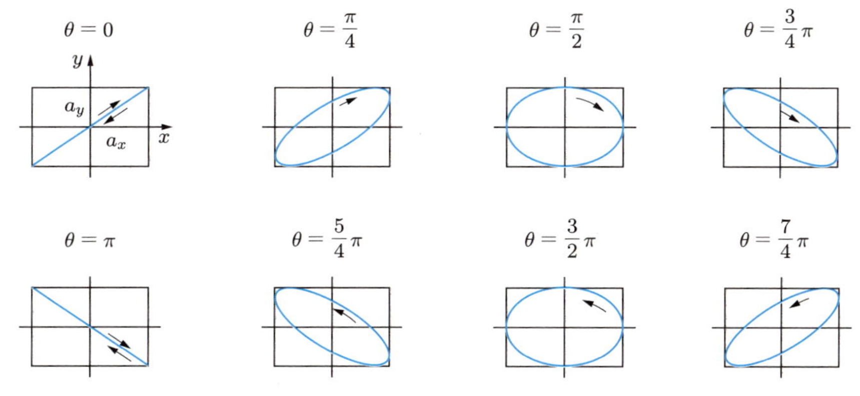

図 2.8 位相差による振動図形の変化

なお，例題 2.3 では，$\omega_1 = \omega_2 = \omega$ の円振動数が等しい場合を述べたが，両方の円振動数が等しくない場合は，一般に複雑な波形になる．振動数比が 2 で適当な位相になると 8 の字を描くこともある．

2.4.2 フーリエ級数と調和分析

異なった振動数をもつ複数の調和振動を加え合わせると，もはや調和振動にならず，周期的な振動になる．逆に任意の周期振動は，これを多数の調和振動の和に分解できる．図 2.9 に示すように，ある周期 T で繰り返す周期振動を，$T, T/2, \ldots, T/n, \ldots$ すなわち $\omega, 2\omega, \ldots, n\omega, \ldots$ の調和振動を組み合わせることによって表すことができる．周期 $T = 2\pi/\omega$ をもつ任意の関数 $f(\omega t)$ は，次式で表せる．

$$\begin{aligned} f(\omega t) = a_0 \ &+ a_1 \cos \omega t + a_2 \cos 2\omega t + \cdots + a_n \cos n\omega t + \cdots \\ &+ b_1 \sin \omega t + b_2 \sin 2\omega t + \cdots + b_n \sin n\omega t + \cdots \end{aligned} \tag{2.17}$$

式 (2.17) は**フーリエ級数** (Fourier series) とよばれる．この式の $a_0, a_1, a_2, \ldots, a_n, \ldots,$ $b_1, b_2, \ldots, b_n, \ldots$ の係数を**フーリエ係数** (Fourier coefficient) という．

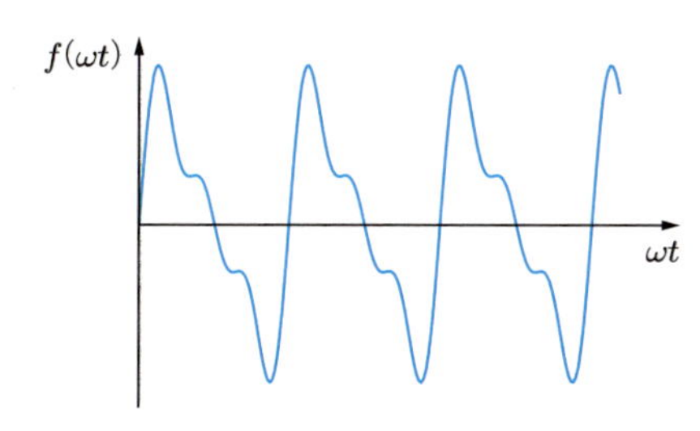

図 2.9 任意の周期振動 $\left(a \sin \omega t + \frac{a}{2} \sin 2\omega t + \frac{a}{3} \sin 3\omega t \text{ の合成波形}\right)$

式 (2.17) の両辺を，$f(\omega t)$ は周期 T なので，時間 t について 0 から T まで積分すれば，すなわち ωt について 0 から 2π まで積分すれば，右辺では第 1 項のみ残り，ほかは 0 となるから

$$a_0 = \frac{1}{T}\int_0^T f(\omega t)dt = \frac{1}{2\pi}\int_0^{2\pi} f(\omega t)d(\omega t) \tag{2.18}$$

が得られる．つぎに，式 (2.17) の両辺に $\cos n\omega t$ をかけて，t について 0 から T まで積分すると次式が得られる．

$$a_n = \frac{2}{T}\int_0^T f(\omega t)\cos n\omega t dt \qquad (n = 1,\ 2, \ldots) \tag{2.19}$$

また，$\sin n\omega t$ を両辺にかけて同じようにすれば，次式となる．

$$b_n = \frac{2}{T}\int_0^T f(\omega t)\sin n\omega t dt \qquad (n = 1,\ 2, \ldots) \tag{2.20}$$

式 (2.17) はまた，

$$\left.\begin{array}{l} a\cos\omega t + b\sin\omega t = c\cos(\omega t + \phi) \\ a = c\cos\phi,\ \ b = -c\sin\phi \end{array}\right\} \tag{2.21}$$

の関係を使って，つぎのように書くことができる．

$$f(\omega t) = c_0 + c_1\cos(\omega t + \phi_1) + c_2\cos(2\omega t + \phi_2) + \cdots + c_n\cos(n\omega t + \phi_n) + \cdots \tag{2.22}$$

ここで，

$$\left.\begin{array}{l} c_0 = a_0,\ \ c_n = \sqrt{a_n{}^2 + b_n{}^2},\ \ \tan\phi_n = -\dfrac{b_n}{a_n} \qquad (n = 1, 2, 3, \ldots) \\ a_n = c_n\cos\phi_n,\ \ b_n = -c_n\sin\phi_n \end{array}\right\} \tag{2.23}$$

である．

式 (2.22) の第 1 項は定数項で波形の平均高さを示す．第 2 項は**基本振動** (fundamental vibration) または第 1 次振動といい，第 3 項以上は**高次振動** (higher harmonic vibration) または**高調波**という．高次振動を区別してよぶときは第 n 次高次振動または第 n 次高調波という．このように任意の周期振動は基本振動，定数項および高次振動に分解できる．このような分析を**調和分析** (harmonic analysis) または**フーリエ分析** (Fourier analysis) という．

演習問題

2.1　自由振動と強制振動とについて説明し，その相違について説明せよ．

2.2　調和振動について説明せよ．

2.3　ばねでつりさげられたおもりが振動している．おもりの位置をスケールで測ると，基準点から 20 cm と 25 cm の間を上下運動していることがわかった．1 分間の繰り返しをストップウォッチで測ったところ，30 回であった．

(1) この運動は何とよばれるか．(2) また，円振動数，周期，振動数，変位振幅，速度振幅，加速度振幅はいくらか．

2.4　調和振動でない周期運動は調和振動の組み合わせで表すことができる．この例として図 2.10 の三角波をフーリエ級数に展開せよ．ここで $\omega = 2\pi/T$ である．

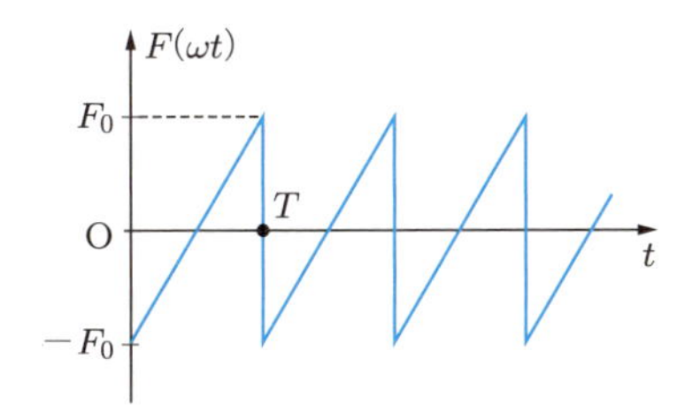

図 2.10　三角波

2.5　ある物体が，$x_1 = 8\sin 5\pi t$，$x_2 = 4\sin(5\pi + 0.1\pi)t$ の 2 つの振動を同時に行うとき，うなりを生じることになる．このうなりの周期を求めよ．また，振動が最大になるときと最小になるときの振幅を求めよ．単位は mm とする．

第3章　1自由度系の振動

振動工学の基本は１自由度系 (single-degree-of-freedom systems) である．この章では減衰のない場合とある場合に分けて説明し，エネルギーとしての振動の把握，振動が共振へ到達する時間，振動伝達と絶縁，および過渡振動など，幅広く解説する．

3.1　減衰のない自由振動

3.1.1　運動方程式とその解

図 3.1 に示すように，上端が固定された**ばね定数** (spring constant) が k の**ばね** (spring) があり，その自然長は l とする．また，ばねの質量は無視できるとする．ばねの下端に**質量** (mass) m のおもりをつるしたとき，ばねは x_{st} だけ伸びたとする．

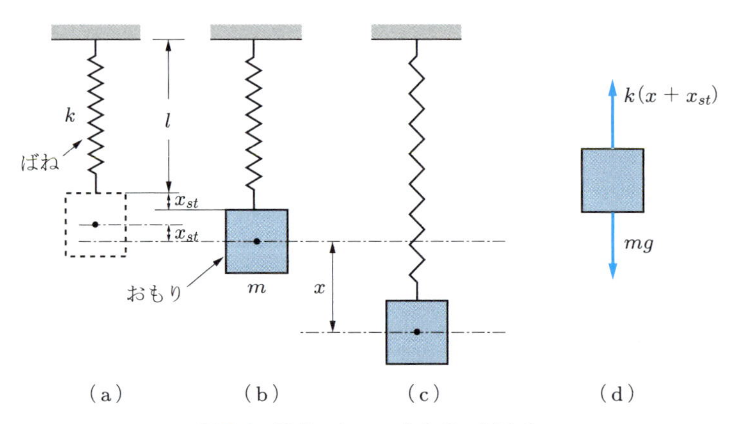

図 3.1　減衰のない１自由度の振動系

このとき，ばねを変形させるのに必要な力は，変形量に比例するという**フックの法則** (Hook's law) により次式が成り立つ．

$$mg = kx_{st} \tag{3.1}$$

ここで，g は重力加速度である．このときの位置 $l + x_{st}$ は**平衡位置** (equilibrium position) という．さらに図 3.1 (c) のように x だけ引き下げると，おもりにはたらく力 f は，図 3.1 (d) からわかるように次式となる．

$$f = mg - k(x + x_{st}) \tag{3.2}$$

式 (3.2) に式 (3.1) を代入すると，

$$f = -kx \tag{3.3}$$

となり，重力による慣性力 mg と静的なたわみ x_{st} は消去できる．式 (3.3) の力が作用するとして，**ニュートンの第 2 法則** (Newton's second law) を適用すると，**運動方程式** (equation of motion) は，

$$m\ddot{x} = -kx \tag{3.4}$$

となる．式 (3.4) は未知の x およびその微分形で表され，x のみによって運動を表すことができる．このような振動系を **1 自由度系**という．

式 (3.4) の右辺を移行し，さらに m で割ると次式が得られる．

$$\ddot{x} + {\omega_n}^2 x = 0 \tag{3.5}$$

ここで，${\omega_n}^2 = k/m$ としている．式 (3.5) の解を $x = Xe^{\lambda t}$ とおくと，式 (3.5) は次式となる．

$$(\lambda^2 + {\omega_n}^2)X = 0 \tag{3.6}$$

式 (3.6) の解としては，$\lambda = \pm j\omega_n$ と $X = 0$ が得られるが，$X = 0$ は $x = 0$ の静止状態の解であり，工学的には意味をもたない．なお，このような $x = 0$ の解は**自明な解** (trivial solution) とよばれる．それゆえ，式 (3.5) の解として，次式を得る．

$$x_1 = X_1 e^{j\omega_n t}, \qquad x_2 = X_2 e^{-j\omega_n t} \tag{3.7}$$

これらの 2 つの解を加え合わせた解も式 (3.5) を満足し，**オイラーの公式**

$$e^{\pm j\omega_n t} = \cos\omega_n t \pm j\sin\omega_n t$$

を用いて表すと，

$$\begin{aligned} x &= X_1 e^{j\omega_n t} + X_2 e^{-j\omega_n t} \\ &= (X_1 + X_2)\cos\omega_n t + j(X_1 - X_2)\sin\omega_n t \\ &= A\cos\omega_n t + B\sin\omega_n t \end{aligned} \tag{3.8}$$

となる．なお，ここで x の解は実数であるので，X_1, X_2 は共役な複素数となっている．

式 (3.8) の右辺 2 項を 1 項にまとめるときは，

$$C = \sqrt{A^2 + B^2}, \qquad \phi = \tan^{-1}\left(-\frac{B}{A}\right) \tag{3.9}$$

とおくと，式 (3.8) はつぎのように書きなおすことができる．

$$
\begin{aligned}
x &= \sqrt{A^2+B^2}\left(\frac{A}{\sqrt{A^2+B^2}}\cos\omega_n t + \frac{B}{\sqrt{A^2+B^2}}\sin\omega_n t\right) \\
&= C(\cos\phi\cos\omega_n t - \sin\phi\sin\omega_n t) \\
&= C\cos(\omega_n t+\phi)
\end{aligned}
\tag{3.10}
$$

いま，初期条件として，$t=0$ で $x(0)=x_0$, $\dot{x}(0)=v_0$ が与えられるとき，これを式 (3.8) および式 (3.8) を時間で微分した式に適用すると，

$$
A = x_0, \qquad B = \frac{v_0}{\omega_n} \tag{3.11}
$$

が得られ，式 (3.8) は次式となる．

$$
x = x_0\cos\omega_n t + \frac{v_0}{\omega_n}\sin\omega_n t \tag{3.12}
$$

このように，x は初期条件だけで決定され，考えている系が外部から力を受けていない振動を**自由振動** (free vibration) という．振動は**慣性力** (inertia force) $-m\ddot{x}$ と**復元力** (restoring force) $-kx$ だけで決まる調和振動である．

すでに定義した $\omega_n=\sqrt{k/m}$ は**固有円振動数** (natural angular frequency)，$f_n=\omega_n/(2\pi)$ は**固有振動数** (natural frequency)，f_n の逆数 $T_n=1/f_n$ を**固有周期** (natural period) という．これらをまとめておくと次式となる．

$$
\left.
\begin{aligned}
\omega_n &= \sqrt{\frac{k}{m}} \quad [\mathrm{rad/s}] \\
f_n &= \frac{\omega_n}{2\pi} = \frac{1}{2\pi}\sqrt{\frac{k}{m}} \quad [\mathrm{Hz}] \\
T_n &= \frac{2\pi}{\omega_n} = 2\pi\sqrt{\frac{m}{k}} \quad [\mathrm{s}]
\end{aligned}
\right\}
\tag{3.13}
$$

また，式 (3.1) より

$$
\frac{k}{m} = \frac{g}{x_{st}}
$$

の関係が得られるので，これを式 $(3.13)_1$ に代入すると

$$
\omega_n = \sqrt{\frac{g}{x_{st}}} \tag{3.14}
$$

となり，質量 m やばね定数 k がわからなくても，静的たわみがわかれば，振動系の固有円振動数が求められる．

例題 3.1　図 3.2 に示すように，ばね定数 k_1 のばねを 2 個並列にし，この先にばね定数 k_2 を直列に連結し，その先に質量 m のおもりをつり下げた．この振動系の固有振動数を求めよ．ただし，ばねの質量は無視できるとする．

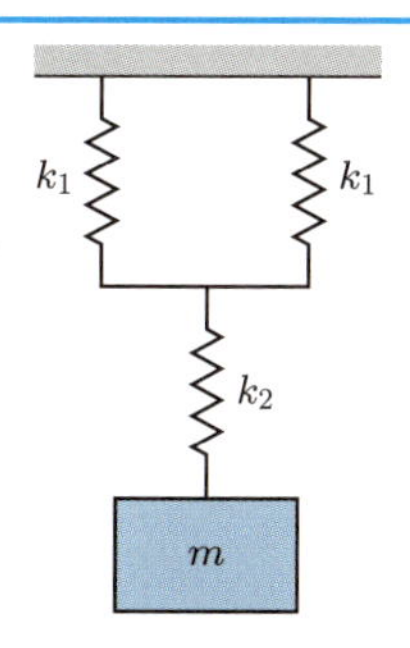

図 3.2　並列ばねと直列ばねを含む 1 自由度系

▶**解**　組み合わせばねの全体のばね定数 k は，

$$\frac{1}{k} = \frac{1}{2k_1} + \frac{1}{k_2}$$

で求められる．これより $k = 2k_1k_2/(2k_1 + k_2)$ となる．よって固有振動数 f は次式で得られる．

$$f = \frac{1}{2\pi}\sqrt{\frac{k}{m}} = \frac{1}{2\pi}\sqrt{\frac{2k_1k_2}{m(2k_1 + k_2)}}$$

◁

例題 3.2　長さ 10 cm のばねの下端におもりをつり下げたところ，15 cm に伸びた．この振動系の固有振動数はいくらか．ただし，重力加速度を $g = 9.8\ \mathrm{m/s^2}$ とする．

▶**解**　式 (3.14) より，

$$\omega_n = \sqrt{\frac{g}{x_{st}}}$$

が成り立つ．$x_{st} = 0.05$ m であるから，固有振動数 f は次式となる．

$$f = \frac{\omega_n}{2\pi} = \frac{1}{2\pi}\sqrt{\frac{9.8}{0.05}}\ \mathrm{Hz} = 2.23\ \mathrm{Hz}$$

◁

例題 3.3　図 3.3 に示すように質量 m の物体が長さ l の細いワイヤで天井からつり下げられているとする．この振り子の固有周期を求めよ．ただし，重力加速度を g とする．

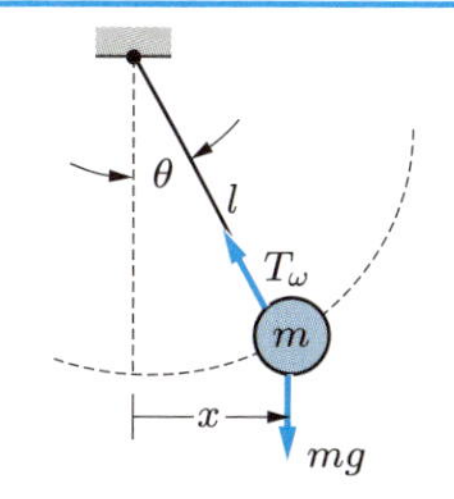

図 3.3　振り子の固有周期

▶**解**　ニュートンの第 2 法則より，T_w をワイヤの張力とすると，運動方程式は，

$$m\ddot{x} + T_w \sin\theta = 0$$

となる．おもりに作用する力のワイヤ方向における力のつり合いは，

$$T_w - mg\cos\theta = 0$$

となる．角 θ が小さいときは，$\cos\theta \cong 1$ であるので $T_w = mg$ となり，これを運動方程式に代入すると，

$$m\ddot{x} + mg\sin\theta = 0$$

となる．ここで，$\sin\theta = x/l$ であるから，上式は次式となる．

$$\ddot{x} + \frac{g}{l}x = 0$$

$g/l = {\omega_n}^2$ とおけば，式 (3.5) と同じ形になる．したがって，この振り子の固有周期 T は，

$$T = \frac{2\pi}{\omega_n} = 2\pi\sqrt{\frac{l}{g}}$$

となる． ◁

例題 3.4 図 3.4 のように，一様な断面をもつ U 字管に液体が入っている．この液柱の固有振動数を求めよ．ただし，液柱の全長を l，管の断面積を A，液体の密度を ρ，および重力加速度を g とする．

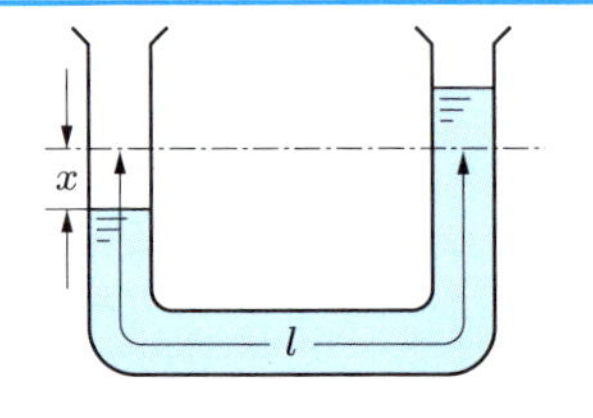

図 3.4 U 字管中の液体の振動

▶**解** 振動する液体の質量は ρAl である．左側の液面を x だけ押し下げると液体による復元力は $2\rho Axg$ である．ニュートンの第 2 法則より運動方程式は，

$$\rho Al\ddot{x} + 2\rho Axg = 0$$

となる．これを変形すると

$$\ddot{x} + \frac{2g}{l}x = 0$$

となり，液柱の固有振動数 f は次式となる．

$$f = \frac{1}{2\pi}\sqrt{\frac{2g}{l}}$$

◁

例題 3.5 遊園地の車両の質量が $m = 200$ kg であり，サスペンションによって支えられているとする．この車両の固有円振動数を $\omega = 4\pi$ rad/s としたい．サスペンションのばね定数はいくらに設計すればよいか．

▶**解** $\omega_n = \sqrt{k/m}$ であるから，ばね定数 k が

$$k = m{\omega_n}^2 = 200\ \mathrm{kg} \times 16\pi^2\ (\mathrm{rad/s})^2 = 3.16 \times 10^4\ \mathrm{N/m}$$

となるようにサスペンションを設計すればよい． ◁

3.1.2　自由振動のエネルギー

図 3.1 に示す減衰のない系が，自由振動しているときのエネルギーについて考察する．まず，**運動エネルギー** (kinetic energy) T は，つぎのように与えられる．

$$T = \frac{1}{2}m\dot{x}^2 \tag{3.15}$$

つぎに，**ポテンシャルエネルギー** (potential energy) U は，質点を 0 から x まで変位させるのに必要な仕事に等しく，このとき，質点に作用する力は，0 から kx まで変化するので，

$$U = \frac{1}{2} \cdot kx \cdot x = \frac{1}{2}kx^2 \tag{3.16}$$

となる．

運動エネルギー T とポテンシャルエネルギー U の和を**全エネルギー** (total energy) E といい，

$$E = T + U = \frac{1}{2}m\dot{x}^2 + \frac{1}{2}kx^2 \tag{3.17}$$

となる．式 $(3.8)_3$ および，さらにこれを時間で微分した式を代入すると，式 (3.17) は，

$$E = \frac{1}{2}m(-A\omega_n \sin\omega_n t + B\omega_n \cos\omega_n t)^2 + \frac{1}{2}k(A\cos\omega_n t + B\sin\omega_n t)^2$$

となり，さらに $k = m{\omega_n}^2$ を使うと，

$$E = \frac{1}{2}m{\omega_n}^2(A^2 + B^2) \tag{3.18}$$

となる．この式から，全エネルギー E は時間によらず一定であることがわかる．

この全エネルギーは，初期条件で定められる．すなわち，$t = 0$ で，$x(0) = x_0$，$\dot{x}(0) = v_0$ であるとき，前述したように，

$$A = x_0, \qquad B = \frac{v_0}{\omega_n}$$

であるから，式 (3.18) は，

$$E = \frac{1}{2}m{\omega_n}^2\left({x_0}^2 + \frac{{v_0}^2}{{\omega_n}^2}\right) = \frac{1}{2}k{x_0}^2 + \frac{1}{2}m{v_0}^2 \equiv E_0 \tag{3.19}$$

となり，全エネルギー E は初期条件として与えられた運動エネルギー $\frac{1}{2}m{v_0}^2$ とポテンシャルエネルギー $\frac{1}{2}k{x_0}^2$ によって決定されて，E_0 となることがわかる．また，式 (3.4) の両辺に $\dot{x}$ をかけると，

$$m\dot{x}\ddot{x} = -kx\dot{x} \tag{3.20}$$

を得る．この式は，

$$\frac{d}{dt}\left(\frac{1}{2}m\dot{x}^2\right) = -\frac{d}{dt}\left(\frac{1}{2}kx^2\right) \tag{3.21}$$

であり，右辺を左辺に移行すると，

$$\frac{d}{dt}\left(\frac{1}{2}m\dot{x}^2 + \frac{1}{2}kx^2\right) = \frac{d}{dt}(T+U) = \frac{d}{dt}(E) = 0 \tag{3.22}$$

となり，全エネルギーは一定で，減衰のない自由振動では変化しないことがわかる．

このように**減衰のない1自由度系**が自由振動するときは調和振動しているので，$\dot{x}$ は x に対して位相角が $\pi/2$ 進んでいる．式 (3.17) で運動エネルギーが最大のときはポテンシャルエネルギーは最小で 0 となる．逆にポテンシャルエネルギーが最大のとき，運動エネルギーは最小の 0 となり，これを交互に繰り返すことになる．すなわち，運動エネルギーの最大値 $T_{\max}$ とポテンシャルエネルギーの最大値 $U_{\max}$ は等しくなる．

$$T_{\max} = U_{\max} \tag{3.23}$$

ここで，$x = X\cos\omega_n t$ という調和振動をしているとすると，

$$\left.\begin{aligned} T_{\max} &= \left(\frac{1}{2}m\dot{x}^2\right)_{\max} = \frac{1}{2}m{\omega_n}^2X^2 \\ U_{\max} &= \left(\frac{1}{2}kx^2\right)_{\max} = \frac{1}{2}kX^2 \end{aligned}\right\} \tag{3.24}$$

となり，式 (3.24) を式 (3.23) に代入すると，固有円振動数 ω_n が求められる．

$$\omega_n = \sqrt{\frac{k}{m}} \tag{3.25}$$

このような固有振動数の求め方を，**エネルギー法** (energy method) による解という．

例題 3.6 図 3.5 に示すように，質量が無視できる長さ l の棒の先端に質量 m の質点が取り付けられているとする．棒の他端は摩擦のないヒンジで回転できるようにつり下げられている．また，棒の中央で左右から水平にばね定数 k の2個のばねで支持されているとする．振り子の振幅が小さいときの固有振動数を，エネルギー法により求めよ．

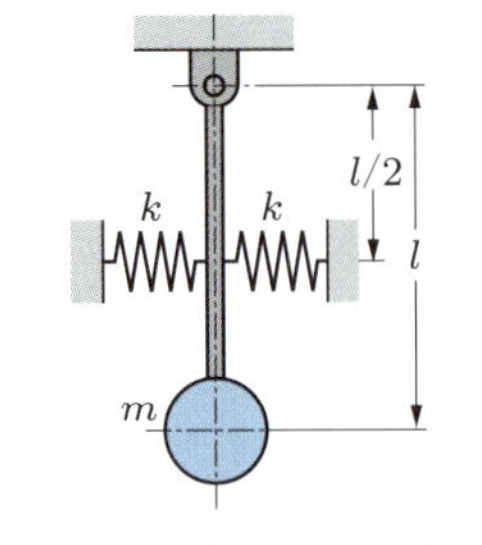

図 3.5 ばねで支えられた振り子の振動

▶**解** 振り子の回転運動は，次式で表されるとする．

$$\theta = \theta_0 \cos\omega_n t$$

質量 m の質点の最大運動エネルギー $T_{\max}$ は式 (3.24) より，

$$T_{\max} = \frac{m(l\omega_n\theta_0)^2}{2}$$

となる．ポテンシャルエネルギーは質量 m の質点の上下動によるものと，ばねのたわみ x_0 によるものからなる．その最大値 $U_{\max}$ は次式で与えられる．

$$U_{\max} = mgl(1-\cos\theta_0) + \frac{1}{2}\cdot 2k\cdot {x_0}^2$$

ここで，$x_0 \cong \dfrac{l}{2}\cdot\theta_0,\ \cos\theta_0 \cong 1 - \dfrac{{\theta_0}^2}{2}$ と近似すると，上式の $U_{\max}$ は，次式となる．

$$U_{\max} = \frac{l{\theta_0}^2}{2}\left(mg + \frac{lk}{2}\right)$$

式 (3.23) の $T_{\max} = U_{\max}$ より，固有振動数 f はつぎのように得られる．

$$f = \frac{\omega_n}{2\pi} = \frac{1}{2\pi}\sqrt{\frac{g}{l} + \frac{k}{2m}}$$

◁

例題 3.7　図 3.6 に示すように質量 m の質点がばね定数 k のばねでつり下げられているとする．これまで，ばね自身の質量は無視できる場合を考えてきたが，これが無視できない場合の振動系の固有円振動数を求めよ．ただし，ばねの長さは l として単位長さあたりの質量を ρ とする．

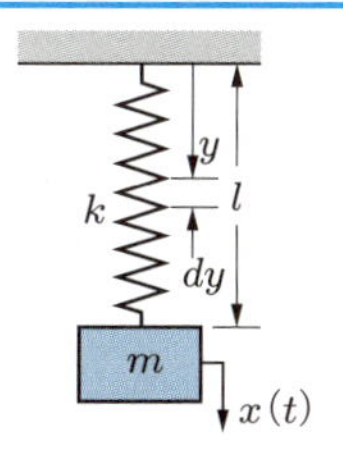

図 3.6　ばねの質量が無視できない振動系

▶**解**　ばね要素 dy 部分の速度 $\dot{x}_s(y,t)$ は，近似的に，

$$\dot{x}_s(y,t) = \frac{y}{l}\dot{x}(t)$$

という線形の関係で表されるとする．ばね要素の運動エネルギー dT_s は次式で与えられる．

$$dT_s = \frac{1}{2}\rho{\dot{x}_s}^2 dy = \frac{1}{2}\rho\left\{\frac{y}{l}\dot{x}(t)\right\}^2 dy$$

ばねの全運動エネルギーは上式のばね要素の運動エネルギーを全長にわたって積分すれば得られる．

$$T_s = \frac{1}{2}\int_0^l \rho\left\{\frac{y}{l}\dot{x}(t)\right\}^2 dy = \frac{1}{2}\cdot\frac{\rho l}{3}\cdot\dot{x}^2 = \frac{1}{2}\cdot\frac{m_s}{3}\cdot\dot{x}^2$$

ここで，$m_s = \rho l$ とおいており，m_s はばねの質量を示す．振動系全体の最大運動エネルギーは，$x = X\cos\omega_n t$ の調和振動をしているとすると，

$$T_{\max} = \left(\frac{1}{2}m\dot{x}^2\right)_{\max} + \left[\frac{1}{2}\cdot\frac{m_s}{3}\cdot\dot{x}^2\right]_{\max} = \frac{1}{2}\left(m + \frac{m_s}{3}\right){\omega_n}^2 X^2$$

となる．一方，ばねの最大ポテンシャルエネルギーは，

$$U_{\max} = \frac{1}{2}kX^2$$

であるから，振動系の固有円振動数 ω_n は次式で与えられる．

$$\omega_n = \sqrt{\frac{k}{m + m_s/3}}$$ ◁

3.2 減衰のある自由振動

3.2.1 減衰力

減衰のない1自由度系の自由振動では，初期条件によって，エネルギーが与えられると，それは失われることがなく，運動エネルギーとポテンシャルエネルギーに交互に変化して，無限に振動が続くことになる．しかし，われわれが現実に身のまわりで体験する振動現象は，初期条件として，たとえば振動系に**衝撃** (impulse) を与えて振動させても，そのうちに振動は時間とともに小さくなる．これは，運動している間にエネルギーが失われるからである．

図3.7に示すように，質点を支えているばねのひずみによる内部摩擦 (材料減衰という)，質点をとり囲んでいる空気などの抵抗 (流体減衰)，質点と接触している床 (壁) との摩擦や対偶などの回転部の摩擦，さらには支持部へのエネルギーの散逸など (構造減衰) が，運動に対して抵抗力としてはたらき，エネルギーが失われることになる．このようなエネルギーを失わせる抵抗力を**減衰力** (damping force) という．

減衰力は，速度に比例するものや，流体などの速度の2乗に比例するもの，さらに速度の向きによって方向が変わり，大きさに比例しない**クーロン摩擦**などがあるが，基本として重要な速度に比例する減衰力について，以下考えることにする．

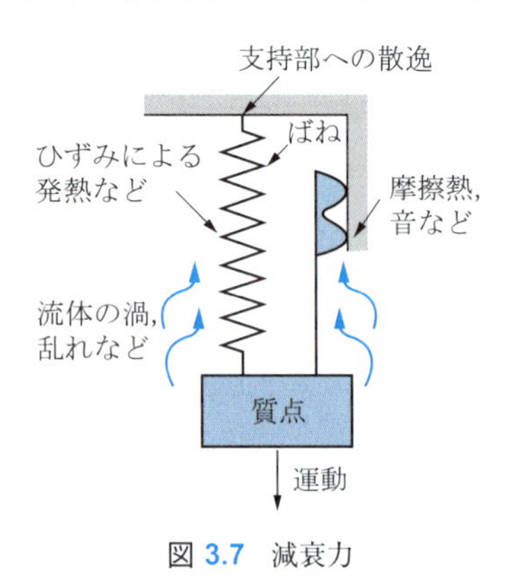

図3.7 減衰力

■3.2.2 運動方程式とその解

図 3.8 に示すように，質量 m をもつ質点に，ばね定数 k のばね，減衰係数 c の粘性減衰力が作用する場合を考える．減衰力を与える装置として，**減衰器** (damper) または**ダンパ**が考えられ，図 3.9 に示すように，オイルがピストンの孔を通って運動するとき発生する粘性抵抗を利用する．これをオイルダンパとよぶ．このとき，速度 $\dot{x}$ に比例した**粘性減衰力** (viscous damping force) $c\dot{x}$ が発生し，向きは運動を妨げる向きに作用する．これとばねによる復元力 kx を加えると，図 3.8 に示す系の運動方程式は，

$$m\ddot{x} = -c\dot{x} - kx \tag{3.26}$$

となる．上式を m で割って整理すると，次式が得られる．

$$\ddot{x} + 2\zeta\omega_n\dot{x} + {\omega_n}^2 x = 0 \tag{3.27}$$

ここで，$\zeta = c/(2\sqrt{mk})$ としているが，これを**減衰比** (damping ratio) とよぶ．

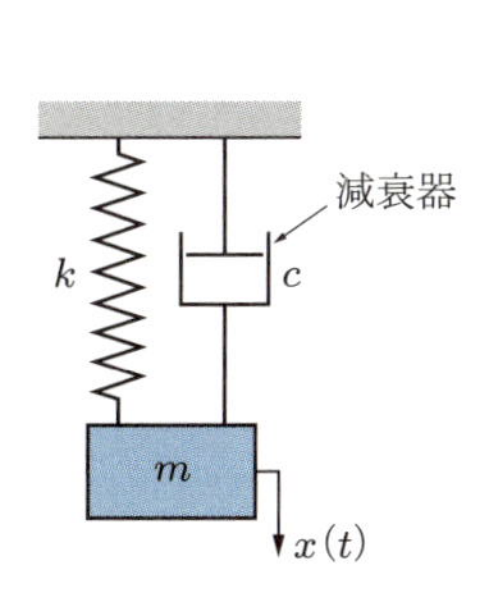

図 3.8 減衰のある 1 自由度の振動

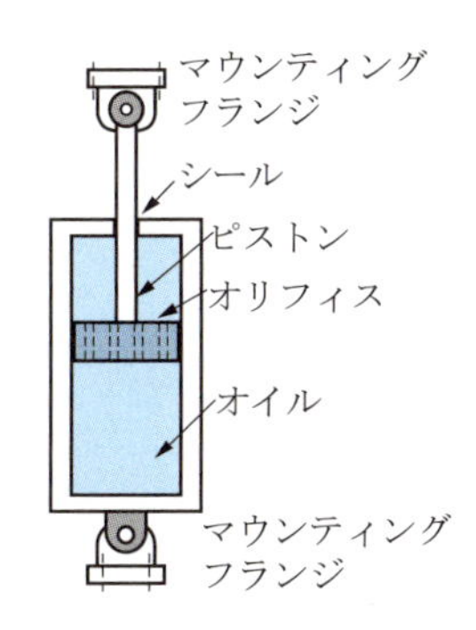

図 3.9 減衰器またはダンパ

式 (3.27) を解いて，この系の運動を求めることにする．式 (3.27) の解を，

$$x = X\,e^{\lambda t} \tag{3.28}$$

とおく．ここで，X は未定係数である．これを式 (3.27) に代入すると，

$$(\lambda^2 + 2\zeta\omega_n\lambda + {\omega_n}^2)Xe^{\lambda t} = 0 \tag{3.29}$$

となる．式 (3.29) において $X = 0$ は自明な解であるが，これは物理的には振幅が 0 になり，ここでは無意味となる．式 (3.29) を満足する解としては，

$$\lambda^2 + 2\zeta\omega_n\lambda + {\omega_n}^2 = 0 \tag{3.30}$$

を満足する λ の値を求めればよいことになる．このとき X は $X \neq 0$ の任意の値でよい．式 (3.30) を解くと，

$$\lambda = (-\zeta \pm \sqrt{\zeta^2 - 1})\omega_n \tag{3.31}$$

が得られる．これより，$\zeta < 1$ のとき，λ は2つの複素根をもち，$\zeta = 1$ のときは，等根をもち，$\zeta > 1$ のときは2つの実根をもつことになる．

1. $\zeta < 1$ のとき：

式 (3.31) より，λ_1, λ_2 は $\lambda_1 = (-\zeta + j\sqrt{1-\zeta^2})\omega_n$, $\lambda_2 = (-\zeta - j\sqrt{1-\zeta^2})\omega_n$ となり，ここで，$j = \sqrt{-1}$ (虚数単位) であるから λ_1, λ_2 は共役な複素数となる．$e^{\lambda_1 t}$, $e^{\lambda_2 t}$ は式 (3.30) を満足するので，式 (3.27) の解は，任意定数をかけて，それらを加え合わせれば，

$$x = X_1 e^{\lambda_1 t} + X_2 e^{\lambda_2 t} \tag{3.32}$$

として得られる．具体的には，

$$\begin{aligned}
x &= e^{-\zeta\omega_n t}\left(X_1 e^{j\sqrt{1-\zeta^2}\omega_n t} + X_2 e^{-j\sqrt{1-\zeta^2}\omega_n t}\right) \\
&= e^{-\zeta\omega_n t}\left\{(X_1 + X_2)\cos\sqrt{1-\zeta^2}\omega_n t + j(X_1 - X_2)\sin\sqrt{1-\zeta^2}\omega_n t\right\} \\
&= e^{-\zeta\omega_n t}\left(A\cos\sqrt{1-\zeta^2}\omega_n t + B\sin\sqrt{1-\zeta^2}\omega_n t\right)
\end{aligned} \tag{3.33}$$

という一般解が得られる．ここで，$A = X_1 + X_2$, $B = j(X_1 - X_2)$ である．初期条件を $t = 0$ で $x(0) = x_0$, $\dot{x}(0) = v_0$ として与えると，

$$A = x_0, \qquad B = \frac{v_0 + \zeta\omega_n x_0}{\sqrt{1-\zeta^2}\omega_n}$$

となるから，

$$\begin{aligned}
x &= e^{-\zeta\omega_n t}\left(x_0\cos\sqrt{1-\zeta^2}\omega_n t + \frac{v_0 + \zeta\omega_n x_0}{\sqrt{1-\zeta^2}\omega_n}\sin\sqrt{1-\zeta^2}\omega_n t\right) \\
&= e^{-\zeta\omega_n t}\sqrt{{x_0}^2 + \frac{(v_0 + \zeta\omega_n x_0)^2}{(1-\zeta^2){\omega_n}^2}}\sin(\sqrt{1-\zeta^2}\omega_n t + \phi)
\end{aligned} \tag{3.34}$$

となる．ここで

$$\phi = \tan^{-1}\left(\frac{\sqrt{1-\zeta^2}\omega_n x_0}{v_0 + \zeta\omega_n x_0}\right) \tag{3.35}$$

である．図 3.10 は式 (3.34) で表される x の振動波形を示すが，破線で示した包絡線の間を円振動数 $\sqrt{1-\zeta^2}\omega_n$ でしだいに減衰していくことがわかる．この現象を**減衰自由振動** (damped free vibration) という．また，$\omega_d = \sqrt{1-\zeta^2}\omega_n$ を**減衰固有円振動数** (damped natural circular frequency) という．なお，$\zeta < 1$ の場合を**不足減衰** (underdamping) という．

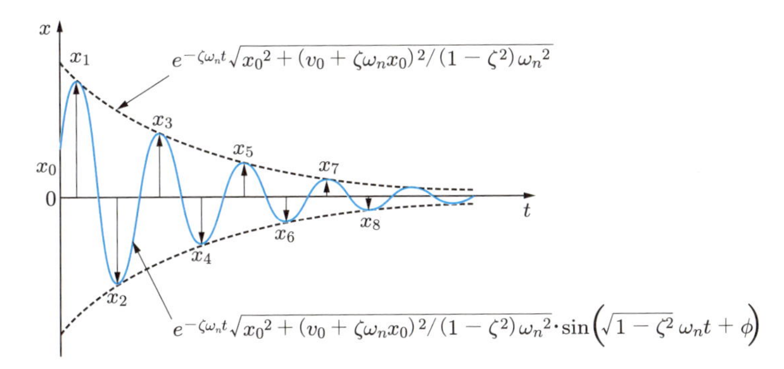

図 3.10　減衰自由振動の波形

2.　$\zeta=1$ のとき：

式 (3.31) より，λ_1, λ_2 は $\lambda_1=\lambda_2=-\omega_n$ となる．このままでは，$x=Ae^{-\omega_n t}$ だけとなり，2 つの任意定数を含んだ解とならないので，振幅と位相の情報を含んだ一般解として表せない．そこで，$Bte^{-\omega_n t}$ という解を導入すると，これは式 (3.27) を満足するので，

$$x=Ae^{-\omega_n t}+Bte^{-\omega_n t} \tag{3.36}$$

となる．これは式 (3.27) の一般解となる．初期条件を $t=0$ で $x(0)=x_0$, $\dot{x}(0)=v_0$ として与えると，$A=x_0$, $B=v_0+\omega_n x_0$ となるから

$$x=\{x_0+(v_0+\omega_n x_0)t\}e^{-\omega_n t} \tag{3.37}$$

となる．この式 (3.37) の関係を表示すると，図 3.11 のようになる．

この解が表す運動は振動的な性質をもたないが，振動するか，しないかの境にあり，この場合を**臨界減衰** (critical damping) という．このときの粘性減衰係数 c は，$\zeta=1$ より

$$c=c_c=2\sqrt{mk} \tag{3.38}$$

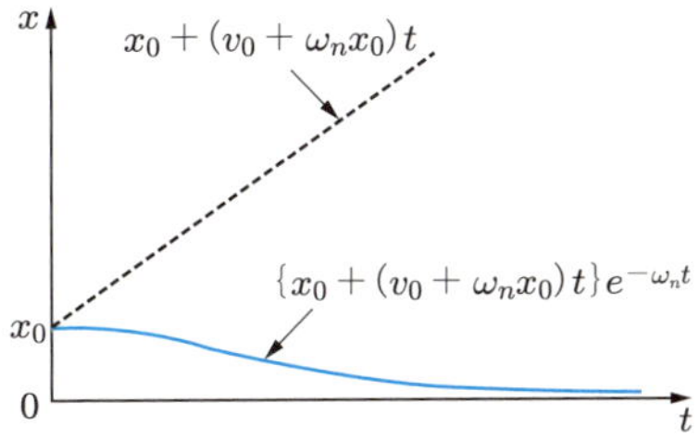

図 3.11　臨界減衰のときの波形

となり，この c_c を**臨界減衰係数** (critical damping coefficient) という．

3. $\zeta > 1$ のとき：

式 (3.31) の解 λ_1, λ_2 は，$\lambda_1 = (-\zeta + \sqrt{\zeta^2 - 1})\omega_n$, $\lambda_2 = (-\zeta - \sqrt{\zeta^2 - 1})\omega_n$ となり，λ_1, λ_2 は負の実数となる．これより，式 (3.27) の解は，$e^{\lambda_1 t}$, $e^{\lambda_2 t}$ に任意定数 X_1, X_2 をかけて，加え合わせれば，

$$x = X_1 e^{\lambda_1 t} + X_2 e^{\lambda_2 t} \tag{3.39}$$

となる．上式を t で微分すると，

$$\dot{x} = X_1 \lambda_1 e^{\lambda_1 t} + X_2 \lambda_2 e^{\lambda_2 t} \tag{3.40}$$

となる．初期条件を $t = 0$ で $x(0) = x_0$, $\dot{x}(0) = v_0$ として与えたとき，式 (3.39), (3.40) より，

$$X_1 = \frac{v_0 - \lambda_2 x_0}{\lambda_1 - \lambda_2}, \qquad X_2 = \frac{\lambda_1 x_0 - v_0}{\lambda_1 - \lambda_2}$$

となるから，これらを式 (3.39) に代入すれば，次式が得られる．

$$x = \frac{1}{\lambda_1 - \lambda_2}\left\{(v_0 - \lambda_2 x_0)e^{\lambda_1 t} - (v_0 - \lambda_1 x_0)e^{\lambda_2 t}\right\} \tag{3.41}$$

図 3.12 は式 (3.41) の x の波形を示したものである．図よりわかるように，式 (3.41) に振動する項が含まれていないために**無周期運動**となり，時間の経過とともに単調に減衰することがわかる．このような $\zeta > 1$ の場合を**過減衰** (overdamping) という．

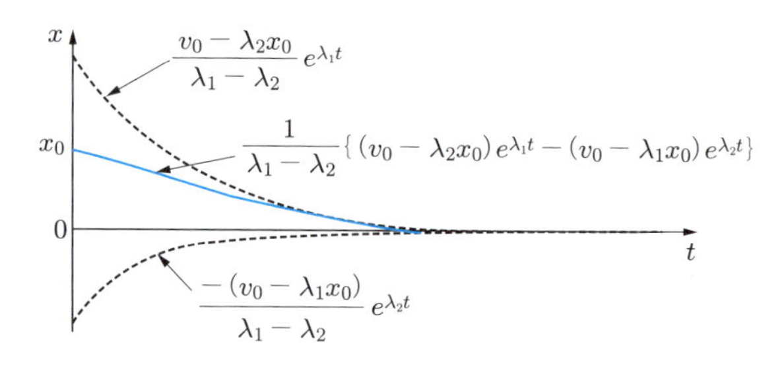

図 3.12　無周期運動の波形

3.2.3　対数減衰率

1 自由度の減衰のある振動モデルにおいて，質量 m，ばね定数 k は，振動していない状態で求めることができるが，減衰係数 c は振動している状態でなければ求められない．この値を求める方法として，減衰自由振動波形による方法を述べる．

いま，ある時刻 t_0 において，減衰自由振動の変位が極大値 x_1 であり，この時刻 t_0 から 1 周期 T 後の時刻 t_0+T における極大値を x_3 とする．式 (3.33) より，

$$\frac{x_1}{x_3}=\frac{e^{-\zeta\omega_n t_0}}{e^{-\zeta\omega_n (t_0+T)}}=e^{\zeta\omega_n T} \tag{3.42}$$

となる．$T=2\pi\big/\left(\sqrt{1-\zeta^2}\omega_n\right)$ であるから，図 3.10 に示した隣り合った極大値 (極小値) と極大値 (極小値) との間には，

$$\left.\begin{aligned}\frac{x_1}{x_3}=\frac{x_3}{x_5}=\quad\cdots\quad=e^{2\pi\zeta/\sqrt{1-\zeta^2}}\\ \frac{x_2}{x_4}=\frac{x_4}{x_6}=\quad\cdots\quad=e^{2\pi\zeta/\sqrt{1-\zeta^2}}\end{aligned}\right\} \tag{3.43}$$

の関係があることがわかる．式 (3.43) の比の自然対数を δ で表すと，

$$\delta=\log_e\frac{x_1}{x_3}=\log_e\frac{x_3}{x_5}=\quad\cdots\quad=\frac{2\pi\zeta}{\sqrt{1-\zeta^2}}$$

となり，これを**対数減衰率** (logarithmic decrement) という．ζ が小さいときは，

$$\delta\cong 2\pi\zeta \tag{3.44}$$

を得る．

実際の実験では，計測精度を向上させるために，n 周期後の変位の極大値 x_{2n+1} を用いて，対数減衰率を求めることが多い．

$$\frac{x_1}{x_{2n+1}}=\frac{x_1}{x_3}\cdot\frac{x_3}{x_5}\cdot\ \cdots\ \cdot\frac{x_{2n-1}}{x_{2n+1}} \tag{3.45}$$

上式の両辺の自然対数をとると，

$$\log_e\left(\frac{x_1}{x_{2n+1}}\right)=n\delta \tag{3.46}$$

となり，

$$\delta=\frac{1}{n}\log_e\left(\frac{x_1}{x_{2n+1}}\right) \tag{3.47}$$

となる．実験で計測した振動波形から相当する極大値 x_1, x_{2n+1} を読みとり，この式を用いて対数減衰率 δ を計算する．図 3.13 に示すように横軸に $0,1,\ldots,n$ をとり，縦

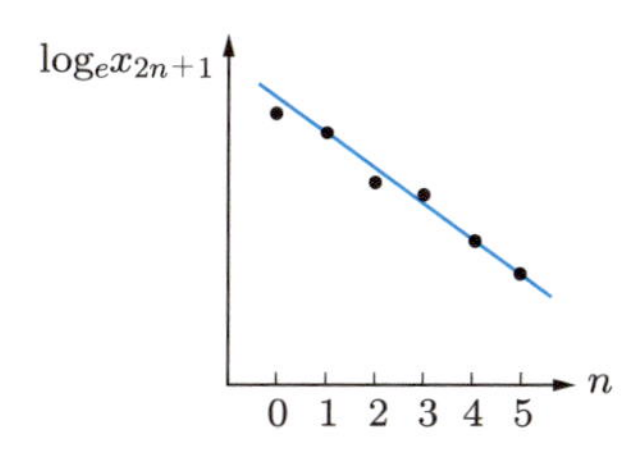

図 3.13 対数減衰率の求め方

軸に対応する $\log_e x_1, \log_e x_2, \ldots, \log_e x_{2n+1}$ をとって，それらの点を通る最適の直線を引き，その直線の勾配を求める．勾配の値は負になるので，この負号をとって正値とすれば δ が得られる．

例題 3.8 図 3.8 に示す減衰のある 1 自由度の振動系において，質量 m は 5 kg，粘性減衰係数は 20 N/(m/s)，ばね定数 k は 2000 N/m であるとき，(1) この振動系の減衰比，(2) 非減衰固有円振動数，(3) 減衰固有円振動数，および (4) 対数減衰率を求めよ．

▶**解** (1) 減衰比 ζ は，

$$\zeta = \frac{c}{2\sqrt{mk}} = \frac{20}{2 \times \sqrt{5 \times 2000}} = \frac{1}{10} = 0.1$$

となり，減衰比は 10%である．

(2) 非減衰固有円振動数 ω_n は，つぎのように得られる．

$$\omega_n = \sqrt{\frac{k}{m}} = \sqrt{\frac{2000}{5}} = 20 \text{ rad/s}$$

(3) 減衰固有円振動数 ω_d は，つぎのように得られる．

$$\omega_d = \sqrt{1-\zeta^2}\,\omega_n = \sqrt{1-(0.1)^2} \cdot 20 = 19.9 \text{ rad/s}$$

(4) 対数減衰率 δ は，

$$\delta = \frac{2\pi\zeta}{\sqrt{1-\zeta^2}} = \frac{2\pi \times 0.1}{\sqrt{0.99}} = 0.631 \cong 2\pi\zeta = 2\pi \times 0.1 = 0.628$$

となる． ◁

例題 3.9 質量 $m = 10$ kg の質点が，図 3.10 に示すように 8 秒間に 4 周期の振動を繰り返し，振幅がもとの振幅の 1/2 に減少した．このときの減衰比および減衰係数を求めよ．

▶**解** 式 (3.47) より，対数減衰率は，

$$\delta = \frac{1}{4} \log_e \frac{x_1}{x_9} = \frac{1}{4} \log_e \frac{2}{1} = 0.173$$

となり，減衰比 ζ は，

$$\zeta \cong \frac{\delta}{2\pi} = \frac{0.173}{2\pi} = 0.0276$$

となる．固有円振動数 ω_n は，

$$\omega_n = 2\pi f_n = 2\pi \times \frac{4}{8} = 3.14 \text{ rad/s}$$

となる．減衰係数 c は，以下のようになる．

$$c = \zeta \times 2\sqrt{mk} = \zeta \times 2m\omega_n$$
$$= 0.0276 \times 2 \times 10 \times 3.14 = 1.73 \text{ kg/s} = 1.73 \text{ N/(m/s)}$$
◁

例題 3.10 図 3.14 に示すように剛体てこ (lever) と質点，オイルダンパ，ばねからなる振動系がある．質量は m，粘性減衰係数は c，ばね定数は k_1，k_2 とする．てこの質量は無視できるものとする．

(1) この振動系の運動方程式を導け．(2) 減衰力がないとしたときの非減衰固有振動数を求めよ．(3) 臨界減衰係数を求めよ．

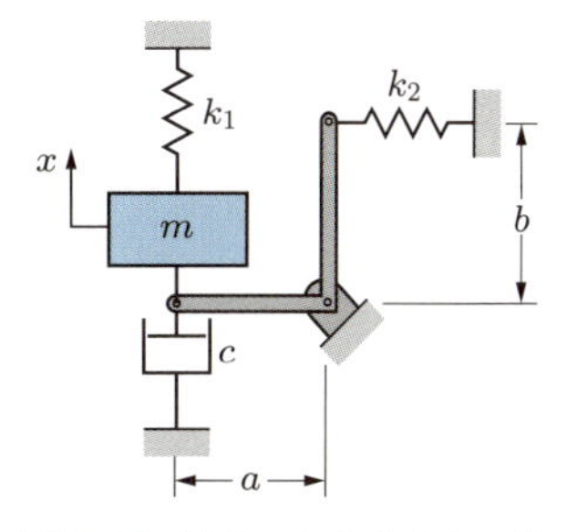

図 3.14 剛体てこを含めた 1 自由度の振動系

▶解 (1) 質量 m の質点が x だけ変位したとき，ばね k_2 の位置では，xb/a だけ変位する．よって，k_2 による復元力は k_2xb/a がばね k_2 の位置で発生する．この復元力を質点の位置に換算すると，図 3.15 より x の位置での等価なばね定数 k_{eq} は，$Fa = bF_2$ であるから，これに F, F_2 の具体的な値を代入すると

$$k_{eq}xa = \frac{bk_2xb}{a}$$

となる．よって $k_{eq} = b^2k_2/a^2$ となる．運動方程式は次式となる．

$$m\ddot{x} = -k_1x - \frac{b^2}{a^2}k_2x - c\dot{x}$$

$$\therefore \quad m\ddot{x} + c\dot{x} + \left(k_1 + \frac{b^2}{a^2}k_2\right)x = 0$$

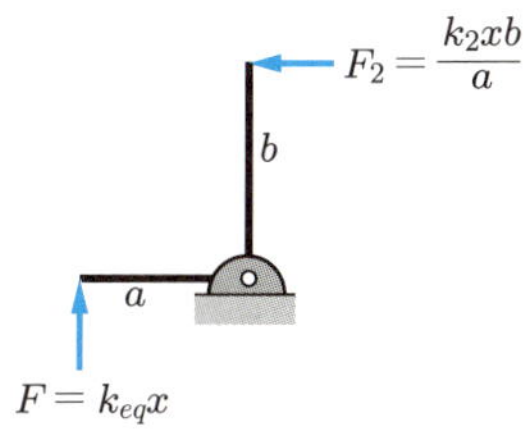

図 3.15 剛体てこの力のつり合い

(2) 非減衰固有振動数 f は，次式となる．

$$f = \frac{1}{2\pi}\sqrt{\frac{k_1 + \frac{b^2}{a^2}k_2}{m}} = \frac{1}{2\pi}\sqrt{\frac{k_1}{m} + \frac{b^2k_2}{a^2m}}$$

(3) 臨界減衰係数 c_c は式 (3.38) より，つぎのように得られる．

$$c_c = 2\sqrt{mk} = 2\sqrt{m\left(k_1 + \frac{b^2}{a^2}k_2\right)}$$
◁

■3.2.4 自由減衰振動のエネルギー

図 3.8 に示す**粘性減衰力**の作用する 1 自由度減衰振動系のエネルギーについて考察する．式 (3.26) に $\dot{x}$ をかけると，次式が得られる．

$$m\ddot{x}\dot{x} = -c\dot{x}^2 - kx\dot{x} \tag{3.48}$$

この式を変形すると，

$$\frac{d}{dt}\left(\frac{1}{2}m\dot{x}^2 + \frac{1}{2}kx^2\right) = -c\dot{x}^2 \tag{3.49}$$

となる．ここで，前節で導入した全エネルギー E を用いると，式 (3.49) は

$$\frac{dE}{dt} = -c\dot{x}^2 \tag{3.50}$$

となり，式 (3.50) は，0 または負であるから，全エネルギーは減少しつづけることになり，自由振動は時間とともに消滅することがわかる．

いま，時刻 t_1, t_2 におけるエネルギーを $E(t_1), E(t_2)$ とおき，式 (3.50) を時刻 t_1Q, t_2 の間で積分すると，

$$E(t_2) - E(t_1) = -\int_{t_1}^{t_2} c\dot{x}^2 dt = -\int_{x_1}^{x_2} c\dot{x}dx \tag{3.51}$$

となり，右辺の積分は減衰力 $c\dot{x}$ によって消費されるエネルギーを示す．ここに，x_1, x_2 は時間 t_1, t_2 に対応する質点の変位である．

3.3 クーロン摩擦のある自由振動

図 3.16 に示すように，1 自由度ばね質量系に**クーロン摩擦** (Coulomb friction)(あるいは**乾性摩擦** (dry friction)) のはたらく場合の自由振動を考える．

クーロン摩擦は，大きさは変位や速度に依存せず，摩擦部の運動方向に対して垂直な力に比例する．向きは，運動を妨げる方向に作用する．この力を F とおく．運動方程式は，

$$m\ddot{x} = \begin{cases} -kx - F & (\dot{x} > 0) \\ -kx + F & (\dot{x} < 0) \end{cases} \tag{3.52}$$

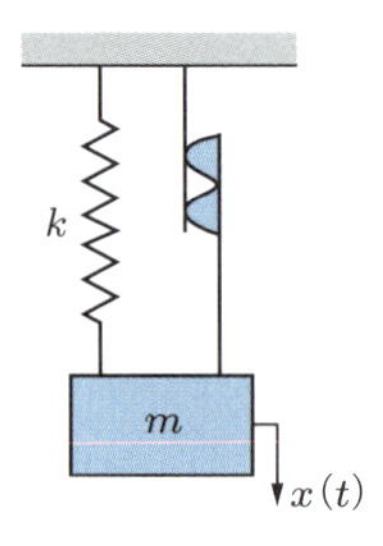

図 3.16 クーロン摩擦のある自由振動

となる．式 (3.52) を整理すると，次式が得られる．

$$m\ddot{x} + kx + \mathrm{sgn}\,(\dot{x}) \cdot F = 0 \tag{3.53a}$$

ここで，

$$\mathrm{sgn}\,(\dot{x}) = \begin{cases} 1 & (\dot{x} > 0) \\ -1 & (\dot{x} < 0) \end{cases} \tag{3.53b}$$

である．式 (3.53a) の両辺を m で割ると，

$$\ddot{x} + {\omega_n}^2\{x + \mathrm{sgn}\,(\dot{x}) \cdot s\} = 0 \tag{3.54}$$

となる．ここで，$s = F/k$ である．

式 (3.54) の一般解は，式 (3.8) に準じて容易に求められるが，その解法をつぎに述べる．$X = x + \mathrm{sgn}\,(\dot{x}) \cdot s$ とすると，$\ddot{X} = \ddot{x}$ であるから $\ddot{X} + {\omega_n}^2 X = 0$ となり，式 (3.8) の解を X に適用すると，

$$x = A\cos\omega_n t + B\sin\omega_n t - \mathrm{sgn}\,(\dot{x}) \cdot s \tag{3.55}$$

となる．A, B は任意定数であり，初期条件および運動の向きが変化するときに，解が連続でなければならない条件より決まる．

いま，初期条件を $t = 0$ で，$x(0) = x_0 > 0$, $\dot{x}(0) = v_0 = 0$ とする．この初期条件のとき，t が 0 を超えれば，x は x_0 より減少するから $\dot{x} < 0$ となる．したがって式 (3.54) の $\mathrm{sgn}\,(\dot{x}) = -1$ のときの運動が起こる．そこで，この式の任意定数 A, B を初期条件を満たすように定めると，$A = x_0 - s$, $B = v_0/\omega_n = 0$ となり，

$$x = (x_0 - s)\cos\omega_n t + s \qquad (\dot{x} < 0)\left[0 \leqq t \leqq \frac{\pi}{\omega_n}\right] \tag{3.56}$$

となる．この解は，$\dot{x} < 0$ で，つぎに $\dot{x} = 0$ となる時刻まで成立する．その時刻 t_1 は，$\dot{x} = -(x_0 - s)\omega_n \sin\omega_n t = 0$ を解いて求められ，$t_1 = \pi/\omega_n$ である．この時刻 $t = t_1$ では，$x = -x_0 + 2s$, $\dot{x} = 0$ であり，t が t_1 を超えれば，つぎに $\dot{x} = 0$ になるまで $\dot{x} > 0$ である．この間，式 (3.54) の $\mathrm{sgn}\,(\dot{x}) = 1$ のときの運動が起こる．この運動は，式 (3.56) の運動から連続して生じるため，式 (3.55) の任意定数は $t = t_1$ での $x(t_1) = -x_0 + 2s$, $\dot{x}(t_1) = 0$ を使うと，$A = x_0 - 3s$, $B = 0$ となり，

$$x = (x_0 - 3s)\cos\omega_n t - s \qquad (\dot{x} > 0)\left[\frac{\pi}{\omega_n} \leqq t \leqq 2\frac{\pi}{\omega_n}\right] \tag{3.57}$$

となる．この解は $\dot{x} > 0$ で，つぎに $\dot{x} = 0$ となる時刻まで成立する．この解の $\dot{x}$ が符号を変える時刻 t_2 は，$\dot{x} = -(x_0 - 3s)\omega_n \sin\omega_n t = 0$ を解いて得られ，$t_2 = 2\pi/\omega_n$ で

ある．この $t=t_2$ では $x=x_0-4s,\ \dot{x}=0$ であり，$t=t_2$ から以降の運動は，同様にして求められる．

以上の操作を繰り返せば，

$$\left.\begin{array}{ll} x=(x_0-5s)\cos\omega_n t+s & (\dot{x}<0)\ [2\pi/\omega_n \leqq t \leqq 3\pi/\omega_n] \\ x=(x_0-7s)\cos\omega_n t-s & (\dot{x}>0)\ [3\pi/\omega_n \leqq t \leqq 4\pi/\omega_n] \\ \quad\vdots & \end{array}\right\} \tag{3.58}$$

となる．

したがって，この x は図 **3.17** のように，$\pm s$ の点を中心として 1/2 サイクルごとに $2s$ ずつ振幅が減少することがわかる．図 3.17 の余弦波曲線の $\dot{x}<0$ の領域である右下がりの部分では，零線がもとの零線の上方 s のところに移り，$\dot{x}>0$ の領域である右上がりの部分では，逆に下方 $-s$ のところに移る．

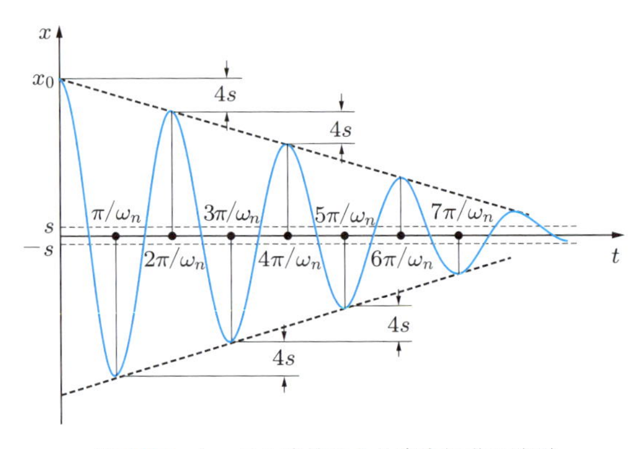

図 **3.17** クーロン摩擦のある自由振動の波形

また，このように粘性減衰係数が存在するときと同じように減衰振動をするが，x の極値が $\pm s$ の範囲に入ったときは，ばねの復元力よりも摩擦力が大きくなり，粘性減衰の場合と異なり，時間が経過するとともにもとの平衡点 $x=0$ に戻ることにはならない．

このような**クーロン摩擦による振動**は，**非線形振動**の一種であるが，**線形振動**の理論で扱うことができるので，ここで述べた．

例題 3.11 図 3.18 に示すような振動系において，質量 $m = 1$ kg の質点をばねが自然長の位置から $X_0 = 0.3$ m 変位させ，初速 0 で運動させたとする．振動しはじめてから静止するまでの時間を計算せよ．ただし，ばね定数 k は 100 N/m，摩擦係数 μ は 0.2 とする．

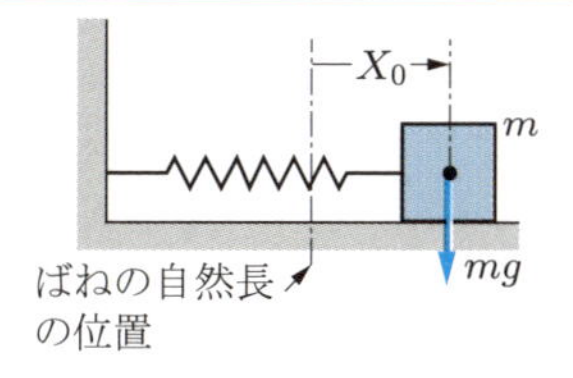

図 3.18 水平床上の振動

▶**解** 式 (3.52) の摩擦力 F は次式で与えられる．

$$F = \mu mg = 0.2 \times 1 \times 9.8 = 1.96 \text{ kg·m/s}^2 = 1.96 \text{ N}$$

摩擦力による静的な伸び変位 s は，次式となる．

$$s = \frac{F}{k} = \frac{1.96}{100} = 0.0196 \text{ m} = 1.96 \text{ cm}$$

振幅は 1 周期ごとに $4s$，半周期ごとに $2s$ ずつ減少するので，$X_0 - n \times 2s \leqq s$ の条件を満たすとき，振動は静止する．すなわち

$$n \geqq \frac{X_0 - s}{2s} = \frac{30 - 1.96}{3.92} = 7.15$$

である．したがって，8 回目の半周期振動で静止することがわかる．ここで，周期 T はつぎのようになる．

$$T = \frac{1}{f} = 2\pi\sqrt{\frac{m}{k}} = 2\pi\sqrt{\frac{1}{100}} = 0.2\pi = 0.628 \text{ s}$$

半周期は，$0.5T = 0.314$ s であるから，静止までの時間は，

$$0.314 \text{ s} \times 8 = 2.51 \text{ s}$$

となり，2.51 秒経過したとき，振動系はすでに静止していることになる． ◁

3.4 調和外力による減衰のない強制振動

自由振動は，初期条件が与えられると，その後の運動は外力が作用しないのですべて決定される．一方，機械や構造物の一部にエンジンやモータが搭載されている場合や，構造物に固定部から変動する外力が伝播する場合は自由振動と違った振動が引き起こされる．

いま，図 3.19 に示すように，外部から**調和外力** $F_0 \sin\omega t$ が，正の向きに作用するとする．運動方程式は，質点はばねから負の向きに kx の力を受けるから，

$$m\ddot{x} = -kx + F_0 \sin\omega t \tag{3.59}$$

となる．両辺を m で割り，書きなおすと次式が得られる．

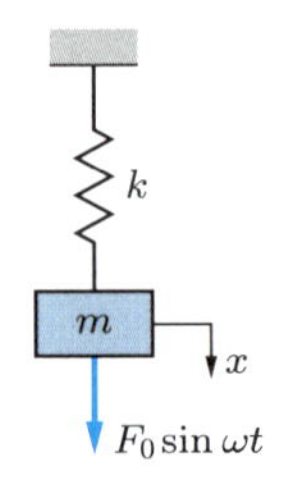

図 3.19 1自由度の減衰のない強制振動

$$\ddot{x} + {\omega_n}^2 x = \frac{F_0}{m} \sin \omega t \tag{3.60}$$

式 (3.60) の一般解は，右辺を0とした前述の式 (3.5) の自由振動の解に相当する．一方，$F_0 \sin \omega t$ が作用するために存在する解は特解で，**強制振動** (forced vibration) を表す．

特解は，調和外力が正弦波外力であるので，振動変位 x も外力と同じように変化すると考えられる．解を，

$$x = C \cos \omega t + D \sin \omega t \tag{3.61}$$

と仮定する．これを式 (3.60) に代入すると，

$$C({\omega_n}^2 - \omega^2) \cos \omega t + D({\omega_n}^2 - \omega^2) \sin \omega t = \frac{F_0}{m} \sin \omega t \tag{3.62}$$

となる．上式の $\cos \omega t$ および $\sin \omega t$ の係数を比較すると，

$$\left.\begin{aligned} C &= 0 \\ D &= \frac{F_0}{m({\omega_n}^2 - \omega^2)} \end{aligned}\right\} \tag{3.63}$$

となり，$\omega \neq \omega_n$ のとき，D の値は定まる．

以下，$\omega \neq \omega_n$ の場合について述べる．式 (3.61) は，

$$x = \frac{F_0}{m({\omega_n}^2 - \omega^2)} \sin \omega t \tag{3.64}$$

となる．ここで，$X_{st} = F_0/k$ とすると，X_{st} は F_0 が質量 m に静的に作用したときのばねの静たわみを表す．これと前節で求めた自由振動の基本解を用いると，式 (3.60) の一般解は，

$$x = A \cos \omega_n t + B \sin \omega_n t + \frac{X_{st}}{1 - \left(\dfrac{\omega}{\omega_n}\right)^2} \sin \omega t \tag{3.65}$$

となる．上式の右辺の第1，2項は，系の固有円振動数 ω_n をもった自由振動，第3項は調和外力の**強制円振動数** ω をもった強制振動であることがわかる．この A, B は初

期条件によって決定される．$t=0$ で $x(0)=x_0,\ \dot{x}(0)=v_0$ とすると，

$$x = x_0\cos\omega_n t + \left\{ \frac{v_0}{\omega_n} - \frac{\left(\dfrac{\omega}{\omega_n}\right)X_{st}}{1-\left(\dfrac{\omega}{\omega_n}\right)^2} \right\}\sin\omega_n t + \frac{X_{st}}{1-\left(\dfrac{\omega}{\omega_n}\right)^2}\sin\omega\, t \tag{3.66}$$

となる．自由振動と強制振動との合計で表される式 (3.66) は，初期条件を満足する組み合わせで定まり，以降そのまま継続する．

実際の機械や構造物では，減衰が 0 の場合は存在しないので，自由振動はしだいに消滅してしまい，強制振動だけが残る．このときの解は，

$$x = \frac{X_{st}}{1-\left(\dfrac{\omega}{\omega_n}\right)^2}\sin\omega t = X\sin\omega t \tag{3.67}$$

となる．ここで，X は強制振動の変位振幅である．式 (3.67) の表す振動は初期条件の影響が消えて，定常状態で観察されるので**定常強制振動** (steady-state forced vibration) という．この振幅は，ω が増加するに従って，ω_n を境にして正から負の値になる．これは，強制振動変位の向きが，調和外力の向きと同位相であったものが，逆位相に瞬時に変化することを示している．これは減衰のない場合を考えているからであり，減衰のある場合は外力に対してある位相差 ϕ の遅れをもって質点が動き出す．

そこで，式 (3.67) を

$$x = |X|\sin(\omega\, t - \phi) \tag{3.68}$$

と書きなおす．ここで

$$\left.\begin{aligned} |X| &= \frac{X_{st}}{\left|1-\left(\dfrac{\omega}{\omega_n}\right)^2\right|} \\ \phi &= \begin{cases} 0 & (\omega < \omega_n) \\ \pi & (\omega > \omega_n) \end{cases} \end{aligned}\right\} \tag{3.69}$$

であり，X と X_{st} の比である**振幅倍率** (magnification factor) M は，

$$M = \frac{|X|}{X_{st}} = \frac{1}{\left|1-\left(\dfrac{\omega}{\omega_n}\right)^2\right|} \tag{3.70}$$

となり，位相差 ϕ とともに表示すると図 **3.20** になる．

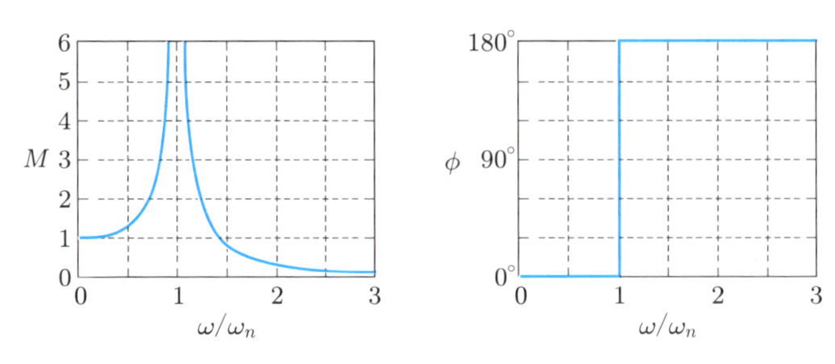

図 3.20　振幅倍率と位相

また，図 3.20 の振幅倍率と位相差は，外力の円振動数 ω の関数であり，**振幅応答曲線** (amplitude response curve)，**位相応答曲線** (phase response curve) ともよばれる．

つぎに，$\omega = \omega_n$ の式 (3.60) の解を求める．特解を，

$$x = C\,t\cos\omega_n t \tag{3.71}$$

とおき，式 (3.60) に代入すると，両辺とも $\sin\omega_n t$ のみの項となり，未定定数 C は，

$$C = -\frac{F_0}{2m\omega_n} = -\frac{\omega_n X_{st}}{2} \tag{3.72}$$

となり，したがって一般解は，

$$x = A\cos\omega_n t + B\sin\omega_n t - \frac{\omega_n X_{st}}{2} t\cos\omega_n t \tag{3.73}$$

となる．さらに，この A, B は，初期条件を $t = 0$ で $x(0) = x_0$, $\dot{x}(0) = v_0$ とすると得られ，

$$x = x_0\cos\omega_n t + \left(\frac{v_0}{\omega_n} + \frac{X_{st}}{2}\right)\sin\omega_n t - \frac{\omega_n X_{st}}{2} t\cos\omega_n t \tag{3.74}$$

となる．式 (3.74) において，第 1，第 2 項は振幅一定の振動であり，第 3 項は時間 t の増加とともに振幅が増大する振動である．

以上の式 (3.67)，(3.74) より，$\omega = \omega_n$ となるとき，振動変位は無限に大きくなる．この現象を**共振** (resonance) という．ただし，共振現象は急に振幅が無限大になるのではなく，時間の経過とともに振幅が大きくなる．

また，共振が発生する振動数を**共振点** (resonance point) あるいは**共振振動数** (resonance frequency) という．さらに，前述の振幅倍率の曲線を，**共振曲線** (resonance curve) ともいう．

例題 3.12　図 3.19 において，質量 $m = 5$ kg，ばね定数 $k = 2000$ N/m とする．この振動系に，$F_0 = 10$ N, $f = 5$ Hz の強制振動が加わったときの強制振動の振幅を求めよ．また，$f = 3$ Hz になったときの振幅を求めよ．

▶**解**　この振動系の固有円振動数 ω_n，および固有振動数 f_n は

$$\omega_n = \sqrt{\frac{k}{m}} = \sqrt{\frac{2000}{5}} = 20 \text{ rad/s}, \qquad f_n = \omega_n/2\pi = 3.18 \text{ Hz}$$

となる．また $\omega = 2\pi f = 2\pi \times 5 = 31.4$ rad/s である．式 (3.67) より，強制振動の振幅は次式となる．

$$\left|\frac{X_{st}}{1-(\omega/\omega_n)^2}\right| = \left|\frac{F_0/k}{1-(\omega/\omega_n)^2}\right| = \left|\frac{10/2000}{1-(31.4/20)^2}\right| = 0.00341 \text{ m} = 3.41 \text{ mm}$$

また，$\omega = 2\pi f = 2\pi \times 3 = 18.8$ rad/s のときは次式となる．

$$\left|\frac{X_{st}}{1-(\omega/\omega_n)^2}\right| = \left|\frac{1/200}{1-(18.8/20)^2}\right| = 0.0430 \text{ m} = 43.0 \text{ mm}$$

◁

3.5　調和外力による減衰のある強制振動

図 3.21 に示すように，粘性減衰のある 1 自由度系に**調和外力** $F_0 \sin\omega t$ が作用したときの運動方程式は，

$$m\ddot{x} + c\dot{x} + kx = F_0 \sin\omega t \tag{3.75}$$

となる．両辺を m で割って整理すると，つぎのようになる．

$$\ddot{x} + 2\zeta\omega_n\dot{x} + {\omega_n}^2 x = \frac{F_0}{m}\sin\omega t \tag{3.76}$$

この解は，前節で述べたように，右辺を 0 とおいた方程式の基本解と，$F_0 \sin\omega t$ による特解の和で与えられる．特解を $x = C\cos\omega t + D\sin\omega t$ として式 (3.76) に代入すると，

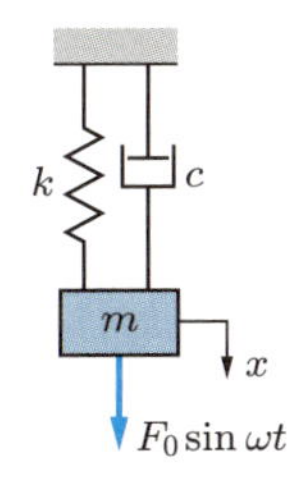

図 3.21　1 自由度系の減衰のある強制振動

$$\{C({\omega_n}^2-\omega^2)+2D\zeta\omega_n\omega\}\cos\omega t+\{-2C\zeta\omega_n\omega+D({\omega_n}^2-\omega^2)\}\sin\omega t$$
$$=\frac{F_0}{m}\sin\omega t \tag{3.77}$$

となる．この式 (3.77) がつねに成立するためには，次式が成り立たなければならない．

$$\left.\begin{aligned}C({\omega_n}^2-\omega^2)+2D\zeta\omega_n\omega=0\\ -2C\zeta\omega_n\omega+D({\omega_n}^2-\omega^2)=\frac{F_0}{m}\end{aligned}\right\} \tag{3.78}$$

この式を解いて，C, D を定めると

$$\begin{aligned}x&=\frac{F_0}{m}\cdot\frac{1}{({\omega_n}^2-\omega^2)^2+(2\zeta\omega_n\omega)^2}\{-2\zeta\omega_n\omega\cos\omega t+({\omega_n}^2-\omega^2)\sin\omega t\}\\ &=\frac{X_{st}}{\left\{1-\left(\frac{\omega}{\omega_n}\right)^2\right\}^2+\left\{2\zeta\left(\frac{\omega}{\omega_n}\right)\right\}^2}\left[\left\{-2\zeta\left(\frac{\omega}{\omega_n}\right)\right\}\cos\omega t\right.\\ &\qquad\left.+\left\{1-\left(\frac{\omega}{\omega_n}\right)^2\right\}\sin\omega t\right]\\ &=\frac{X_{st}}{\sqrt{\left\{1-\left(\frac{\omega}{\omega_n}\right)^2\right\}^2+\left\{2\zeta\left(\frac{\omega}{\omega_n}\right)\right\}^2}}\sin(\omega t-\phi)\end{aligned} \tag{3.79}$$

となる．ここで，

$$\phi=\tan^{-1}\frac{2\zeta\left(\frac{\omega}{\omega_n}\right)}{1-\left(\frac{\omega}{\omega_n}\right)^2} \tag{3.80}$$

である．式 (3.79)，(3.80) は式 (3.76) の特解である．式 (3.76) の一般解は，これに $\zeta<1$, $\zeta=1$, $\zeta>1$ に対応する自由振動の基本解を加えて求められる．$\zeta<1$ の周期運動を示す自由振動の基本解を加えた場合の一般解は，

$$x=e^{-\zeta\omega_n t}(A\cos\sqrt{1-\zeta^2}\omega_n t+B\sin\sqrt{1-\zeta^2}\omega_n t)+X\sin(\omega t-\phi) \tag{3.81}$$

となる．ここで

$$X=\frac{X_{st}}{\sqrt{\left\{1-\left(\frac{\omega}{\omega_n}\right)^2\right\}^2+\left\{2\zeta\left(\frac{\omega}{\omega_n}\right)\right\}^2}} \tag{3.82}$$

であり，これは強制振動の変位振幅である．また A, B は任意定数で，初期条件によっ

て決まる．

いま，初期条件を $t=0$ で $x(0)=x_0$, $\dot{x}(0)=v_0$ とすると，

$$x_0 = A - X\sin\phi \tag{3.83}$$

となる．また，

$$\begin{aligned}\dot{x} = &-\zeta\omega_n e^{-\zeta\omega_n t}(A\cos\sqrt{1-\zeta^2}\omega_n t + B\sin\sqrt{1-\zeta^2}\omega_n t)\\ &+ e^{-\zeta\omega_n t}(-A\sqrt{1-\zeta^2}\omega_n\sin\sqrt{1-\zeta^2}\omega_n t + B\sqrt{1-\zeta^2}\omega_n\cos\sqrt{1-\zeta^2}\omega_n t)\\ &+ X\omega\cos(\omega t-\phi)\end{aligned}$$

であるから，

$$v_0 = -\zeta\omega_n A + B\sqrt{1-\zeta^2}\omega_n + X\omega\cos\phi \tag{3.84}$$

となる．また，

$$\phi = \tan^{-1}\frac{2\zeta\left(\dfrac{\omega}{\omega_n}\right)}{1-\left(\dfrac{\omega}{\omega_n}\right)^2} \tag{3.85}$$

である．式 (3.83) より

$$A = x_0 + X\sin\phi \tag{3.86}$$

となる．これを式 (3.84) に代入すると，次式を得る．

$$\begin{aligned}B\sqrt{1-\zeta^2}\omega_n &= \zeta\omega_n(x_0+X\sin\phi)+v_0-X\omega\cos\phi\\ &= \zeta\omega_n x_0 + v_0 + X(\zeta\omega_n\sin\phi-\omega\cos\phi)\end{aligned} \tag{3.87}$$

式 (3.86)，(3.87) を式 (3.81) に代入すると，

$$\begin{aligned}x = &e^{-\zeta\omega_n t}\left[(x_0+X\sin\phi)\cos\sqrt{1-\zeta^2}\omega_n t\right.\\ &\left.+\frac{1}{\sqrt{1-\zeta^2}\omega_n}\left\{(\zeta\omega_n x_0+v_0)+X(\zeta\omega_n\sin\phi-\omega\cos\phi)\right\}\sin\sqrt{1-\zeta^2}\omega_n t\right]\\ &+X\sin(\omega t-\phi)\end{aligned} \tag{3.88}$$

となる．

例題 3.13 式 (3.88) の減衰のある強制振動解において，減衰を 0 に近づける場合，$\omega \neq \omega_n$ のときの式 (3.66)，および $\omega = \omega_n$ のときの式 (3.74) に等しくなることを示せ．

▶**解** $\zeta \to 0$として，減衰を0に近づけると，式(3.80)，(3.82)より

$$\phi \to \begin{cases} 0 \\ \pi \end{cases}, \qquad X \to \frac{\pm X_{st}}{\left\{1-(\omega/\omega_n)^2\right\}}$$

となるから，式(3.88)はつぎのようになる．

$$\begin{aligned} x &= 1\cdot\left[(x_0+0)\cos\omega_n t + \frac{1}{\omega_n}\left\{v_0 + \frac{X_{st}}{1-(\omega/\omega_n)^2}(0-\omega\cdot 1)\right\}\times\sin\omega_n t\right] \\ &\quad + \frac{X_{st}}{1-(\omega/\omega_n)^2}\sin\omega\,t \\ &= x_0\cos\omega_n t + \left\{\frac{v_0}{\omega_n} - \frac{(\omega/\omega_n)X_{st}}{1-(\omega/\omega_n)^2}\right\}\sin\omega_n t + \frac{X_{st}}{1-(\omega/\omega_n)^2}\sin\omega\,t \end{aligned}$$

上式は，減衰のない1自由度の強制振動の解，式(3.66)と一致する．

つぎに，式(3.88)で，$\omega \to \omega_n$とすると，$\phi \to \dfrac{\pi}{2}$, $X \to \dfrac{X_{st}}{2\zeta}$となるから

$$\begin{aligned} x &= e^{-\zeta\omega_n t}\left[\left\{x_0 + \frac{X_{st}}{2\zeta}\cdot 1\right\}\cos\sqrt{1-\zeta^2}\omega_n t\right. \\ &\quad \left. + \frac{1}{\sqrt{1-\zeta^2}\omega_n}\left\{(\zeta\omega_n x_0 + v_0) + \frac{X_{st}}{2\zeta}(\zeta\omega_n\cdot 1 - \omega\cdot 0)\right\}\sin\sqrt{1-\zeta^2}\omega_n t\right] \\ &\qquad + X\sin\left(\omega_n t - \frac{\pi}{2}\right) \\ &= e^{-\zeta\omega_n t}\left[\left(x_0 + \frac{X_{st}}{2\zeta}\right)\cos\sqrt{1-\zeta^2}\omega_n t\right. \\ &\qquad \left. + \frac{1}{\sqrt{1-\zeta^2}\omega_n}\left\{(\zeta\omega_n x_0 + v_0) + \frac{\omega_n X_{st}}{2}\right\}\sin\sqrt{1-\zeta^2}\omega_n t\right] \\ &\quad - \frac{X_{st}}{2\zeta}\cos\omega_n t \end{aligned}$$

となる．さらに，$\zeta \to 0$とすると，上式は，

$$\begin{aligned} x &= x_0\cos\omega_n t + \frac{e^{-\zeta\omega_n t}}{\zeta}\frac{X_{st}}{2}\cos\omega_n t + \left(\frac{v_0}{\omega_n} + \frac{X_{st}}{2}\right)\sin\omega_n t - \frac{X_{st}}{2\zeta}\cos\omega_n t \\ &= x_0\cos\omega_n t + \left(\frac{v_0}{\omega_n} + \frac{X_{st}}{2}\right)\sin\omega_n t + \frac{X_{st}}{2}\cdot\frac{e^{-\zeta\omega_n t}-1}{\zeta}\cos\omega_n t \\ &= x_0\cos\omega_n t + \left(\frac{v_0}{\omega_n} + \frac{X_{st}}{2}\right)\sin\omega_n t \\ &\quad + \frac{X_{st}}{2}\cdot\frac{1}{\zeta}\cdot\left(1 + \frac{-\zeta\omega_n t}{1!} + \frac{(-\zeta\omega_n t)^2}{2!} + \frac{(-\zeta\omega_n t)^3}{3!} + \cdots - 1\right)\cos\omega_n t \end{aligned}$$

となる．第2項までの展開をとると次式が得られる．

$$\begin{aligned} x &\cong x_0\cos\omega_n t + \left(\frac{v_0}{\omega_n} + \frac{X_{st}}{2}\right)\sin\omega_n t + \frac{X_{st}}{2}\cdot\frac{1}{\zeta}(-\zeta\omega_n t)\cos\omega_n t \\ &= x_0\cos\omega_n t + \left(\frac{v_0}{\omega_n} + \frac{X_{st}}{2}\right)\sin\omega_n t - \frac{\omega_n X_{st}}{2}t\cos\omega_n t \end{aligned}$$

上式は減衰のない $\omega = \omega_n$ のときの式 (3.74) に等しくなることがわかる．

以上をまとめるとつぎのようになる．

式 (3.88) において，$\omega \to \omega_n, \zeta \to 0$ とするとき，式 (3.88) は式 (3.74) に収束する．ここで，式 (3.74) は，減衰のない 1 自由度系で強制振動数が $\omega = \omega_n$ の共振加振したときの解 (初期条件を考慮) である．また，式 (3.88) は，減衰のある 1 自由度系の強制振動解 (初期条件を考慮) である．◁

このように，調和外力による減衰のある 1 自由度系の強制振動の解は**自由振動**と**強制振動**がともに存在するが，自由振動は減衰があるため時間が経過するに従って消失し，強制振動だけが残る．すなわち，定常状態では，式 (3.81) の第 2 項の振動だけが持続されることになる．この第 2 項の振動が，前節で定義した**強制振動**あるいは**定常強制振動**に相当する式である．なお，以上のように質量 m に力が作用して振動する場合を**力励振** (force excitation) による強制振動という．

ここで，$\zeta \to 0$ として，減衰を 0 に近づけると，式 (3.79)，(3.80) は，

$$\left.\begin{aligned} x &= X\sin(\omega t - \phi) = \frac{X_{st}}{\left|1 - \left(\dfrac{\omega}{\omega_n}\right)^2\right|}\sin(\omega t - \phi) \\ \phi &= \begin{cases} 0 & (\omega < \omega_n) \\ \pi & (\omega > \omega_n) \end{cases} \end{aligned}\right\} \tag{3.89}$$

となる．これは前節で述べた減衰のない強制振動の式 (3.68)，(3.69) に一致する．式 (3.79)，(3.80) は，減衰のない場合を特別な場合として含む一般解といえる．

つぎに，静的変位 X_{st} に対する強制振動の振幅 X の**振幅倍率** M は

$$M = \frac{X}{X_{st}} = \frac{1}{\sqrt{\left\{1 - \left(\dfrac{\omega}{\omega_n}\right)^2\right\}^2 + \left\{2\zeta\left(\dfrac{\omega}{\omega_n}\right)\right\}^2}} \tag{3.90}$$

で表され，M と**位相差** ϕ を外力の円振動数 ω の関数として，図 **3.22** のように表すことができる．位相差 ϕ は作用する外力 $F_0 \sin\omega t$ に対して x は ϕ だけ位相が遅れていることを意味する．

図 3.22 より ζ が大きいときは ω/ω_n とともに M は単調に減少しているが，ζ が減少するとともに M が増加し，極大値をもっていることがわかる．その極大値は式 (3.90) の分母の平方根のなかを $(\omega/\omega_n)^2$ で偏微分し，0 とおくと，

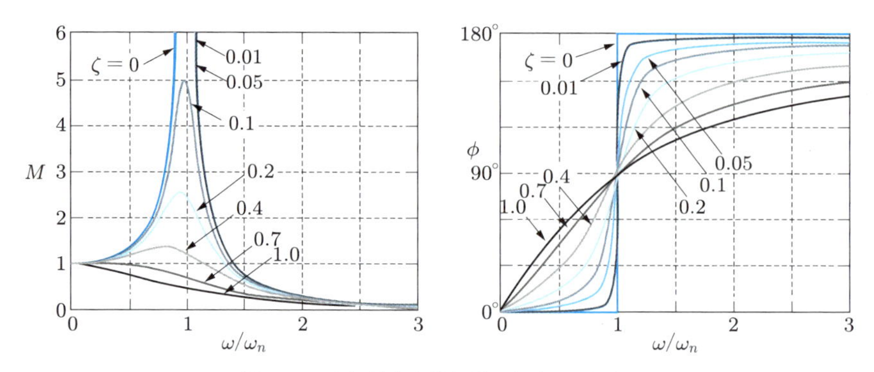

図 3.22　振幅倍率と位相差 (力励振の場合)

$$\frac{\partial}{\partial\left(\frac{\omega}{\omega_n}\right)^2}\left[\left\{1-\left(\frac{\omega}{\omega_n}\right)^2\right\}^2+\left\{2\zeta\left(\frac{\omega}{\omega_n}\right)\right\}^2\right]$$
$$=2\left\{\left(\frac{\omega}{\omega_n}\right)^2-1+2\zeta^2\right\}=0$$

より，

$$\frac{\omega_p}{\omega_n}=\sqrt{1-2\zeta^2} \tag{3.91}$$

であり，ここで，振幅の極大値を示す**共振円振動数**を ω_p とする．M の極大値 M_p は，式 (3.91) を式 (3.90) に代入して，

$$M_p=\frac{1}{2\zeta\sqrt{1-\zeta^2}} \tag{3.92}$$

となる．また，式 (3.91) より極大値が存在するのは $\zeta<1/\sqrt{2}$ の範囲であり，かつ ζ が増加するとともに極大値の位置は共振点 $(\omega/\omega_n=1)$ より遠ざかることがわかる．

また位相 ϕ の図より，ζ が大きいときは $\phi=90^\circ$ に近づくために調和外力より強制振動は 90° だけ位相が遅れ，ζ が小さくなると $\omega/\omega_n=1$ を境にして位相が 180° だけ異なっていることがわかる．これは減衰のない場合と一致している．とくに，$\omega/\omega_n=1$ のときはつねに $\phi=90^\circ$ である．

減衰比 ζ が増加するにつれて，減衰のある共振円振動数 ω_p は減衰のない系の固有円振動数 ω_n より小さくなることがわかるが，工業上問題となりやすい減衰比の値が 0.05 以下の場合には

$$\omega_p=\omega_n,\qquad M_p=\frac{1}{2\zeta} \tag{3.93}$$

と近似しても，その誤差は0.26%以下である．

例題 3.14 図3.21において，例題3.8と同様に，質量 m は 5 kg，粘性減衰係数 c は 20 N/(m/s)，およびばね定数 k は 2000 N/m である振動系を考える．調和外力として，$F_0 = 10$ N, $f = 5$ Hz の強制振動が加わったときの定常状態になったときの振動応答を求めよ．また，c が 10 分の 1 である 2 N/(m/s) になったときの振動応答を求めよ．さらに，$f = 3$ Hz となったときの値も求めよ．

▶ **解** この振動系の ζ は例題3.8で求められたように $\zeta = 0.1$ であり，$\omega_n = 20$ rad/s である．また，$\omega = 2\pi f = 31.4$ rad/s である．自由振動が減衰してしまったときの定常状態の振幅は，式 (3.79) より，

$$X = \frac{X_{st}}{\sqrt{\{1-(\omega/\omega_n)^2\}^2 + \{2\zeta(\omega/\omega_n)\}^2}} = \frac{F_0/k}{\sqrt{\{1-(\omega/\omega_n)^2\}^2 + \{2\zeta(\omega/\omega_n)\}^2}}$$

$$= \frac{10/2000}{\sqrt{\{1-(31.4/20)^2\}^2 + \{2\times 0.1\times(31.4/20)\}^2}} = 0.00334 \text{ m} = 3.34 \text{ mm}$$

となる．また，$c = 2$ N/(m/s) のときは $\zeta = c/2\sqrt{mk} = 0.01$ となる．このときの振幅は，

$$X = 0.00341 \text{ m} = 3.41 \text{ mm}$$

となる．また，$c = 20$ N/(m/s) で $f = 3$ Hz のときの振幅は，

$$X = 0.0226 \text{ m} = 22.6 \text{ mm}$$

となる．さらに，$c = 2$ N/(m/s) で $f = 3$ Hz のときの振幅は次式となる．

$$X = 0.0424 \text{ m} = 42.4 \text{ mm}$$ ◁

例題 3.15 図3.23に示す位置Bの物体が，$x_B = b\sin\omega t$ なる水平振動しているとする．この図の m は質点の質量，c はダッシュポット (オイルダンパのこと) の粘性減衰係数，k_1, k_2 はそれぞればね定数を表すとする．位置Aの質点は摩擦を無視して水平運動できるとする．

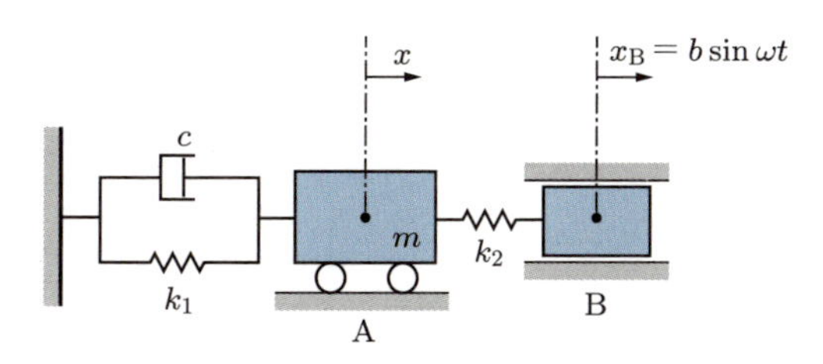

図3.23 先端の質量が変位運動するときの振動

(1) この系の運動方程式を求めよ．(2) この系の減衰がないとしたときの非減衰固有振動数を求めよ．(3) 系の減衰比を求めよ．(4) 自由振動が減衰したあとの定常になったときの強制振動の解を求めよ．

▶解 (1) 運動方程式は，ニュートンの第2法則より，

$$m\ddot{x} = -c\dot{x} - k_1 x + k_2(x_{\mathrm{B}} - x)$$

となり，$x_{\mathrm{B}} = b\sin\omega t$ を代入し，整理すると次式が得られる．

$$m\ddot{x} + c\dot{x} + (k_1 + k_2)x = k_2 b\sin\omega t$$

(2) 上式の両辺を m で割って整理すると，

$$\ddot{x} + \frac{c}{m}\dot{x} + \frac{k_1 + k_2}{m}x = \frac{k_2 b}{m}\sin\omega t$$

となる．ここで，${\omega_n}^2 = \dfrac{k_1 + k_2}{m}$ であるから，

$$\omega_n = \sqrt{\frac{k_1 + k_2}{m}}$$

となり，系の固有振動数 f は，次式のようになる．

$$f = \frac{\omega_n}{2\pi} = \frac{1}{2\pi}\sqrt{\frac{k_1 + k_2}{m}}$$

(3) 減衰比 ζ は，$2\zeta\omega_n = \dfrac{c}{m}$ であるから $\zeta = \dfrac{c}{2\omega_n m}$ となり，次式となる．

$$\zeta = \frac{c}{2m}\sqrt{\frac{m}{k_1 + k_2}} = \frac{c}{2\sqrt{m(k_1 + k_2)}}$$

(4) 前述の運動方程式の特解を，

$$x = C\cos\omega t + D\sin\omega t$$

とし，両辺を m で割ると，

$$\ddot{x} + 2\zeta\omega_n\dot{x} + {\omega_n}^2 x = \frac{k_2 b}{m}\sin\omega t$$

となる．これに特解を代入すると，次式が得られる．

$$\left\{C({\omega_n}^2 - \omega^2) + 2D\zeta\omega_n\omega\right\}\cos\omega t + \left\{-2C\zeta\omega_n\omega + D({\omega_n}^2 - \omega^2)\right\}\sin\omega t = \frac{k_2 b}{m}\sin\omega t$$

上式がつねに成立するためには，次式が成り立たなければならない．

$$\left.\begin{aligned} C({\omega_n}^2 - \omega^2) + 2D\zeta\omega_n\omega &= 0 \\ -2C\zeta\omega_n\omega + D({\omega_n}^2 - \omega^2) &= \frac{k_2 b}{m} \end{aligned}\right\}$$

これより，

$$C = \frac{\dfrac{k_2 b}{m}(-2\zeta\,\omega_n\omega)}{({\omega_n}^2-\omega^2)^2+(2\zeta\,\omega_n\omega)^2}, \quad D = \frac{\dfrac{k_2 b}{m}({\omega_n}^2-\omega^2)}{({\omega_n}^2-\omega^2)^2+(2\zeta\,\omega_n\omega)^2}$$

である．よって，次式が得られる．

$$x = \frac{k_2 b/(k_1+k_2)}{\{1-(\omega/\omega_n)^2\}^2+\{2\zeta(\omega/\omega_n)\}^2}\left[\left\{-2\zeta\frac{\omega}{\omega_n}\right\}\cos\omega t+\left\{1-\left(\frac{\omega}{\omega_n}\right)^2\right\}\sin\omega t\right] \quad \triangleleft$$

3.6 変位励振による強制振動

列車や自動車がレールや路面の変動によって振動したり，地震によって構造物が振動する場合を**変位励振** (displacement excitation) による強制振動という．図 **3.24** の振動系における運動方程式は，x, y が静止座標系からの絶対変位とすると，

$$m\ddot{x}+c(\dot{x}-\dot{y})+k(x-y)=0 \tag{3.94}$$

となる．ただし，y は変位励振として次式の調和変位で表されるとする．

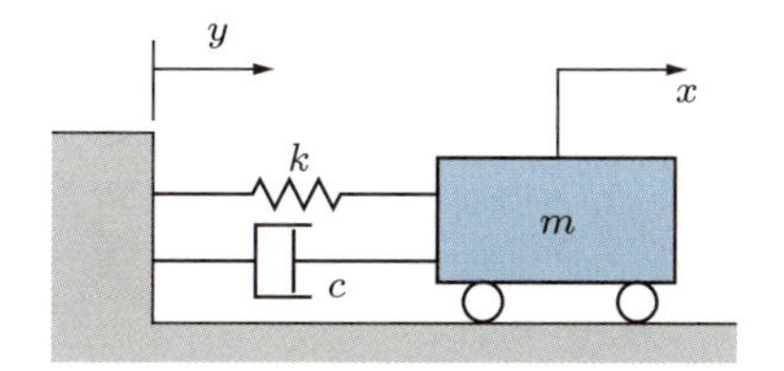

図 **3.24**　変位励振による強制振動

$$y = Y\sin\omega t \tag{3.95}$$

このとき，$\dot{y}=\omega Y\cos\omega t$ となるから，式 (3.94) は両辺を m で割り，整理すると，

$$\ddot{x}+2\zeta\omega_n\dot{x}+{\omega_n}^2 x = 2\zeta\omega_n\omega Y\cos\omega t+{\omega_n}^2 Y\sin\omega t \tag{3.96}$$

となる．式 (3.96) の特解を式 (3.61) とし，式 (3.96) に代入すると，

$$\begin{aligned}&\left\{({\omega_n}^2-\omega^2)C+2\zeta\omega_n\omega D\right\}\cos\omega t+\left\{({\omega_n}^2-\omega^2)D-2\zeta\omega_n\omega C\right\}\sin\omega t\\&\quad=2\zeta\omega_n\omega Y\cos\omega t+{\omega_n}^2 Y\sin\omega t\end{aligned} \tag{3.97}$$

が得られる．これより，

$$\left.\begin{aligned}({\omega_n}^2-\omega^2)C+2\zeta\omega_n\omega D&=2\zeta\omega_n\omega Y\\-2\zeta\omega_n\omega C+({\omega_n}^2-\omega^2)D&={\omega_n}^2 Y\end{aligned}\right\} \tag{3.98}$$

となる．式 (3.98) を解くと，次式が得られる．

$$C = \frac{-2\zeta\left(\dfrac{\omega}{\omega_n}\right)^3 Y}{\left\{1-\left(\dfrac{\omega}{\omega_n}\right)^2\right\}^2 + \left\{2\zeta\left(\dfrac{\omega}{\omega_n}\right)\right\}^2},$$

$$D = \frac{\left\{1+(4\zeta^2-1)\left(\dfrac{\omega}{\omega_n}\right)^2\right\} Y}{\left\{1-\left(\dfrac{\omega}{\omega_n}\right)^2\right\}^2 + \left\{2\zeta\left(\dfrac{\omega}{\omega_n}\right)\right\}^2}$$

したがって，特解は，

$$\begin{aligned} x &= \frac{Y}{\left\{1-\left(\dfrac{\omega}{\omega_n}\right)^2\right\}^2 + \left\{2\zeta\left(\dfrac{\omega}{\omega_n}\right)\right\}^2} \left[-2\zeta\left(\frac{\omega}{\omega_n}\right)^3 \cos\omega t \right. \\ &\qquad \left. + \left\{1+(4\zeta^2-1)\left(\frac{\omega}{\omega_n}\right)^2\right\} \sin\omega t\right] \\ &= \frac{\sqrt{1+\left\{2\zeta\left(\dfrac{\omega}{\omega_n}\right)\right\}^2}\, Y}{\sqrt{\left\{1-\left(\dfrac{\omega}{\omega_n}\right)^2\right\}^2 + \left\{2\zeta\left(\dfrac{\omega}{\omega_n}\right)\right\}^2}} \sin(\omega t-\phi) \end{aligned} \tag{3.99}$$

となる．ただし，

$$\phi = \tan^{-1} \frac{2\zeta\left(\dfrac{\omega}{\omega_n}\right)^3}{1+(4\zeta^2-1)\left(\dfrac{\omega}{\omega_n}\right)^2} \tag{3.100}$$

である．したがって，変位励振の振幅 Y に対する強制振動の振幅 X の**振幅倍率**は，次式となる．

$$M = \frac{X}{Y} = \frac{\sqrt{1+\left\{2\zeta\left(\dfrac{\omega}{\omega_n}\right)\right\}^2}}{\sqrt{\left\{1-\left(\dfrac{\omega}{\omega_n}\right)^2\right\}^2 + \left\{2\zeta\left(\dfrac{\omega}{\omega_n}\right)\right\}^2}} \tag{3.101}$$

図 3.25 は ζ をパラメータとして M および ϕ を図示したものである．これらの図よりつぎのことがわかる．

$\omega/\omega_n = \sqrt{2}$ のとき，ζ の値とは無関係に $M = 1$ である．また，$\omega/\omega_n = 1$ において，

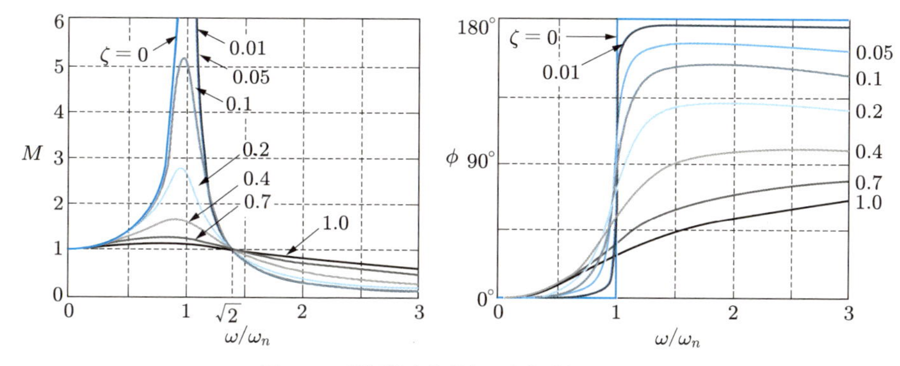

図 3.25　振幅倍率と位相 (変位励振の場合)

$$M = \sqrt{1 + \frac{1}{4\zeta^2}}, \quad \phi = \tan^{-1}\left(\frac{1}{2\zeta}\right)$$

である．さらに，$\omega/\omega_n \to 0$ で $M \to 1, \phi \to 0^\circ$ となり，また $\omega/\omega_n \to \infty$ で $M \to 0$, $\phi \to 90^\circ$ となる．なお，X は絶対座標に対する変位なので絶対変位である．地震による建築物の振動などを扱う場合は，$(X - Y)$ なる相対変位をあらためて変数として考えることが多く，図 3.25 と少し異なる図が同様に得られる．

図 3.22 と図 3.25 を比較すると，同じ強制振動でも**力励振**と**変位励振**とで振幅倍率と位相が微妙に異なる．回転体のアンバランスなどによる機械自身の振動は力励振に相当し，振幅倍率は減衰を大きくすればすべての振動数領域で小さくなり，また，強制力と応答の変位の位相差は $\omega/\omega_n = 1$ でつねに 90° である．一方，床の振動などが機械に伝わるような変位励振の場合では，$\omega/\omega_n = \sqrt{2}$ で振動倍率は減衰に関係なくつねに 1 倍であり，$\sqrt{2}\omega_n$ より高い円振動数領域では，振動遮断のために減衰を増加させても逆効果になる．さらに，位相差 ϕ も $\omega/\omega_n = 1$ で減衰の大きさによって大幅に異なる．

例題 3.16　図 3.26 に示すように，凹凸のある路面を走行している自動車があり，1 自由度系として表すことができるとする．路面は正弦波状の変動をしているとする．自動車の車速 V が 40 km/h, 60 km/h のとき，車体の振動変位振幅を求めよ．ここで，路面の変動の波長 λ は 5 m，変動の振幅 Y は 0.01 m とする．また，車体の質量 m は 1000 kg，サスペンションのばね定数 k は 5×10^5 N/m，粘性減衰係数 c は 2×10^4 N/(m/s) とする．

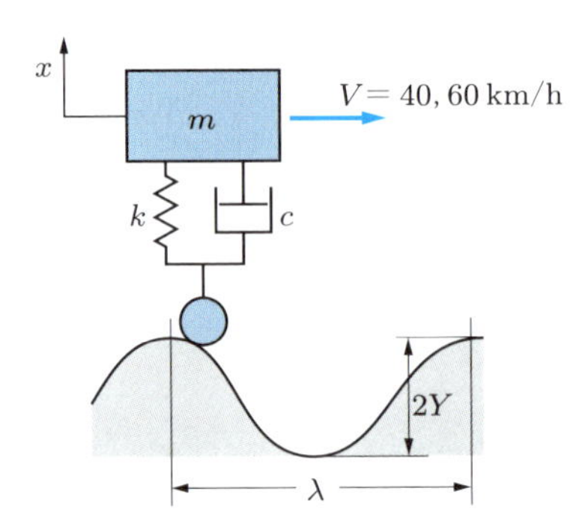

図 3.26 粗い路面を走る自動車の単純モデル

▶解 路面の変動 y は，

$$y = Y\sin\omega t = 0.01\sin\omega t$$

で表されるとする．ここで，v を自動車の秒速 (m/s) とすると，ω は，

$$\omega = 2\pi f = 2\pi\frac{v}{\lambda} = \frac{2\pi}{5}\times\left(V\times\frac{1000}{60\times 60}\right) = \frac{\pi}{9}V$$

で表される．運動方程式は式 (3.94) で表される．自動車の変位振動応答は，式 (3.99) より

$$x = \frac{\sqrt{1+\{2\zeta(\omega/\omega_n)\}^2}\cdot Y}{\sqrt{\{1-(\omega/\omega_n)^2\}^2+\{2\zeta(\omega/\omega_n)\}^2}}\sin(\omega t-\phi)$$

で表される．ここで，

$$\omega_n = \sqrt{\frac{k}{m}} = \sqrt{\frac{5\times 10^5}{1000}} = 22.4\ \text{rad/s}$$

$$\zeta = \frac{c}{2\sqrt{mk}} = \frac{2\times 10^4}{2\sqrt{1000\times 5\times 10^5}} = \frac{1}{\sqrt{5}} = 0.447$$

であり，また，

$$\frac{\omega}{\omega_n} = \frac{\frac{\pi}{9}V}{\sqrt{500}} = 0.0156V = \begin{cases} 0.624 & (V = 40\ \text{km/h}) \\ 0.936 & (V = 60\ \text{km/h}) \end{cases}$$

である．よって，$V = 40$ km/h のとき自動車のボディの振動変位振幅は，

$$\left(X\right)_{V=40} = \left(\frac{\sqrt{1+\{2\zeta(\omega/\omega_n)\}^2}\cdot Y}{\sqrt{\{1-(\omega/\omega_n)^2\}^2+\{2\zeta(\omega/\omega_n)\}^2}}\right)_{V=40}$$

$$= \frac{\sqrt{1+\{2\times 0.447\times 0.624\}^2}\times 0.01}{\sqrt{\{1-(0.624)^2\}^2+\{2\times 0.447\times 0.624\}^2}} = 0.0138\ \text{m} = 13.8\ \text{mm}$$

となる．$V = 60$ km/h のときは，

$$\left(X\right)_{V=60} = \frac{\sqrt{1+\{2\times 0.447\times 0.936\}^2}\times 0.01}{\sqrt{\{1-(0.936)^2\}^2+\{2\times 0.447\times 0.936\}^2}} = 0.0154\ \text{m} = 15.4\ \text{mm}$$

となる. ◁

例題 3.17 例題 3.16 と同じ諸元の自動車に関して，路面の波長が 1 m である小さな変動の場合について，同様に車体の振動変位振幅を求めよ.

▶ **解** 路面の変動の $y = Y\sin\omega t = 0.01\sin\omega t$ の ω は,

$$\omega = 2\pi f = 2\pi\frac{v}{\lambda} = \frac{2\pi}{1}\times\left(V\times\frac{1000}{60\times 60}\right) = \frac{2\pi}{3.6}V = \frac{\pi}{1.8}V$$

であり,

$$\frac{\omega}{\omega_n} = \frac{\frac{\pi}{1.8}V}{\sqrt{500}} = 0.0781V = \begin{cases} 3.12 & (V = 40\ \mathrm{km/h}) \\ 4.68 & (V = 60\ \mathrm{km/h}) \end{cases}$$

である．よって，$V = 40$ km/h のときの $\left(X\right)_{V=40}$ は,

$$\left(X\right)_{V=40} = \frac{\sqrt{1+\{2\times 0.447\times 3.12\}^2}\times 0.01}{\sqrt{\{1-(3.12)^2\}^2+\{2\times 0.447\times 3.12\}^2}} = 0.00323\ \mathrm{m} = 3.23\ \mathrm{mm}$$

となる．また，$V = 60$ km/h のときは,

$$\left(X\right)_{V=60} = 0.00202\ \mathrm{m} = 2.02\ \mathrm{mm}$$

となる. ◁

例題 3.18 例題 3.16 と同じ自動車のダッシュポットが，油漏れなどのため性能が落ちて粘性減衰係数 c が 10 分の 1 の 2×10^3 N/(m/s) になった．この状態で $V = 60$ km/h で走行試験を行った．路面の λ が 5 m と 1 m の場合について，車体の振動変位振幅について考察せよ．また，例題 3.16〜3.18 を通じて，車体の振動応答の変化について物理的考察を行え.

▶ **解** 減衰比 ζ はつぎの値になる.

$$\zeta = 0.0447$$

$\lambda = 5$ m の路面を $V = 60$ km/h で走行するときの車体の振動変位振幅は,

$$\left(X\right)_{\lambda=5,\ V=60} = \frac{\sqrt{1+\{2\times 0.0447\times 0.936\}^2}\times 0.01}{\sqrt{\{1-(0.936)^2\}^2+\{2\times 0.0447\times 0.936\}^2}} = 0.0671\ \mathrm{m} = 67.1\ \mathrm{mm}$$

となる．一方，$\lambda = 1$ m の路面を $V = 60$ km/h で走行するときは,

$$\left(X\right)_{\lambda=1,\ V=60} = 0.000519\ \mathrm{m} = 0.519\ \mathrm{mm}$$

となる.

大きい路面のうねりの $\lambda = 5$ m に対しては，$V = 40$ km/h から $V = 60$ km/h に車速を増すに従って，車体の振動が大きくなっていることが，例題 3.16 よりわかる．これは，ω/ω_n

の値が 0 から 1 に近づいていることから，$\omega/\omega_n = 1$ の共振状態に近づいていることを意味する．このような状態のときは，例題 3.18 からわかるように，ダッシュポットの油漏れなどのため減衰比が低下すると振動はさらに大きくなることがわかる．すなわち，このような ω/ω_n が 1 に近い共振領域では，ダッシュポットの減衰能力を高めることにより振動を小さくすることができる．

一方，路面のうねりが小さい $\lambda = 1$ m に対しては，$V = 40$ km/h から $V = 60$ km/h に車速を増すに従って，車体の振動は小さくなっていることが，例題 3.17 より理解できる．ω/ω_n の値も 1 より段々と離れて大きくなっている．なお，この状態のときにダッシュポットの能力が落ちて，減衰比が小さくなった場合，例題 3.18 からわかるように，振動はさらに小さくなることがわかる．すなわち，このような固有振動数より高い強制振動数に対しては，減衰比を大きくすることは振動を小さくするのに逆効果であることを意味する．◁

3.7 共振曲線と応答倍率，および完全共振に到達する時間

力による強制振動の**共振曲線**を与える式が式 (3.79) であって，これを図示したものが図 3.22 である．この図から明らかなように，変位振幅の最大は強制円振動数が非減衰固有円振動数に等しくなる点 $(\omega/\omega_n = 1)$ よりも少し低いところで生じる．この位置は前述したように，

$$\left(\frac{\omega_p}{\omega_n}\right)_d = \sqrt{1-2\zeta^2} \tag{3.102}$$

であって，**変位振幅倍率**の最大値 $\left(\dfrac{X_{\max}}{X_{st}}\right)_d$ は，

$$\left(\frac{X_{\max}}{X_{st}}\right)_d = \frac{1}{2\zeta}\frac{1}{\sqrt{1-\zeta^2}} \tag{3.103}$$

であることがわかる．

つぎに速度 $\dot{X}$ の振幅の最大値 $\dot{X}_{\max}$ を考えると，**速度振幅倍率**は，

$$\left(\frac{\dot{X}}{X_{st}\omega_n}\right)_v = \frac{\dfrac{\omega}{\omega_n}}{\sqrt{\left\{1-\left(\dfrac{\omega}{\omega_n}\right)^2\right\}^2 + \left\{2\zeta\left(\dfrac{\omega}{\omega_n}\right)\right\}^2}} \tag{3.104}$$

であるが，この最大値は同様な計算によって，

$$\left(\frac{\omega_p}{\omega_n}\right)_v = 1 \tag{3.105}$$

で起こり，その最大値はつぎのようになる．

$$\left(\frac{\dot{X}_{\max}}{X_{st}\,\omega_n}\right)_v = \frac{1}{2\zeta} \tag{3.106}$$

このように，変位振幅の最大の位置と速度振幅の最大の位置は異なるので，これを区別して，前者を**変位共振円振動数**，後者を**速度共振円振動数**という．

さらに，加速度振幅 $\ddot{X}$ の最大は，

$$\left(\frac{\omega_p}{\omega_n}\right)_a = \frac{1}{\sqrt{1-2\zeta^2}} \tag{3.107}$$

で起こり，この円振動数を**加速度共振円振動数**という．その**加速度振幅倍率**は，

$$\left(\frac{\ddot{X}_{\max}}{X_{st}\,{\omega_n}^2}\right)_a = \frac{1}{2\zeta}\frac{1}{\sqrt{1-\zeta^2}} \tag{3.108}$$

で与えられる．

つぎに減衰比 ζ が小さいほど，共振点における振幅は大きく，また共振の山の傾斜が急で，共振は鋭くなる．この**共振の鋭さ**を表現する量として ***Q* 係数** (Q factor) または**単に *Q* とよばれる量**がしばしば利用される．

図 3.27 において，振幅が共振点における最大値の $1/\sqrt{2}$ になるような加振円振動数を ω_1 および ω_2 として $\Delta\omega = \omega_2 - \omega_1$ とするとき，Q は，

$$Q = \frac{\omega_n}{\Delta\omega} = \frac{\omega_n}{\omega_2 - \omega_1} \tag{3.109}$$

で定義される．

少し計算すると，円振動数比 $\Omega = \omega/\omega_n$ における振幅は，式 (3.79) から，

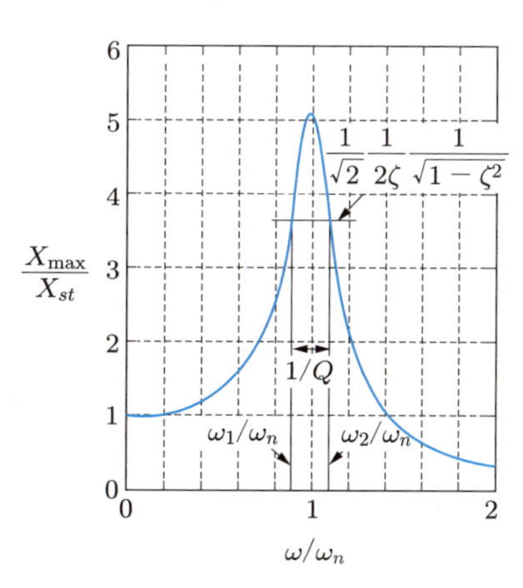

図 3.27　共振の鋭さ Q

$$\frac{X_{st}}{\sqrt{(1-\Omega^2)^2+(2\zeta\Omega)^2}}$$

であり，最大の振幅は $X_{st}/(2\zeta\sqrt{1-\zeta^2})$ であるから $\omega_1/\omega_n=\Omega_1$，$\omega_2/\omega_n=\Omega_2$ は，

$$\frac{X_{st}}{\sqrt{(1-\Omega^2)^2+(2\zeta\Omega)^2}}=\frac{X_{st}}{2\zeta\sqrt{1-\zeta^2}}\times\frac{1}{\sqrt{2}}$$

すなわち，

$$\Omega^4-2(1-2\zeta^2)\Omega^2+1-8\zeta^2(1-\zeta^2)=0$$

の2根であることがわかる．これを解くと次式が得られる．

$$\left.\begin{matrix}{\Omega_2}^2\\{\Omega_1}^2\end{matrix}\right\}=1-2\zeta^2\pm2\zeta\sqrt{1-\zeta^2}$$

したがって，ζ は微小量として1に対して ζ^2 を省略すると，

$$\left.\begin{aligned}&\left.\begin{matrix}\Omega_2\\\Omega_1\end{matrix}\right\}\cong1\pm\zeta,\qquad\Omega_2-\Omega_1\cong2\zeta\\&Q=\frac{\omega_n}{\omega_2-\omega_1}=\frac{1}{\Omega_2-\Omega_1}\cong\frac{1}{2\zeta}\end{aligned}\right\}\tag{3.110}$$

となる．ζ は前述したように $\zeta=\dfrac{c}{2\sqrt{mk}}=\dfrac{c}{2m\omega_n}$ であるから，

$$c=2m\omega_n\cdot\zeta=2m\omega_n\cdot\frac{1}{2Q}=m\omega_n\frac{\omega_2-\omega_1}{\omega_n}=m(\omega_2-\omega_1)=m\Delta\omega\tag{3.111}$$

となる．このようにして，減衰係数 c の大きさを推定するのに，前述の自由振動を利用する方法と，ここで述べる強制振動を利用する方法があることになる．この強制振動を利用する方法を**ハーフパワー法** (half-power method) という．

また，共振点の振幅は，式 (3.103) に示すように

$$\left(\frac{X_{\max}}{X_{st}}\right)_d=\left(\frac{1}{2\zeta}\right)\cdot\left(\frac{1}{\sqrt{1-\zeta^2}}\right)\cong\frac{1}{2\zeta}$$

であるから Q を用いて表現すると，式 (3.109) より

$$X_{\max}\cong\frac{1}{2\zeta}\cdot X_{st}=QX_{st}\tag{3.112}$$

となる．

つぎに，**完全共振に到達する時間**について述べる．3.4節の式 (3.74) より，無減衰の振動系では振幅が $\omega_n t$ に比例して増加するので，$\omega_n t$ は固有円振動数の経過時間 t

までのサイクル数に比例することになる．したがって，振幅が完全に共振状態の無限大になるためには，無限のサイクル数の振動を経なければならない．

これまで，おもに初期条件のもとに自由振動および強制振動が定常になった状態を述べてきたが，ある時刻から急に強制外力が作用しはじめる過渡状態を考えるときには，3.10 節で解説する**過渡振動**として扱う必要がある．しかし，**共振の発達**について，共振現象に関連して調和加振力による強制振動の続きとして述べることにする．

粘性減衰をもつ系の強制振動では，ω が $\omega_n\sqrt{1-\zeta^2}$ に近づくとき振幅はきわめて大きくなるが，$t=0$ で $x=x_0$, $\dot{x}=v_0$ なる初期条件があるとすると，運動方程式は，前述の式 (3.76) であり，

$$\ddot{x}+2\zeta\omega_n\dot{x}+{\omega_n}^2x=\frac{F_0}{m}\sin\omega t$$

となり，この一般解は，式 (3.33)，(3.79) より次式となる．

$$\begin{aligned}x&=e^{-\zeta\omega_n t}\left(A\cos\sqrt{1-\zeta^2}\omega_n t+B\sin\sqrt{1-\zeta^2}\omega_n t\right)\\&\quad+\frac{X_{st}}{\left\{1-\left(\dfrac{\omega}{\omega_n}\right)^2\right\}^2+\left\{2\zeta\left(\dfrac{\omega}{\omega_n}\right)\right\}^2}\\&\quad\times\left[\left\{-2\zeta\left(\frac{\omega}{\omega_n}\right)\right\}\cos\omega t+\left\{1-\left(\frac{\omega}{\omega_n}\right)^2\right\}\sin\omega t\right]\end{aligned}\tag{3.113}$$

これに初期条件を適用すると，

$$\left.\begin{aligned}A&=x_0+\frac{2\zeta\left(\dfrac{\omega}{\omega_n}\right)X_{st}}{\left\{1-\left(\dfrac{\omega}{\omega_n}\right)^2\right\}^2+\left\{2\zeta\left(\dfrac{\omega}{\omega_n}\right)\right\}^2}\\B&=\frac{1}{\sqrt{1-\zeta^2}\omega_n}\left[v_0+\zeta\omega_n x_0+\frac{\left\{2\zeta^2-1+\left(\dfrac{\omega}{\omega_n}\right)^2\right\}\omega X_{st}}{\left\{1-\left(\dfrac{\omega}{\omega_n}\right)^2\right\}^2+\left\{2\zeta\dfrac{\omega}{\omega_n}\right\}^2}\right]\end{aligned}\right\}\tag{3.114}$$

ここで，式 (3.114) において ω がかぎりなく $\omega_n\sqrt{1-\zeta^2}$ に近づく場合を考え，$\omega=\omega_n\sqrt{1-\zeta^2}$ とし，さらに計算を簡単にするため $x_0=0$, $v_0=0$ とすると次式が得られる．

$$\left.\begin{aligned} A &= \frac{2\sqrt{1-\zeta^2}X_{st}}{\zeta(4-3\zeta^2)} \\ B &= \frac{X_{st}}{4-3\zeta^2} \end{aligned}\right\} \tag{3.115}$$

式 (3.115) を式 (3.113) に代入すると,

$$x = \frac{X_{st}}{4-3\zeta^2}\left[(1+e^{-\zeta\omega_n t})\sin\sqrt{1-\zeta^2}\omega_n t \right. \\ \left. - \frac{2\sqrt{1-\zeta^2}}{\zeta}(1-e^{-\zeta\omega_n t})\cos\sqrt{1-\zeta^2}\omega_n t\right] \tag{3.116}$$

となる．ここで，ζ が 1 に比べて非常に小さいときには第 2 項が支配的な大きさとなる．図 **3.28** に $\zeta = 0.1$ の場合の x の**共振の発達**状況を近似的に示した．もし，$\zeta = 0$ であると式 (3.116) で,

$$\frac{1-e^{-\zeta\omega_n t}}{\zeta\omega_n} = \frac{\left\{1-\left(1-\zeta\omega_n t + \dfrac{(\zeta\omega_n t)^2}{2} - \dfrac{(\zeta\omega_n t)^3}{6}\cdots\right)\right\}}{\zeta\omega_n} = t$$

であるから，前述した式 (3.74) と同様,

$$x = \frac{X_{st}}{2}(\sin\omega_n t - \omega_n t\cos\omega_n t) \tag{3.117}$$

となり，図 3.28 に示すように振幅は直線的に増大する．

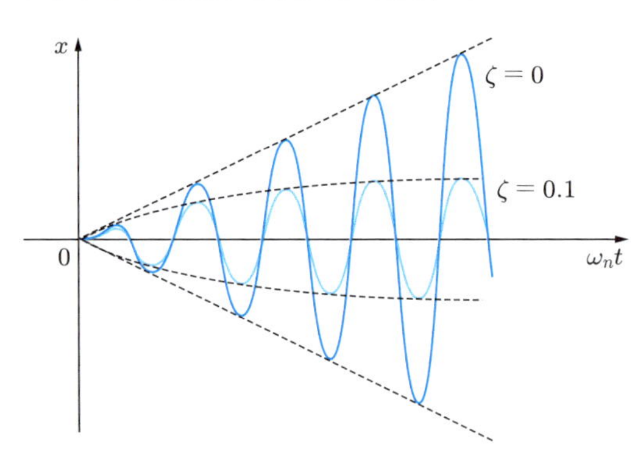

図 **3.28** 共振の発達

式 (3.116) を用いて振幅が共振振幅の R [%] になるのに要する時間は，近似的に式 (3.116) の第 2 項が $1-e^{-\zeta\omega_n t} = R/100$ になることであるから,

$$\omega_n t = \frac{1}{\zeta}\log_e\left(\frac{100}{100-R}\right) \tag{3.118}$$

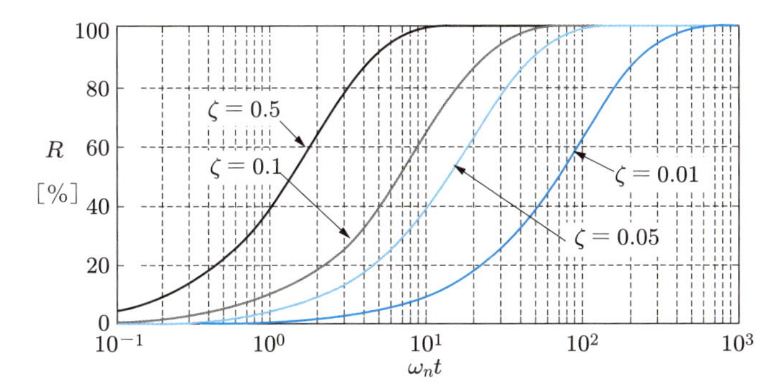

図 3.29　共振時の振幅が R [%] になるのに要する時間

となる．図 3.29 は ζ をパラメータに式 (3.118) の関係を示したものである．

3.8 強制振動のエネルギー

図 3.21 に示す減衰のある 1 自由度系に，調和外力が作用する場合のエネルギーについて考察する．式 (3.75) に $\dot{x}$ をかけると

$$m\dot{x}\ddot{x} + c\dot{x}^2 + kx\dot{x} = F_0 \sin\omega t \cdot \dot{x} \tag{3.119}$$

となる．この式を変形すると次式が得られる．

$$\frac{d}{dt}\left(\frac{1}{2}m\dot{x}^2\right) + c\dot{x}^2 + \frac{d}{dt}\left(\frac{1}{2}kx^2\right) = F_0 \sin\omega t \cdot \dot{x} \tag{3.120}$$

上式を，強制振動の 1 周期 $T = 2\pi/\omega$ について積分すると，

$$[E]_0^T \equiv \left[\frac{1}{2}m\dot{x}^2 + \frac{1}{2}kx^2\right]_0^T = -\int_0^T c\dot{x}^2 dt + \int_0^T F_0 \sin\omega t \cdot \dot{x} dt \tag{3.121}$$

となる．ここで，式 (3.121) の $[E]_0^T$ は 1 周期あたりの**運動エネルギー**と**ポテンシャルエネルギー**の合計を示す．右辺の第 1 項は，減衰力 $c\dot{x}$ によって 1 周期の間に消費されるエネルギーである．右辺の第 2 項は，調和外力が 1 周期にする仕事である．

式 (3.75) の解は，時間がたって自由振動が消失して，強制振動の成分のみになったとき，式 (3.79) であるから，

$$x = X \sin(\omega t - \phi), \qquad X = \frac{X_{st}}{\sqrt{\left\{1 - \left(\dfrac{\omega}{\omega_n}\right)^2\right\}^2 + \left\{2\zeta\left(\dfrac{\omega}{\omega_n}\right)\right\}^2}},$$

$$\phi = \tan^{-1} \frac{2\zeta\left(\dfrac{\omega}{\omega_n}\right)}{1 - \left(\dfrac{\omega}{\omega_n}\right)^2}$$

を $[E]_0^T$ に代入すると，次式が得られる．

$$[E]_0^T = \left[\frac{1}{2}m\omega^2 X^2 \cos^2(\omega t - \phi) + \frac{1}{2}kX^2 \sin^2(\omega t - \phi)\right]_0^T = 0 \qquad (3.122)$$

これは，一定の振幅で定常振動しているので，1 周期の前後で，運動エネルギー，ポテンシャルエネルギーは変化しないことが理解できるので，式 (3.122) は自明である．

したがって，式 (3.121) より，強制振動は，時間がたつと**調和外力が 1 周期あたりにする仕事量**が，振動系の粘性減衰器で消費される **1 周期あたりの減衰エネルギー**に等しくなることがわかる．

3.9 振動の伝達と絶縁

3.9.1 機械に振動が発生している場合

機械に作用する振動外力に対する絶縁または，**振動の遮断**はつぎのように考える．

図 3.30 の質量 m の質点に調和外力 $F_0 \sin \omega t$ が作用すると，基礎には，ばね k と減衰器 c によって，次式の F_T で表される力，

$$F_T = c\dot{x} + kx \qquad (3.123)$$

が伝達される．$F_0 \sin \omega t$ が質量 m の質点に作用するときの強制振動の解は，すでに述べた，

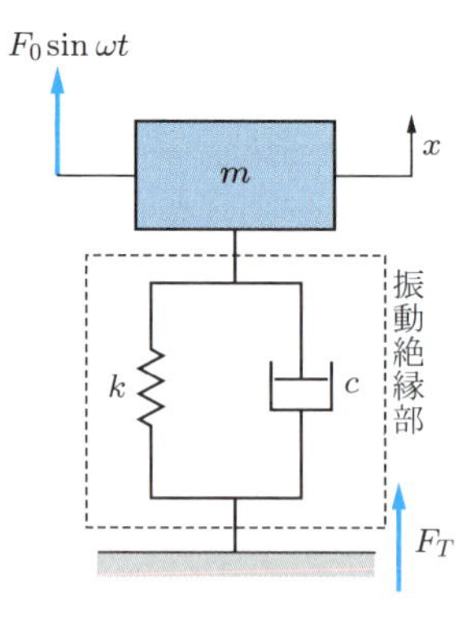

図 3.30　機械が振動源の場合

$$x = \frac{X_{st}}{\sqrt{\left\{1 - \left(\dfrac{\omega}{\omega_n}\right)^2\right\}^2 + \left\{2\zeta\left(\dfrac{\omega}{\omega_n}\right)\right\}^2}} \sin(\omega t - \phi) \tag{3.124}$$

$$\phi = \tan^{-1} \frac{2\zeta\left(\dfrac{\omega}{\omega_n}\right)}{1 - \left(\dfrac{\omega}{\omega_n}\right)^2} \tag{3.125}$$

で表されるので，これを式 (3.123) に代入すると，次式が得られる．

$$\begin{aligned} F_T &= \frac{X_{st}}{\sqrt{\left\{1 - \left(\dfrac{\omega}{\omega_n}\right)^2\right\}^2 + \left\{2\zeta\left(\dfrac{\omega}{\omega_n}\right)\right\}^2}} \{c\omega\cos(\omega t - \phi) + k\sin(\omega t - \phi)\} \\ &= \frac{\sqrt{(c\omega)^2 + k^2} X_{st}}{\sqrt{\left\{1 - \left(\dfrac{\omega}{\omega_n}\right)^2\right\}^2 + \left\{2\zeta\left(\dfrac{\omega}{\omega_n}\right)\right\}^2}} \sin(\omega t - \phi + \alpha) \\ &= \frac{\sqrt{1 + \left\{2\zeta\left(\dfrac{\omega}{\omega_n}\right)\right\}^2} F_0}{\sqrt{\left\{1 - \left(\dfrac{\omega}{\omega_n}\right)^2\right\}^2 + \left\{2\zeta\left(\dfrac{\omega}{\omega_n}\right)\right\}^2}} \sin(\omega t - \phi + \alpha) \end{aligned} \tag{3.126}$$

$$\alpha = \tan^{-1} \frac{c\omega}{k} = \tan^{-1} \left\{2\zeta\left(\frac{\omega}{\omega_n}\right)\right\} \tag{3.127}$$

式 (3.126) の絶対値 $|F_T|$ をとり，調和外力の振幅 F_0 の比率 $|F_T|/F_0$ を**力伝達率** (force transmissibility) T_F といい

$$T_F = \frac{|F_T|}{F_0} = \frac{\sqrt{1 + \left\{2\zeta\left(\dfrac{\omega}{\omega_n}\right)\right\}^2}}{\sqrt{\left\{1 - \left(\dfrac{\omega}{\omega_n}\right)^2\right\}^2 + \left\{2\zeta\left(\dfrac{\omega}{\omega_n}\right)\right\}^2}} \tag{3.128}$$

で表すことができる．これは，式 (3.101) の変位励振のときの強制振動の振幅 X の**振幅倍率** M と同じ式になる．もちろん，位相は異なることに注意しなければならない．このことより，つぎのことがいえる．

1. 伝達率 T_F を小さくするためには $\omega/\omega_n \gg 1$ とすればよい．**振動絶縁**の効果は，

$\omega > \sqrt{2}\omega_n$ で現れはじめる．

2. ばね定数 k と減衰係数 c を小さく設計すれば，振動絶縁の効果が大きいことがわかる．一般的な防振の立場からは c は大きくするほうがよいが，振動絶縁の振動数領域では効果が逆になる．

例題 3.19 図 3.30 に示すモデル化ができている機械があり，その質量は 50 kg とする．この機械は回転部をもっており，1800 rpm で回転しているとする．この振動絶縁部の力伝達率が 0.1 になるようにしたい．基礎と機械の間に入れるばねを設計せよ．ただし，ダッシュポットを入れて減衰比は 0.1 が得られるとする．

▶**解** 式 (3.128) の $T_F = 0.1$ とすると，次式が得られる．

$$\frac{\sqrt{1+\{2\zeta(\omega/\omega_n)\}^2}}{\sqrt{\{1-(\omega/\omega_n)^2\}^2+\{2\zeta(\omega/\omega_n)\}^2}} = 0.1$$

上式に $\zeta = 0.1$ を入れ，$r = \omega/\omega_n$ とおくと次式が得られる．

$$\sqrt{1+(0.2r)^2} = 0.1 \times \sqrt{(1-r^2)^2+(0.2r)^2}$$

$$\Rightarrow \quad r^4 - 5.96r^2 - 99 = 0$$

$$\Rightarrow \quad r^2 = \frac{-(-5.96) \pm \sqrt{(5.96)^2 - 4 \times (-99)}}{2} = -7.405, \quad 13.37$$

このうち，物理的に意味のある解は $r^2 = 13.37$ である．すなわち，$r = 3.66$ となる．r をこの値以上にすれば，図 3.25 より伝達率を 0.1 以下にできることが理解できる．ここで，$\omega = 2\pi \times 1800/60 = 60\pi$, $\omega_n = \sqrt{k/m}$ であるから，

$$60\pi = 3.66 \times \sqrt{\frac{k}{m}}$$

となり，

$$k = \left(\frac{60\pi}{3.66}\right)^2 \times m = \left(\frac{60\pi}{3.66}\right)^2 \times 50 = 1.33 \times 10^5 \text{ N/m}$$

となる．よって，1.33×10^5 N/m 以下のばね定数をもつばねで支持すれば力伝達率を 0.1 以下にできる． ◁

3.9.2 基礎の振動が機械に伝達する場合

図 3.31 に示すように基礎が振動源であり，$y = Y \sin \omega t$ で振動しているとき，機械に相当する質量 m をもつ質点に**伝達する振動**を求める．

$y = Y \sin \omega t$ が基礎に作用するときの強制振動の解は，すでに述べたように，

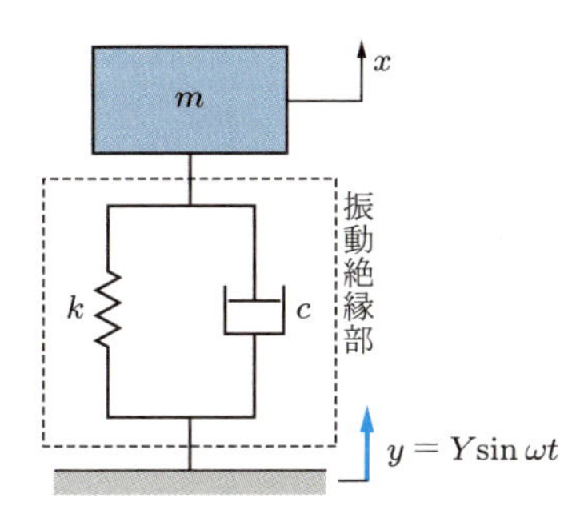

図 3.31 基礎が振幅源の場合

$$x = \frac{\sqrt{1 + \left\{2\zeta\left(\dfrac{\omega}{\omega_n}\right)\right\}^2}\,Y}{\sqrt{\left\{1 - \left(\dfrac{\omega}{\omega_n}\right)^2\right\}^2 + \left\{2\zeta\left(\dfrac{\omega}{\omega_n}\right)\right\}^2}} \sin(\omega t - \phi) \tag{3.129}$$

$$\phi = \tan^{-1} \frac{2\zeta\left(\dfrac{\omega}{\omega_n}\right)^3}{1 + (4\zeta^2 - 1)\left(\dfrac{\omega}{\omega_n}\right)^2} \tag{3.130}$$

で表されるので，**変位伝達率** (displacement transmissibility) T_D を X/Y で定義すると，

$$T_D = \frac{X}{Y} = \frac{\sqrt{1 + \left\{2\zeta\left(\dfrac{\omega}{\omega_n}\right)\right\}^2}}{\sqrt{\left\{1 - \left(\dfrac{\omega}{\omega_n}\right)^2\right\}^2 + \left\{2\zeta\left(\dfrac{\omega}{\omega_n}\right)\right\}^2}} \tag{3.131}$$

となり，位相差は異なるが力伝達率と同じ式になる．このことより，**機械に生じる力や機械に作用する力が基礎に伝わるのを防振する問題**と，**基礎の振動源による変位が機械に伝わるのを防振する問題**は，本質的には同じであることがわかる．

例題 3.20 自動車のエンジンルーム内のフェンダー部に，電子制御モジュールを取り付けることにする．このモジュールの質量は 3 kg とする．フェンダー部からの振動は $y(t) = 0.01 \sin 3t$ [m] の調和振動であるとして単純化する．モジュールの振動はつねに 0.005 m = 5 mm 以内にしたい．振動絶縁装置の設計を行え．装置の固有振動数 ω_n と減衰比 ζ の何通りかの組み合わせで，変位伝達率が達成できると予想されるが，$\zeta = 0.05$ の場合について設計せよ．

▶解　式 (3.131) より，変位伝達率は $T_D = \dfrac{X}{Y} = \dfrac{0.005}{0.01} = 0.5$ となる．よって，次式が得られる．

$$\frac{\sqrt{1+\{2\zeta(\omega/\omega_n)\}^2}}{\sqrt{\{1-(\omega/\omega_n)^2\}^2+\{2\zeta(\omega/\omega_n)\}^2}} = 0.5$$

これより，$\zeta = 0.05$ の場合，$\omega/\omega_n = r$ とおくと，$\sqrt{1+(0.1r)^2} = 0.5\times\sqrt{(1-r^2)^2+(0.1r)^2}$ となり，$r^4 - 2.03r^2 - 3 = 0$ が得られる．これを解くと次式が得られる．

$$r^2 = \frac{-(-2.03)\pm\sqrt{(-2.03)^2-4\times(-3)}}{2} = -0.9925,\quad 3.023$$

このうち，物理的に意味のある解は $r^2 = 3.023$ であるので，$r = 1.739$ となる．$\omega = 3$ rad/s であり，

$$\omega_n = \frac{\omega}{r} = \frac{3}{1.739} = 1.725 \text{ rad/s}$$

となる．$\omega_n = \sqrt{\dfrac{k}{m}}$ よりばね定数 k は，

$$k = m{\omega_n}^2 = 3\times(1.725)^2 = 8.93 \text{ N/m}$$

の関係より，8.93 N/m 以下とすればよい．また，粘性係数比 c は，つぎのようになる．

$$c = 2\zeta m\omega_n = 2\times 0.05\times 3\times 1.725 = 0.518 \text{ kg/s} = 0.518 \text{ N/(m/s)}$$ ◁

3.10 過渡振動

振動系に，ある時刻から急に強制振動させる外力が作用するような**過渡現象** (transcent vibration) について考える．これまで述べてきた自由振動は初期条件に左右される振動であり，強制振動は自由振動が減衰によって消滅したのちは，定常な振動になる．このような初期条件による自由振動の影響が無視できない振動状態にあるとき，この区間の振動を**過渡振動**とよび，これは外力に対する**振動系の応答** (response of vibration systems) という．

3.10.1 単位ステップ応答

図 3.32 に示すように，外力 $f(t)$ が，

$$f(t) = \begin{cases} 0 & (t < 0 \text{ のとき}) \\ 1 & (t \geqq 0 \text{ のとき}) \end{cases} \tag{3.132}$$

のような場合を考える．この関数を**単位ステップ関数** (unit step function) とよび，記号 $\mathbf{1}(t)$ で表すとする．

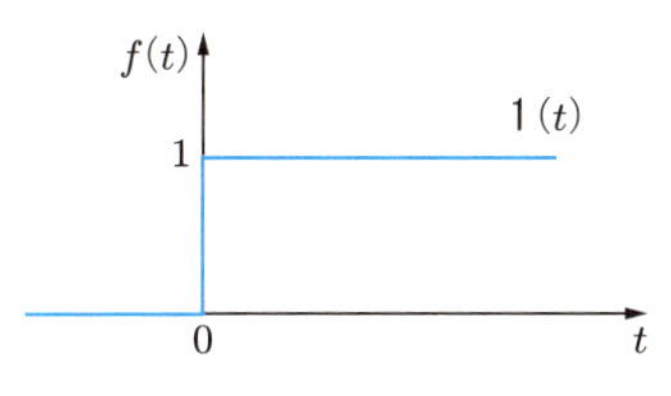

図 3.32 単位ステップ関数

図 3.21 に示す質量 m，減衰係数 c およびばね定数 k の 1 自由度の振動系に，この単位ステップ関数の外力 $1(t)$ が作用したときの運動方程式は，

$$m\ddot{x} + c\dot{x} + kx = 1 \quad (t \geqq 0 \text{ のとき}) \tag{3.133}$$

となる．ここで，$t = 0$ で振動系が静止しているときは，初期条件として，$x(0) = \dot{x}(0) = 0$ である．式 (3.133) の特解は，

$$x = \frac{1}{k} \tag{3.134}$$

となり，式 (3.133) の一般解は，前述の減衰のある自由振動の運動方程式の解の式 (3.33)，(3.134) を用いると，

$$x = \frac{1}{k} + e^{-\zeta\omega_n t}\left(A\cos\sqrt{1-\zeta^2}\omega_n t + B\sin\sqrt{1-\zeta^2}\omega_n t\right) \tag{3.135}$$

となる．初期条件 $x(0) = \dot{x}(0) = 0$ を満足するように，未定定数 A, B を定めると

$$\left.\begin{aligned} A &= -\frac{1}{k} \\ B &= -\frac{\zeta}{k\sqrt{1-\zeta^2}} \end{aligned}\right\} \tag{3.136}$$

を得る．したがって，

$$x(t) = \frac{1}{k}\left\{1 - e^{-\zeta\omega_n t}\left(\cos\sqrt{1-\zeta^2}\omega_n t + \frac{\zeta}{\sqrt{1-\zeta^2}}\sin\sqrt{1-\zeta^2}\omega_n t\right)\right\} \quad (t \geqq 0) \tag{3.137}$$

となる．これを**単位ステップ応答** (unit step response) または**インディシャル応答** (indicial response) とよぶ．減衰比が十分小さいときは，式 (3.137) は，

$$x(t) \cong \frac{1}{k}\left(1 - e^{-\zeta\omega_n t}\cos\sqrt{1-\zeta^2}\omega_n t\right) \tag{3.138}$$

となり，さらに減衰がない $\zeta = 0$ のときは，次式となる．

$$x(t) = \frac{1}{k}(1 - \cos\omega_n t) \tag{3.139}$$

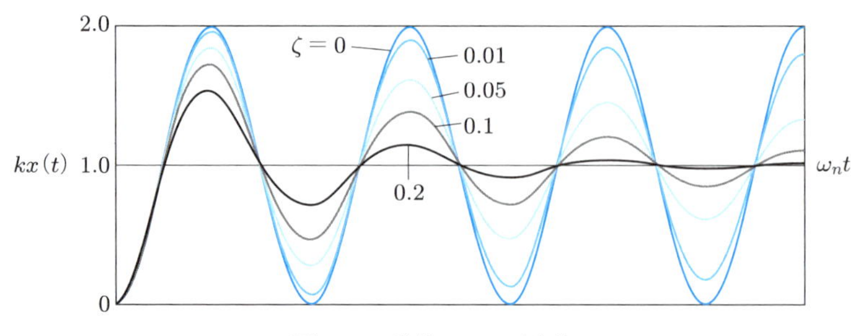

図 3.33 単位ステップ応答

式 (3.137) の単位ステップ応答 $x(t)$ を，縦軸に k 倍して描くと図 3.33 に示すようになる．この図よりわかるように，単位の力 1 を加えたときの静的なたわみ $x = 1/k$ に対して，減衰を小さくすればステップ応答の最大値は静たわみの 2 倍になることがわかる．

例題 3.21 質量 1 kg，ばね定数 100 N/m の減衰のない 1 自由度振動系に，突然 5 N の力が瞬時に作用したとする．以後の振動現象を述べよ．

▶**解** 固有円振動数は次式のようになる．

$$\omega_n = \sqrt{\frac{k}{m}} = \sqrt{\frac{100}{1}} = 10 \text{ rad/s}$$

式 (3.134) の特解は，単位ステップ関数の 5 倍の外力が作用したことになるから，$x = 5/k = 5/100 = 1/20$ であり，式 (3.139) より次式が得られる．

$$x = \frac{1}{20}(1 - \cos 10t)$$

減衰のない 1 自由度振動系は上式の振動を続けることになる． ◁

例題 3.22 ダンプトラックの荷台に図 3.34 (a) のようにショベルから土砂が積み込まれている．図 3.34(b) に示すように，トラックの荷台は 1 自由度のばね－マス－ダンパ系でモデル化されるとする．また，荷重は $F(t) = m_d g$ で表されるとする．トラックの振動応答を求めよ．また，トラック荷台の静荷重変位との比較を行え．

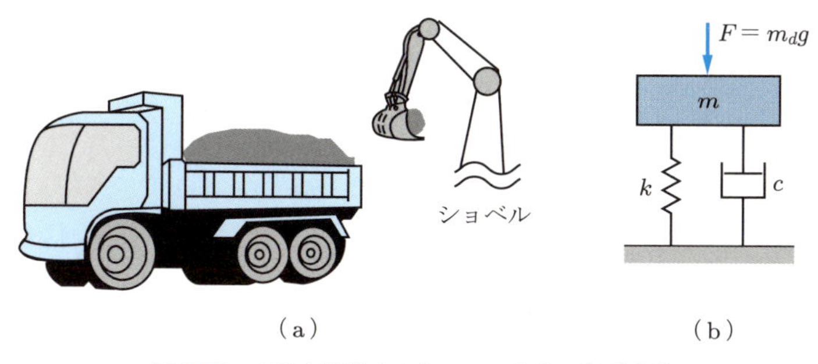

図 3.34　土砂を運搬するトラック荷台の振動応答

▶ **解**　図 3.34 (b) のようにモデル化したトラック荷台に，一定の入力が作用したときの運動方程式は

$$m\ddot{x} + c\dot{x} + kx = \begin{cases} 0 & (t < 0) \\ m_d g & (t \geqq 0) \end{cases}$$

となる．この解は，式 (3.137) より，

$$x(t) = \frac{m_d g}{k} \left\{ 1 - e^{-\zeta \omega_n t} \left(\cos \sqrt{1-\zeta^2} \omega_n t + \frac{\zeta}{\sqrt{1-\zeta^2}} \sin \sqrt{1-\zeta^2} \omega_n t \right) \right\}$$

となる．$\zeta = 0$ の非減衰のときは式 (3.139) より次式となる．

$$x(t) = \frac{m_d g}{k}(1 - \cos \omega_n t)$$

上式の最大値は $\cos \omega_n t = -1$ のときであり，最大振動応答変位 $x_{\max}$ は，

$$x_{\max} = 2\frac{m_d g}{k}$$

となり，静的変位の 2 倍となる．これ以上にはトラックの振動は大きくならないが，もし設計者が静的荷重にもとづいて設計をしていれば，安全余裕がなく破損したり，永久変形を起こすことがある．このように荷重を動的に扱って構造設計することが大切である．◁

3.10.2　インパルス応答

図 **3.35** に示すように，強制外力 $f(t)$ が 0 から微小時間 Δt までの時間区間において高さ $1/\Delta t$ であり，そのほかの区間では 0 であるような**単位インパルス** (unit impulse) が，同じく図 3.21 に示す 1 自由度の振動系に作用すると考える．

図 3.35 に示した単位インパルスは，その面積が 1 であり，$\Delta t \to 0$ としたときの極限値である．これは，次式の性質をもつ**デルタ関数** (delta function) または，**単位インパルス関数** (unit impulse function) $\delta(t)$ によって表される．

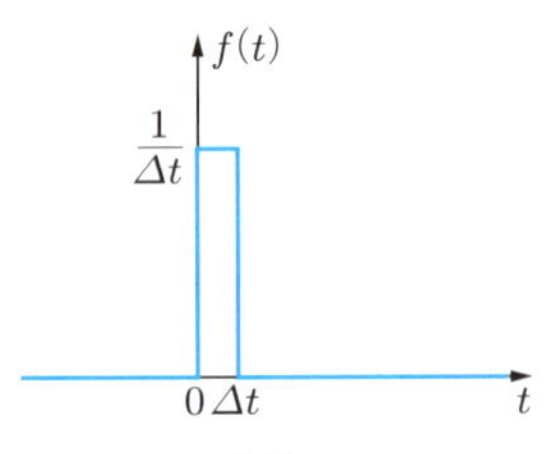

図 3.35　単位インパルス

$$\left.\begin{aligned} &\int_{-\infty}^{\infty} \delta(t)dt = 1 \\ &\delta(t) = 0 \quad (t \neq 0) \end{aligned}\right\} \tag{3.140}$$

物体に力 $f(t)$ が微小時間だけ作用したときの**力積**は $f(t)\Delta t$ である．いま静止した物体がインパルスによって初期速度 $\dot{x}(0)$ をもつとき，Δt が振動系の固有周期より十分短い場合，次式が成り立つ．

$$f(t) \cdot \Delta t = m\dot{x}(0) \tag{3.141}$$

ここで，$f(t) = 1/\Delta t$ であるから次式が得られる．

$$\dot{x}(0) = \frac{1}{m} \tag{3.142}$$

したがって，自由振動の初期値問題として応答を求めることにおきなおすことができる．図 3.8 の自由振動の運動方程式 (3.26) を初期条件 $t = 0$, $x(0) = 0$, $\dot{x}(0) = 1/m$ のもとに解くと，$\zeta < 1$ の場合，式 (3.33) の一般解の未定定数 A，B は，

$$\left.\begin{aligned} &A = 0 \\ &B = \frac{1}{m\sqrt{1-\zeta^2}\omega_n} \end{aligned}\right\} \tag{3.143}$$

となる．したがって

$$x(t) = \frac{1}{m\sqrt{1-\zeta^2}\omega_n} e^{-\zeta\omega_n t} \sin\sqrt{1-\zeta^2}\omega_n t = h(t) \tag{3.144}$$

となる．この $x(t)$ を**単位インパルス応答** (unit impulse response) とよび，$h(t)$ とも表す．さらに，減衰がない $\zeta = 0$ のときは，

$$x(t) = h(t) = \frac{1}{m\omega_n} \sin\omega_n t = \frac{1}{\sqrt{mk}} \sin\omega_n t \tag{3.145}$$

となる．式 (3.144) の $m\sqrt{1-\zeta^2}\omega_n x(t)$ の大きさの時間的変化を，減衰比 ζ をパラメータにとって示すと図 3.36 になる．

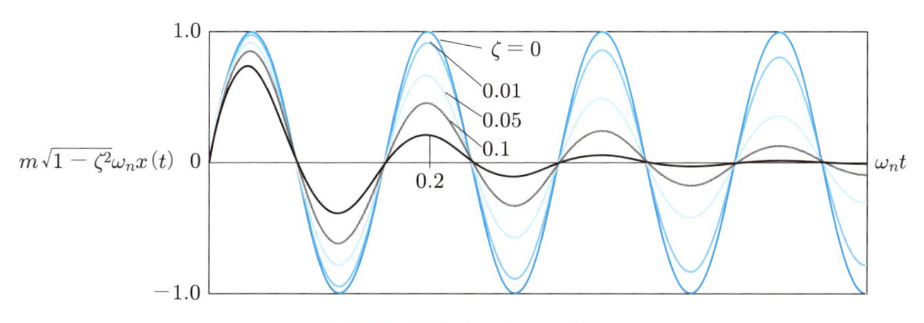

図 3.36 単位インパルス応答

単位インパルスが $t = 0$ でなくて，$t = \tau$ の時刻に作用したとすると，τ より大きい時刻 t で単位インパルス応答は，

$$h(t-\tau) = \frac{1}{m\sqrt{1-\zeta^2}\omega_n} e^{-\zeta\omega_n(t-\tau)} \sin\left\{\sqrt{1-\zeta^2}\omega_n(t-\tau)\right\} \quad (3.146)$$

となることがわかる．これは，以下に述べる一般強制外力の**過渡応答** (transient response) を求めるときに利用できる．

3.10.3 一般外力による過渡応答

図 3.37 に示すように，1 自由度振動系の質量 m に，特定の正弦関数または余弦関数に支配されない一般的な任意波形形状の外力 $f(t)$ が作用する場合について，振動系の応答を求める．図に示すように，$f(t)$ を時間幅 $\Delta\tau$ で大きさが $f(\tau)$ であるような階段状関数で近似する．各階段の長方形はインパルスと見なせる．$\Delta\tau$ を十分小さくとれば，$f(t)$ の真の値に一致する．

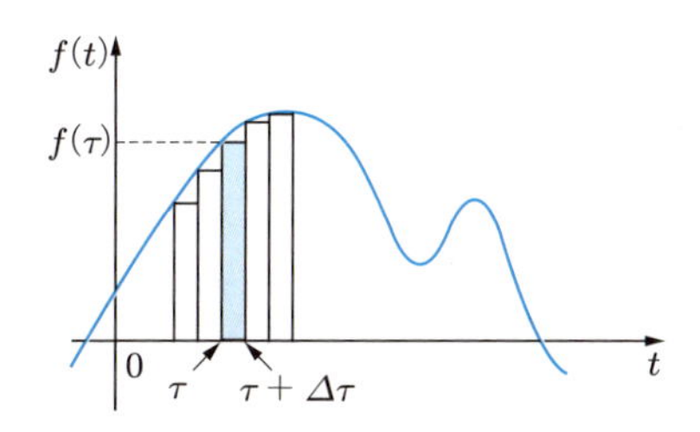

図 3.37 一般強制外力のインパルス和による近似

図 3.37 において，時刻 τ と $\tau + \Delta\tau$ の間での**力積**は $f(\tau)\Delta\tau$ であるので，これによるインパルス応答は，図 3.38 に示すように前述の式 (3.146) を用いると，

$$\Delta x(t,\tau) = \frac{1}{m\sqrt{1-\zeta^2}\omega_n} e^{-\zeta\omega_n(t-\tau)} \sin\left\{\sqrt{1-\zeta^2}\omega_n(t-\tau)\right\} f(\tau)\Delta\tau \quad (3.147)$$

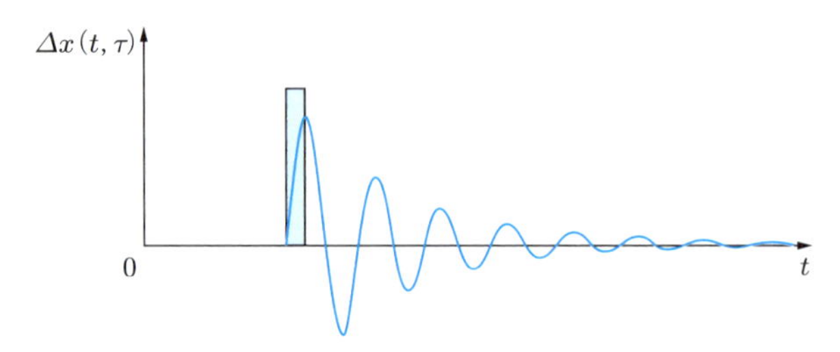

図 3.38　$f(t)$ の大きさのインパルスによる応答

となる．

強制外力の作用区間が 0 から t までとすると，この区間の振動応答は，力積 $f(\tau)\Delta\tau$ による**インパルス応答の和**で表せるので，式 (3.147) から次式が得られる．

$$x(t) = \lim_{\Delta\tau\to 0}\sum_{\tau=0}^{\tau=t}\Delta x(t,\tau)$$
$$= \frac{1}{m\sqrt{1-\zeta^2}\omega_n}\int_0^t e^{-\zeta\omega_n(t-\tau)}\sin\{\sqrt{1-\zeta^2}\omega_n(t-\tau)\}f(\tau)d\tau \qquad (3.148)$$

この式を**デュアメル積分** (Duhamel's integral) という．式 (3.148) に，式 (3.146) に示す**単位インパルス応答** $h(t-\tau)$ の表現を用いると，つぎのようになる．

$$x(t) = \int_0^t h(t-\tau)f(\tau)d\tau \qquad (3.149)$$

ここで，$h(t-\tau)$ は $\tau > t$ では 0 であるから，積分の上限を ∞ でおき換えても値は変わらない．**線形系の応答**は外力と単位インパルス応答との**たたみこみ積分** (convolution integral) の形になる．

3.10.4　ラプラス変換による解

これまでの振動解析では，常微分方程式で表された運動方程式を境界条件のもとに特解，一般解を求めてきたが，必ずしも解を見いだすのが簡単とはかぎらない．もう少し機械的に運動方程式を解くことができれば便利である．**ラプラス変換** (Laplace transform) で表された運動方程式は制御の分野でよく用いられているが，このようなねらいに合致している．とくに，初期条件を用いる過渡振動の解析に非常に便利である．

ラプラス変換は，実数 t のすべての正の値に対して定義される．関数 $f(t)$ に e^{-st} をかけて，t について 0 から ∞ まで積分すれば，

$$F(s) = \int_0^\infty f(t)e^{-st}dt = \mathcal{L}\left[f(t)\right] \tag{3.150}$$

という変数 s の新しい関数 $F(s)$ が得られる．この積分を**ラプラス積分**という．$f(t)$ を $F(s)$ に変換することをラプラス変換という．$F(s)$ そのものをラプラス変換ということもある．また，$\mathcal{L}$ はラプラス変換記号である．

ラプラス変換により微分形式で表された運動方程式を解くには，いったんラプラス変換されたものをもとに戻す操作が必要である．これを**ラプラス逆変換** (Laplace inverse transform) という．$F(s)$ は

$$f(t) = \frac{1}{2\pi j}\int_{c-j\infty}^{c+j\infty} F(s)e^{st}ds = \mathcal{L}^{-1}[F(s)] \tag{3.151}$$

によって $f(t)$ に変換できる．この積分は**ブロムウィッチの積分** (Bromwich's integral) とよばれる複素積分である．これを具体的に計算するのは大変なので，**表 3.1** のような振動工学でよく用いられるラプラス変換表を利用すればよい．

$\dot{f}(t) = df(t)/dt$ のラプラス変換は部分積分より，

$$\mathcal{L}\left[\dot{f}(t)\right] = -f(0) + s \cdot F(s) \tag{3.152}$$

となり，一般には，次式が得られる．

表 3.1 振動工学に多く用いられるラプラス変換の表

No	$f(t)$	$F(s)$	No	$f(t)$	$F(s)$
1	1	$\dfrac{1}{s}$	9	$\sin\omega t$	$\dfrac{\omega}{s^2+\omega^2}$
2	$\delta(t)$	1	10	$\cos\omega t$	$\dfrac{s}{s^2+\omega^2}$
3	t	$\dfrac{1}{s^2}$	11	$t\sin\omega t$	$\dfrac{2\omega s}{(s^2+\omega^2)^2}$
4	e^{at}	$\dfrac{1}{s-a}$	12	$t\cos\omega t$	$\dfrac{s^2-\omega^2}{(s^2+\omega^2)^2}$
5	te^{at}	$\dfrac{1}{(s-a)^2}$	13	$e^{-at}\sin\omega t$	$\dfrac{\omega}{(s+a)^2+\omega^2}$
6	$e^{at}-e^{bt}$	$\dfrac{a-b}{(s-a)(s-b)}$	14	$e^{-at}\cos\omega t$	$\dfrac{s+a}{(s+a)^2+\omega^2}$
7	$\sinh at$	$\dfrac{a}{s^2-a^2}$	15	$\dfrac{1}{\omega^2}(1-\cos\omega t)$	$\dfrac{1}{s(s^2+\omega^2)}$
8	$\cosh at$	$\dfrac{s}{s^2-a^2}$	16	$\dfrac{\sin\omega_1 t}{\omega_1}-\dfrac{\sin\omega_2 t}{\omega_2}$	$\dfrac{{\omega_2}^2-{\omega_1}^2}{(s^2+{\omega_1}^2)(s^2+{\omega_2}^2)}$

$$\mathcal{L}\left[f^{(n)}(t)\right] = s^n F(s) - s^{n-1} f(0) - s^{n-2}\dot{f}(0) - s^{n-3}\ddot{f}(0) - \cdots - f^{(n-1)}(0) \quad (3.153)$$

ここで，$f(0)$, $\dot{f}(0)\left(=f'(0)\right)$, $\ddot{f}(0)\left(=f''(0)\right)$, …, $f^{(n-1)}(0)$ は，$t=0$ のときの初期条件を表す．

図 3.8 に示す 1 自由度系の減衰のある自由振動についての解を求めることにする．式 (3.26) をラプラス変換すると，

$$m\left\{s^2 X(s) - s x(0) - \dot{x}(0)\right\} + c\left\{s X(s) - x(0)\right\} + k X(s) = 0 \quad (3.154)$$

となる．いま，初期条件を $t=0$ で $x(0)=x_0$, $\dot{x}(0)=v_0$ とし，さらに式 (3.154) の両辺を m で割ると，次式が得られる．

$$\left(s^2 + 2\zeta\omega_n s + {\omega_n}^2\right)X(s) - s x_0 - 2\zeta\omega_n x_0 - v_0 = 0 \quad (3.155)$$

この式より，

$$X(s) = \frac{s x_0 + 2\zeta\omega_n x_0 + v_0}{s^2 + 2\zeta\omega_n s + {\omega_n}^2} \quad (3.156)$$

が得られる．分母の $s^2 + 2\zeta\omega_n s + {\omega_n}^2 = 0$ の解は式(3.30)，(3.31) ですでに述べたように，

$$s = \left(-\zeta \pm \sqrt{\zeta^2 - 1}\right)\omega_n \quad (3.157)$$

となる．いま，$\zeta < 1$ の不足減衰について考えると

$$\left.\begin{aligned} s_1 &= \left(-\zeta + j\sqrt{1-\zeta^2}\right)\omega_n \\ s_2 &= \left(-\zeta - j\sqrt{1-\zeta^2}\right)\omega_n \end{aligned}\right\} \quad (3.158)$$

となり，

$$X(s) = \frac{x_0 s + 2\zeta\omega_n x_0 + v_0}{(s + \zeta\omega_n - j\sqrt{1-\zeta^2}\omega_n)(s + \zeta\omega_n + j\sqrt{1-\zeta^2}\omega_n)} \quad (3.159)$$

が得られる．式 (3.159) を分解すると

$$\left.\begin{aligned} X(s) &= \frac{A}{s + \zeta\omega_n - j\sqrt{1-\zeta^2}\omega_n} + \frac{B}{s + \zeta\omega_n + j\sqrt{1-\zeta^2}\omega_n} \\ A &= \frac{x_0}{2} + \frac{\zeta\omega_n x_0 + v_0}{2j\sqrt{1-\zeta^2}\omega_n}, \quad B = \frac{x_0}{2} - \frac{\zeta\omega_n x_0 + v_0}{2j\sqrt{1-\zeta^2}\omega_n} \end{aligned}\right\} \quad (3.160)$$

となり，これをラプラス逆変換すると，

$$\begin{aligned} x(t) = &\left(\frac{x_0}{2} + \frac{\zeta\omega_n x_0 + v_0}{2j\sqrt{1-\zeta^2}\omega_n}\right) e^{(-\zeta + j\sqrt{1-\zeta^2})\omega_n t} \\ &+ \left(\frac{x_0}{2} - \frac{\zeta\omega_n x_0 + v_0}{2j\sqrt{1-\zeta^2}\omega_n}\right) e^{(-\zeta - j\sqrt{1-\zeta^2})\omega_n t} \end{aligned}$$

$$= e^{-\zeta\omega_n t}\left\{x_0 \frac{e^{j\sqrt{1-\zeta^2}\omega_n t} + e^{-j\sqrt{1-\zeta^2}\omega_n t}}{2} + \frac{v_0 + \zeta\omega_n x_0}{\sqrt{1-\zeta^2}\omega_n} \cdot \frac{e^{j\sqrt{1-\zeta^2}\omega_n t} - e^{-j\sqrt{1-\zeta^2}\omega_n t}}{2j}\right\}$$

$$= e^{-\zeta\omega_n t}\left\{x_0 \cos\sqrt{1-\zeta^2}\omega_n t + \frac{v_0 + \zeta\omega_n x_0}{\sqrt{1-\zeta^2}\omega_n}\sin\sqrt{1-\zeta^2}\omega_n t\right\} \tag{3.161}$$

となり，これは式 $(3.34)_1$ と一致する．

例題 3.23 減衰のある 1 自由度振動系に単位ステップ関数 $\mathbf{1}(t)$ が作用したときの過渡振動応答をラプラス変換により求めよ．ただし，初期条件は変位，速度ともに 0 とする．

▶**解** 質量 m，減衰係数 c，ばね定数 k として，変位を x とすると，運動方程式は，

$$m\ddot{x} + c\dot{x} + kx = 1 \quad (t \geqq 0)$$

となる．上式を m で割って，ラプラス変換すると，

$$(s^2 + 2\zeta\omega_n s + {\omega_n}^2)X(s) = \frac{1}{ms}$$

となる．したがって，$x(t)$ は $X(s)$ のラプラスの逆変換により

$$x(t) = \mathcal{L}^{-1}\left[\frac{1}{ms(s^2 + 2\zeta\omega_n s + {\omega_n}^2)}\right] = \frac{1}{m{\omega_n}^2}\mathcal{L}^{-1}\left[\frac{1}{s} - \frac{s + 2\zeta\omega_n}{s^2 + 2\zeta\omega_n s + {\omega_n}^2}\right]$$

$$= \frac{1}{m{\omega_n}^2}\mathcal{L}^{-1}\left[\frac{1}{s} - \frac{(s + \zeta\omega_n) + \zeta\omega_n}{(s + \zeta\omega_n)^2 + (1-\zeta^2){\omega_n}^2}\right]$$

$$= \frac{1}{m{\omega_n}^2}\left[1 - e^{-\zeta\omega_n t}\cos\sqrt{1-\zeta^2}\omega_n t - e^{-\zeta\omega_n t}\frac{\zeta}{\sqrt{1-\zeta^2}}\sin\sqrt{1-\zeta^2}\omega_n t\right]$$

$$= \frac{1}{k}\left\{1 - e^{-\zeta\omega_n t}\left(\cos\sqrt{1-\zeta^2}\omega_n t + \frac{\zeta}{\sqrt{1-\zeta^2}}\sin\sqrt{1-\zeta^2}\omega_n t\right)\right\}$$

となり，3.10 節の式 (3.137) と同一の応答が得られ，単位ステップ応答またはインディシャル応答になる． ◁

例題 3.24 例題 3.23 と同様に，減衰のある 1 自由度の振動系に，単位インパルス関数 $\delta(t)$ が作用したときの過渡振動応答を，ラプラス変換により求めよ．ただし，初期条件は変位，速度ともに 0 とする．

▶**解**　運動方程式はつぎのようになる．

$$m\ddot{x} + c\dot{x} + kx = \delta(t)$$

この式を m で割って，ラプラス変換をとると

$$\left(s^2 + 2\zeta\omega_n s + {\omega_n}^2\right)X(s) = \frac{1}{m}$$

となる．これよりラプラスの逆変換は，

$$x(t) = \mathcal{L}^{-1}\left[\frac{1}{m(s^2 + 2\zeta\omega_n s + \omega_n^2)}\right] = \frac{1}{m}\mathcal{L}^{-1}\left[\frac{1}{(s+\zeta\omega_n)^2 + (1-\zeta^2){\omega_n}^2}\right]$$
$$= \frac{1}{m\sqrt{1-\zeta^2}\omega_n}e^{-\zeta\omega_n t}\sin\sqrt{1-\zeta^2}\omega_n t$$

となり，3.10 節の式 (3.144) と同一の応答が得られ，単位インパルス応答になる．◁

例題 3.25　減衰のある 1 自由度の振動系に，任意の強制振動させる外力 $f(t)$ が作用したときの過渡振動応答がたたみこみ積分で表されることをラプラス変換により示せ．ただし，初期条件は，変位，速度ともに 0 とする．

▶**解**　例題 3.23，3.24 と同じく，m で割った運動方程式は，

$$\ddot{x} + 2\zeta\omega_n\dot{x} + {\omega_n}^2 x = \frac{f(t)}{m}$$

となる．したがって，$x(t)$ は $X(s)$ のラプラス逆変換により次式が得られる．

$$x(t) = \mathcal{L}^{-1}\left[\frac{F(s)}{m(s^2 + 2\zeta\omega_n s + {\omega_n}^2)}\right]$$

ここで，$H(s)$ を次式のようにおく．

$$H(s) = \frac{1}{m(s^2 + 2\zeta\omega_n s + {\omega_n}^2)}$$

例題 3.24 のラプラスの逆変換の結果と式 (3.144) より，

$$h(t) = \mathcal{L}^{-1}[H(s)]$$

が成り立つことがわかる．したがって，

$$x(t) = \frac{1}{2\pi j}\int_{c-j\infty}^{c+j\infty} H(s)F(s)e^{st}ds = \frac{1}{2\pi j}\int_{c-j\infty}^{c+j\infty} H(s)\left\{\int_0^{\infty} f(\tau)e^{-s\tau}d\tau\right\}e^{st}ds$$
$$= \int_0^{\infty} f(\tau)\left\{\frac{1}{2\pi j}\int_{c-j\infty}^{c+j\infty} H(s)e^{s(t-\tau)}ds\right\}d\tau = \int_0^{\infty} h(t-\tau)f(\tau)d\tau$$

と展開できる．これより，上式は式 (3.149) と同一になり，たたみこみ積分の形になる．◁

3.11 機械インピーダンスとモビリティ

機械系と電気系のアナロジーから，**機械インピーダンス** (mechanical impedance) Z という考え方を導入することができる．これは，振動系に作用する調和外力 $f(t)$ と応答の速度 $v(t)$ の比を使い，次式の 1 番目の式で定義される．また，**モビリティ** (mobility) λ は機械インピーダンスの逆数で，次式の 2 番目の式のように定義される．

$$\left.\begin{aligned} Z &= \frac{f}{v} \\ \lambda &= \frac{1}{Z} = \frac{v}{f} \end{aligned}\right\} \tag{3.162}$$

3.11.1 機械インピーダンス

調和外力 $f(t)$ を受ける減衰のある 1 自由度の振動系の運動方程式は，次式のように書ける．

$$m\ddot{x} + c\dot{x} + kx = m\frac{dv}{dt} + cv + k\int vdt = f(t) \tag{3.163}$$

ここで，$v(t) = \dot{x}(t)$ であり，質量の速度を示す．一方，電気工学において，コイルのインダクタンス L，抵抗 R，電気容量 C よりなる電気回路に変動電圧 $e(t)$ が加わったとき，回路に流れる電流 $i(t)$ は，つぎの微分方程式で表される．

$$L\frac{di}{dt} + Ri + \frac{1}{C}\int idt = e(t) \tag{3.164}$$

式 (3.163) と式 (3.164) を比較すると，m と L，c と R，k と $1/C$，v と i および f と e が対応する．このような機械インピーダンスを用いると，電気回路と同じようにして機械振動系の解析が可能となる．

いま，**微分演算子** s として

$$\frac{d}{dt} = s, \quad \int dt = s^{-1} \tag{3.165}$$

を導入すると，式 (3.163) は，

$$Z = \frac{f}{v} = ms + c + \frac{k}{s} \tag{3.166}$$

となる．いま，$x = Xe^{j\omega t}$，$f = F_0\, e^{j\omega t}$ と表されるとき，式 (3.166) は $s = j\omega$ とおけるので次式となる．

$$Z = \frac{F_0}{j\omega X} = j\omega m + c + \frac{k}{j\omega} \tag{3.167}$$

3.11.2　モビリティ

モビリティは**機械インピーダンスの逆数**であり，一定の力 $f(t)$ が作用したときは，式 $(3.162)_2$ からもわかるようにモビリティが大きいほど速度 $v(t)$ は大きくなるから，**動かしやすさ**を表すことになる．

機械インピーダンスと同様に，減衰のある1自由度の振動系について考えるとき，**質量のモビリティ** λ_m は，$f = m \cdot dv/dt = msv$ であるから，

$$\lambda_m = \frac{v}{f} = \frac{1}{ms} \tag{3.168}$$

となる．**減衰のモビリティ** λ_c は，$f = cv$ であるから

$$\lambda_c = \frac{v}{f} = \frac{1}{c} \tag{3.169}$$

となる．**ばねのモビリティ** λ_k は，$f = kx = k\int vdt = kv/s$ であるから

$$\lambda_k = \frac{v}{f} = \frac{s}{k} \tag{3.170}$$

となる．1自由度の振動系の運動方程式を式(3.168)〜(3.170)のモビリティを使って表すと，

$$\begin{aligned} m\ddot{x} + c\dot{x} + kx &= msv + cv + \frac{kv}{s} \\ &= \frac{v}{\lambda_m} + \frac{v}{\lambda_c} + \frac{v}{\lambda_k} \\ &= v\left(\frac{1}{\lambda_m} + \frac{1}{\lambda_c} + \frac{1}{\lambda_k}\right) = f(t) \end{aligned} \tag{3.171}$$

となり，

$$\frac{1}{\lambda} = \frac{1}{\lambda_m} + \frac{1}{\lambda_c} + \frac{1}{\lambda_k} = ms + c + \frac{k}{s} \tag{3.172}$$

で定義すると，式(3.171)は

$$\lambda = \frac{v}{f} \tag{3.173}$$

となり，モビリティの定義の表現になっているので，λ が全体のモビリティであることがわかる．よって，減衰のある1自由度の振動系のモビリティは，つぎのようになる．

$$\lambda = \frac{1}{ms + c + \dfrac{k}{s}} = \frac{s}{ms^2 + cs + k} \tag{3.174}$$

いま，$f = F_0\, e^{j\omega t}$ で表せるとする．式(3.174)および $s = j\omega$ より次式が得られる．

$$\lambda = \frac{j\omega}{-m\omega^2 + j\omega c + k} \tag{3.175}$$

また，変位 x は式 (3.173)，(3.175) よりつぎのようになる．

$$x = \frac{v}{s} = \frac{\lambda f}{j\omega} = \frac{F_0 e^{j\omega t}}{-m\omega^2 + j\omega c + k} \tag{3.176}$$

すでに説明したように，$c/m = 2\zeta\omega_n$, $\omega_n = \sqrt{k/m}$, $X_s = F_0/k$ を使って，式 (3.176) の虚部をとれば,

$$x = \frac{X_{st}}{\left\{1 - \left(\dfrac{\omega}{\omega_n}\right)^2\right\}^2 + \left\{2\zeta\left(\dfrac{\omega}{\omega_n}\right)\right\}^2}\left[\left\{-2\zeta\left(\frac{\omega}{\omega_n}\right)\right\}\cos\omega t + \left\{1 - \left(\frac{\omega}{\omega_n}\right)^2\right\}\sin\omega t\right]$$

となり，これは 3.5 節の式 $(3.79)_2$ と同じ式になる．

演習問題

3.1 粘性減衰に関して，臨界減衰係数について説明せよ．

3.2 クーロン摩擦について説明せよ．

3.3 図 3.39 に示す減衰のない 1 自由度系を考える．

(1) 運動方程式をつり合いから求めよ．(2) この 1 自由度系の運動エネルギー，位置のエネルギーを示せ．(3) ラグランジュの方程式を使って，(1) と同じ運動方程式を求めよ．(4) 固有円振動数を求めよ．また固有振動数，固有周期との関係を示せ．

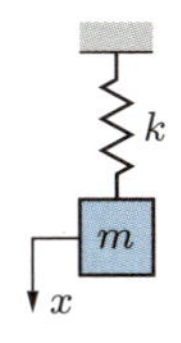

図 3.39　1 自由度系

3.4 質量 2 kg のおもりを重さのないばね $k = 8$ N/cm (ばねの質量は小さいとして無視する) につるしてある．

(1) おもりの変位を下向きを x として，運動方程式を求めよ．ただし，ばねは質量にはたらく重力によって伸びて，平衡位置にあるものとする．(2) この運動は，1 つの座標 x のみによって表すことができる．この系を何というか．(3) この運動方程式を解き，この系の固有円振動数を求めよ．また周期を求めよ．さらに固有振動数を求めよ．(すべて，数字で単位とともに示せ．)

3.5 本文の図 3.8 において，$m = 5$ kg, $c = 0.1$ Ns/cm, $k = 5$ N/cm とする．

(1) 運動方程式を示せ．(2) この系の無減衰固有円振動数および減衰固有円振動数を数字で示せ．(3) 減衰比を数字で示せ．

3.6 質量 $m = 10$ kg，ばね定数 $k = 4 \times 10^3$ N/m の 1 自由度の振動系に，本文の図 3.19 に示すような外部からの調和外力が作用している．ただし，ω は強制円振動数である．

(1) この振動系の固有円振動数を示せ．(2) 外力 $F_0 = 40$ N，強制振動数 $f = 20/\pi$ Hz (約 6.4 Hz) のとき，強制振動の振幅を求めよ．(3) 強制振動の振幅を静たわみの 2 倍以下になるようにしたい．静たわみを求めよ．このときの強制振動数の励振範囲の条件を求めよ．ただし，静たわみは，F_0 によるものであり，重力と混同しないこと．

3.7 図 3.8 に示す減衰のある 1 自由度の振動系について考える．この振動系の固有振動数は 10 Hz であり，自由振動しているとする．1 秒後に振動の変位がはじめの状態の 0.8 になったとする．この系の対数減衰率および減衰比を求めよ．

3.8 片側で単純支持された質量の無視できる剛体の棒に質量 m の質点とばね定数 k_1，k_2 のばねが，図 **3.40** に示すように取り付けられているとする．ただし，取り付け位置は図中に示す記号のとおりである．

(1) 運動方程式を求めよ．(2) 固有振動数を求めよ．(3) L の位置に粘性減衰ダンパ c を付けたときの運動方程式を求めよ．(4) このときの減衰比を求めよ．

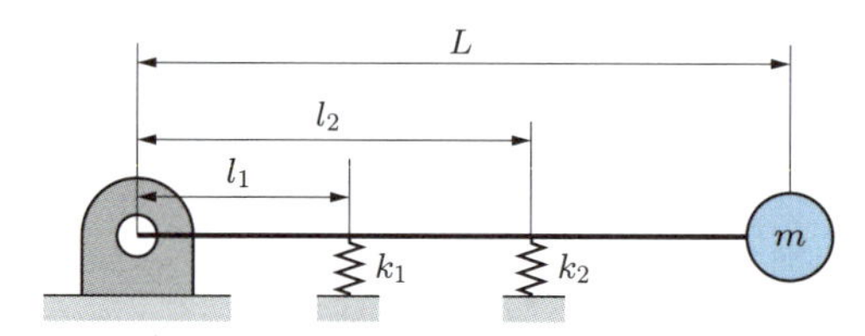

図 **3.40** 片側で単純支持された振動系

3.9 図 3.19 に示す 1 自由度の振動系において，$m = 5$ kg, $k = 5 \times 10^4$ N/m とする．この系に $F_0 \sin \omega t$ の調和外力が作用している．

(1) 強制振動の変位を求めよ．ただし，$F_0 = 100$ N, $f = 20$ Hz とする．(2) 強制振動の振幅を静たわみの 1/20 以下にしたい．どのような条件のとき，これが満足されるか．

3.10 図 **3.41** (a) に示すように弾性軸で連結された 2 つの円板がある．この系は円板がそれ

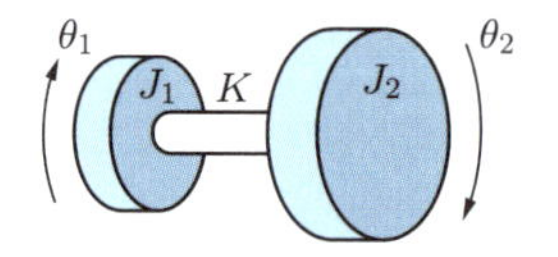

（a）弾性軸で連結された 2 つの円板

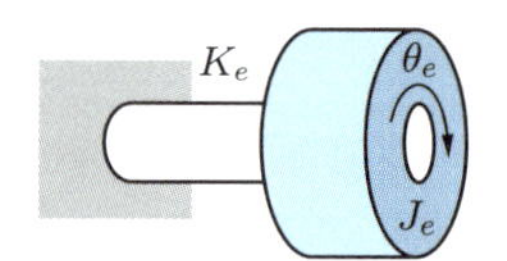

（b）等価モデル

図 **3.41** 弾性軸で連結されたねじり振動系

ぞれ回転角変位 θ_1, θ_2 を行い，弾性軸がねじれを起こすねじり振動系である．各円板の慣性モーメントを J_1, J_2，弾性軸のねじりばね定数を K とする．

(1) 図 3.41 (b) に示す等価な 1 自由度のねじり振動系で表現できることを示し，等価な円板の慣性モーメント J_e，等価な弾性軸のねじりばね定数 K_e，等価な円板のねじり回転角変位 θ_e を求めよ．(2) この系の固有振動数を求めよ．

3.11 図 3.1 に示すような 1 自由度の振動系において，固有円振動数が 4 rad/s と計測された．この 1 自由度の質点に付加質量 $m_a = 1$ kg を取り付けたとき，その固有振動数は 3 rad/s になった．この振動系の質量 m とばね定数 k を求めよ．

3.12 減衰のない 1 自由度の振動系の自由振動について，その解をラプラス変換を用いて求めよ．

3.13 図 3.21 の振動系に，$f(t) = \sin 2t$ なる調和外力が作用するときの応答 $x(t)$ をラプラス変換を用いて求めよ．ただし，$m = 2$ kg, $c = 4$ Ns/m, $k = 8$ N/m とし，初期条件は変位，速度ともに 0 とする．

第4章　2自由度系の振動

2自由度系 (two-degree-of-freedom systems) は第5章で解説する多自由度系に含まれるが，多自由度系を理解しやすいように1自由度系から多自由度系への橋渡しとして，この章で扱う．まず，1自由度系と同様，減衰のない場合について，直線運動としての**直線振動系** (rectilinear vibration systems) と回転運動としての**ねじり振動系** (torsional vibration systems) について考察する．

4.1 減衰のない自由振動

4.1.1　直線振動系

第3章の1自由度系では，物体の運動は，1つの座標で表現することができた．ここで述べる2自由度系では，運動を表すのに，2つの座標系が必要である．

図4.1 (a) は，2つの質量 m_1, m_2 の質点を3つのばね定数 k_1, k_2, k_3 のばねで結んだ系を表す．この系の運動は，1自由度系と同じく m_1, m_2 には重力 m_1g, m_2g が作用するが，静的な伸びを考えた平衡点のまわりで運動方程式を考えれば，運動方程式に含まれない．

図において m_1, m_2 の平衡点まわりに運動を記述するのに2つの変数が必要である．

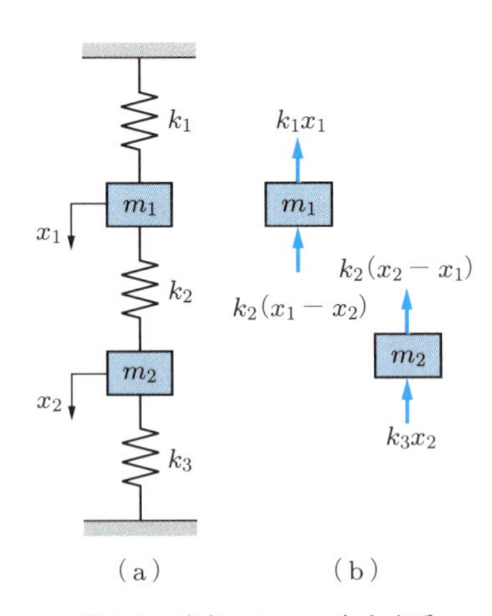

図4.1　減衰のない2自由度系

すなわち，この系の自由度は 2 であり，**2 自由度系**という．いま，平衡点より下方に 2 つの質点がそれぞれ x_1, x_2 だけ変位したとする．図 4.1 (b) に示すように m_1 の質点は上方のばねと中央のばねから力を受ける．m_2 の質点も同様に，中央のばねと下方のばねから力を受ける．**ニュートンの第 2 法則**を適用すれば，

$$\left.\begin{aligned} m_1\ddot{x}_1 &= -k_1x_1 - k_2(x_1 - x_2) \\ m_2\ddot{x}_2 &= -k_3x_2 - k_2(x_2 - x_1) \end{aligned}\right\} \tag{4.1}$$

を得る．両辺をそれぞれ m_1, m_2 で割って整理すると，

$$\left.\begin{aligned} \ddot{x}_1 + ({\omega_{11}}^2 + {\omega_{12}}^2)x_1 - {\omega_{12}}^2x_2 = 0 \\ \ddot{x}_2 - {\omega_{22}}^2x_1 + ({\omega_{22}}^2 + {\omega_{23}}^2)x_2 = 0 \end{aligned}\right\} \tag{4.2}$$

ここで，${\omega_{11}}^2 = k_1/m_1$, ${\omega_{12}}^2 = k_2/m_1$, ${\omega_{22}}^2 = k_2/m_2$, ${\omega_{23}}^2 = k_3/m_2$ である．式 (4.2) を解いて自由振動 x_1, x_2 を求める．x_1, x_2 の解を，

$$\left.\begin{aligned} x_1 &= X_1e^{\lambda t} \\ x_2 &= X_2e^{\lambda t} \end{aligned}\right\} \tag{4.3}$$

とおく．ここで，X_1, X_2, λ は未知定数である．式 (4.3) を式 (4.2) に代入すると，

$$\left.\begin{aligned} \{\lambda^2X_1 + ({\omega_{11}}^2 + {\omega_{12}}^2)X_1 - {\omega_{12}}^2X_2\}e^{\lambda t} = 0 \\ \{\lambda^2X_2 - {\omega_{22}}^2X_1 + ({\omega_{22}}^2 + {\omega_{23}}^2)X_2\}e^{\lambda t} = 0 \end{aligned}\right\} \tag{4.4}$$

を得る．どのような t に対しても $e^{\lambda t}$ は 0 とならないので，{ }のなかが 0 とならなければならない．すなわち，次式が得られる．

$$\left.\begin{aligned} (\lambda^2 + {\omega_{11}}^2 + {\omega_{12}}^2)X_1 - {\omega_{12}}^2X_2 = 0 \\ -{\omega_{22}}^2X_1 + (\lambda^2 + {\omega_{22}}^2 + {\omega_{23}}^2)X_2 = 0 \end{aligned}\right\} \tag{4.5}$$

式 (4.5) が成り立つ場合のうち $X_1 = X_2 = 0$ のときは，m_1, m_2 の質点は $x_1 = x_2 = 0$ となり静止していることになる．これは自明な解となり，物理的には求めたい解でないのは明らかである．X_1, X_2 がともに 0 とならない解をもつためには，

$$\begin{vmatrix} \lambda^2 + {\omega_{11}}^2 + {\omega_{12}}^2 & -{\omega_{12}}^2 \\ -{\omega_{22}}^2 & \lambda^2 + {\omega_{22}}^2 + {\omega_{23}}^2 \end{vmatrix} = 0 \tag{4.6}$$

の関係が成り立つ．このとき，式 (4.5) は X_1，X_2 の比を定めることになる．式 (4.6) を書きなおすと λ を定める方程式は，以下のようになる．

$$\lambda^4 + ({\omega_{11}}^2 + {\omega_{12}}^2 + {\omega_{22}}^2 + {\omega_{23}}^2)\lambda^2 + ({\omega_{11}}^2 + {\omega_{12}}^2)({\omega_{22}}^2 + {\omega_{23}}^2) - {\omega_{12}}^2{\omega_{22}}^2 = 0$$

よって，

$$\lambda^4 + ({\omega_{11}}^2 + {\omega_{12}}^2 + {\omega_{22}}^2 + {\omega_{23}}^2)\lambda^2 + {\omega_{11}}^2{\omega_{22}}^2 + {\omega_{11}}^2{\omega_{23}}^2 + {\omega_{12}}^2{\omega_{23}}^2 = 0 \quad (4.7)$$

となる．これは，λ^2 に関する2次方程式と考えられ，これを解くと固有円振動数が得られる．以上の方程式を**振動数方程式** (frequency equation) とよぶ．この方程式を解くと得られる λ^2 は，

$$\begin{aligned}\lambda^2 &= \frac{1}{2}\Bigg\{-({\omega_{11}}^2 + {\omega_{12}}^2 + {\omega_{22}}^2 + {\omega_{23}}^2)\\ &\qquad \pm\sqrt{({\omega_{11}}^2 + {\omega_{12}}^2 + {\omega_{22}}^2 + {\omega_{23}}^2)^2 - 4({\omega_{11}}^2{\omega_{22}}^2 + {\omega_{11}}^2{\omega_{23}}^2 + {\omega_{12}}^2{\omega_{23}}^2)}\Bigg\}\\ &= \frac{1}{2}\Bigg\{-({\omega_{11}}^2 + {\omega_{12}}^2 + {\omega_{22}}^2 + {\omega_{23}}^2)\\ &\qquad \pm\sqrt{({\omega_{11}}^2 + {\omega_{12}}^2 - {\omega_{22}}^2 - {\omega_{23}}^2)^2 + 4{\omega_{12}}^2{\omega_{22}}^2}\Bigg\} \end{aligned} \quad (4.8)$$

となる．式 (4.8) の根号のなかは正であり，式 (4.8) の上段の式の根号のなかの関係より，

$$({\omega_{11}}^2 + {\omega_{12}}^2 + {\omega_{22}}^2 + {\omega_{23}}^2)^2 > ({\omega_{11}}^2 + {\omega_{12}}^2 - {\omega_{22}}^2 - {\omega_{23}}^2)^2 + 4{\omega_{12}}^2{\omega_{22}}^2$$

であるから，λ^2 は負の実数となることがわかる．この2根を $-{\omega_{n1}}^2, -{\omega_{n2}}^2$ $(0 < \omega_{n1} < \omega_{n2})$ と定義すれば，

$$\lambda^2 = -{\omega_{n1}}^2, \quad -{\omega_{n2}}^2 \quad (4.9)$$

となり，λ の値は，

$$\lambda = \pm j\omega_{n1}, \quad \pm j\omega_{n2} \quad (4.10)$$

を得る．

$\lambda = \pm j\omega_{n1}$ のときの X_1, X_2 の比は，

$$\frac{X_{21}}{X_{11}} = \frac{-{\omega_{n1}}^2 + {\omega_{11}}^2 + {\omega_{12}}^2}{{\omega_{12}}^2} = \frac{{\omega_{22}}^2}{-{\omega_{n1}}^2 + {\omega_{22}}^2 + {\omega_{23}}^2} = \kappa_1 \quad (4.11)$$

となる．また，$\lambda = \pm j\omega_{n2}$ のときの X_1, X_2 の比は，

$$\frac{X_{22}}{X_{12}} = \frac{-{\omega_{n2}}^2 + {\omega_{11}}^2 + {\omega_{12}}^2}{{\omega_{12}}^2} = \frac{{\omega_{22}}^2}{-{\omega_{n2}}^2 + {\omega_{22}}^2 + {\omega_{23}}^2} = \kappa_2 \quad (4.12)$$

となる．式 (4.11) において，

$$\begin{aligned}-{\omega_{n1}}^2 + {\omega_{22}}^2 + {\omega_{23}}^2 &= \frac{1}{2}\Bigg\{-({\omega_{11}}^2 + {\omega_{12}}^2 + {\omega_{22}}^2 + {\omega_{23}}^2)\\ &\qquad + \sqrt{({\omega_{11}}^2 + {\omega_{12}}^2 - {\omega_{22}}^2 - {\omega_{23}}^2)^2 + 4{\omega_{12}}^2{\omega_{22}}^2}\Bigg\} + {\omega_{22}}^2 + {\omega_{23}}^2\end{aligned}$$

$$
= \frac{1}{2}\left\{ -(\omega_{11}{}^2 + \omega_{12}{}^2 - \omega_{22}{}^2 - \omega_{23}{}^2) + \sqrt{(\omega_{11}{}^2 + \omega_{12}{}^2 - \omega_{22}{}^2 - \omega_{23}{}^2)^2 + 4\omega_{12}{}^2\omega_{22}{}^2} \right\}
$$

となり，$-\omega_{n1}{}^2 + \omega_{22}{}^2 + \omega_{23}{}^2 > 0$ であり，$\kappa_1 > 0$ であることがわかる．また，式 (4.12) において，

$$
-\omega_{n2}{}^2 + \omega_{22}{}^2 + \omega_{23}{}^2 = \frac{1}{2}\left\{ -(\omega_{11}{}^2 + \omega_{12}{}^2 - \omega_{22}{}^2 - \omega_{23}{}^2) - \sqrt{(\omega_{11}{}^2 + \omega_{12}{}^2 - \omega_{22}{}^2 - \omega_{23}{}^2)^2 + 4\omega_{12}{}^2\omega_{22}{}^2} \right\}
$$

となり，$-\omega_{n2}{}^2 + \omega_{22}{}^2 + \omega_{23}{}^2 < 0$ であり，$\kappa_2 < 0$ であることがわかる．これより，固有円振動数 ω_{n1} では，x_1 と x_2 は同方向に，ω_{n2} では x_1 と x_2 は逆方向に振動していることがわかる．これを図に表すと，図 4.2 となり，これを**振動モード** (mode of vibration) とよぶ．

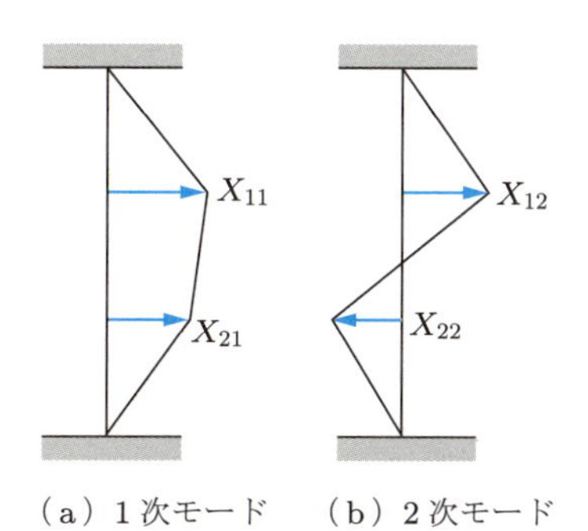

（a）1 次モード　（b）2 次モード

図 4.2　2 自由度の振動モード

なお，図 4.2 のように表現するとき，振幅は比率でしか求まらないので，各モードごとに最大値をある基準値にして表すと便利である．

以上より，x_1, x_2 の解は，

$$
\left.\begin{aligned}
x_1 &= X_{11}^{(1)} e^{j\omega_{n1}t} + X_{11}^{(2)} e^{-j\omega_{n1}t} + X_{12}^{(1)} e^{j\omega_{n2}t} + X_{12}^{(2)} e^{-j\omega_{n2}t} \\
x_2 &= X_{21}^{(1)} e^{j\omega_{n1}t} + X_{21}^{(2)} e^{-j\omega_{n1}t} + X_{22}^{(1)} e^{j\omega_{n2}t} + X_{22}^{(2)} e^{-j\omega_{n2}t} \\
&= \kappa_1 X_{11}^{(1)} e^{j\omega_{n1}t} + \kappa_1 X_{11}^{(2)} e^{-j\omega_{n1}t} + \kappa_2 X_{12}^{(1)} e^{j\omega_{n2}t} + \kappa_2 X_{12}^{(2)} e^{-j\omega_{n2}t}
\end{aligned}\right\} \tag{4.13}
$$

となる．式 (4.13) をさらに展開すると，

$$
x_1 = X_{11}^{(1)}(\cos\omega_{n1}t + j\sin\omega_{n1}t) + X_{11}^{(2)}(\cos\omega_{n1}t - j\sin\omega_{n1}t)
$$

$$
\begin{aligned}
&+ X_{12}^{(1)}(\cos\omega_{n2}t + j\sin\omega_{n2}t) + X_{12}^{(2)}(\cos\omega_{n2}t - j\sin\omega_{n2}t)\\
&= \left(X_{11}^{(1)} + X_{11}^{(2)}\right)\cos\omega_{n1}t + \left(X_{11}^{(1)} - X_{11}^{(2)}\right)j\sin\omega_{n1}t\\
&\quad + \left(X_{12}^{(1)} + X_{12}^{(2)}\right)\cos\omega_{n2}t + \left(X_{12}^{(1)} - X_{12}^{(2)}\right)j\sin\omega_{n2}t\\
&= A_{11}\cos\omega_{n1}t + B_{11}\sin\omega_{n1}t + A_{12}\cos\omega_{n2}t + B_{12}\sin\omega_{n2}t\\
&= C_{11}\sin(\omega_{n1}t + \phi_1) + C_{12}\sin(\omega_{n2}t + \phi_2)
\end{aligned}
\tag{4.14}
$$

となる．x_2 についても同様に

$$
\begin{aligned}
x_2 &= \kappa_1\left(X_{11}^{(1)} + X_{11}^{(2)}\right)\cos\omega_{n1}t + \kappa_1\left(X_{11}^{(1)} - X_{11}^{(2)}\right)j\sin\omega_{n1}t\\
&\quad + \kappa_2\left(X_{12}^{(1)} + X_{12}^{(2)}\right)\cos\omega_{n2}t + \kappa_2\left(X_{12}^{(1)} - X_{12}^{(2)}\right)j\sin\omega_{n2}t\\
&= \kappa_1 A_{11}\cos\omega_{n1}t + \kappa_1 B_{11}\sin\omega_{n1}t + \kappa_2 A_{12}\cos\omega_{n2}t + \kappa_2 B_{12}\sin\omega_{n2}t\\
&= \kappa_1 C_{11}\sin(\omega_{n1}t + \phi_1) + \kappa_2 C_{12}\sin(\omega_{n2}t + \phi_2)\\
&= C_{21}\sin(\omega_{n1}t + \phi_1) + C_{22}\sin(\omega_{n2}t + \phi_2)
\end{aligned}
\tag{4.15}
$$

となる．ここで，$A_{11} = X_{11}^{(1)} + X_{11}^{(2)}$，$B_{11} = \left(X_{11}^{(1)} - X_{11}^{(2)}\right)j$，$C_{11} = \sqrt{{A_{11}}^2 + {B_{11}}^2}$ である．ほかについても同じである．また

$$
C_{11} = \sqrt{\left(X_{11}^{(1)} + X_{11}^{(2)}\right)^2 - \left(X_{11}^{(1)} - X_{11}^{(2)}\right)^2} = \sqrt{4X_{11}^{(1)}X_{11}^{(2)}}
$$

となる．同様に，$C_{12} = \sqrt{4X_{12}^{(1)}X_{12}^{(2)}}$ である．いま，式 $(4.15)_{3,4}$ より $C_{21} = \kappa_1 C_{11}$，$C_{22} = \kappa_2 C_{12}$ であるから，つぎの関係が成立する．

$$
\left.
\begin{aligned}
\frac{C_{21}}{C_{11}} &= \kappa_1 = \frac{X_{21}}{X_{11}}\\
\frac{C_{22}}{C_{12}} &= \kappa_2 = \frac{X_{22}}{X_{12}}
\end{aligned}
\right\}
\tag{4.16}
$$

式 (4.16) の関係を使うと，式 (4.14)，(4.15) において，C_{11}，C_{12}，ϕ_1，ϕ_2 の 4 個の未知数があるが，これらは，$t = 0$ での初期条件

$$
x_1(0) = x_{10},\ \dot{x}_1(0) = v_{10},\ x_2(0) = x_{20},\ \dot{x}_2(0) = v_{20}
\tag{4.17}
$$

を用いれば，1 自由度系の場合と同様にして決定することができる．

例題 4.1 2 層の建築物において，建築物全体の質量 m のうち，1 層目に $m/2$，2 層目に $m/2$ が等分に分布させることができる構造であるとする．建築物の質量は水平方向に弾性のある構造で支えられており，そのばね定数は各層とも k とする．このとき，図 4.3 に示すような 2 自由度の振動系でモデル化できる．1 層と 2 層の水平変位を x_1, x_2 で表現することにする．(1) この振動系の運動方程式を求めよ．(2) 固有円振動数を求めよ．(3) 振動モードを求めよ．また，それを図示せよ．

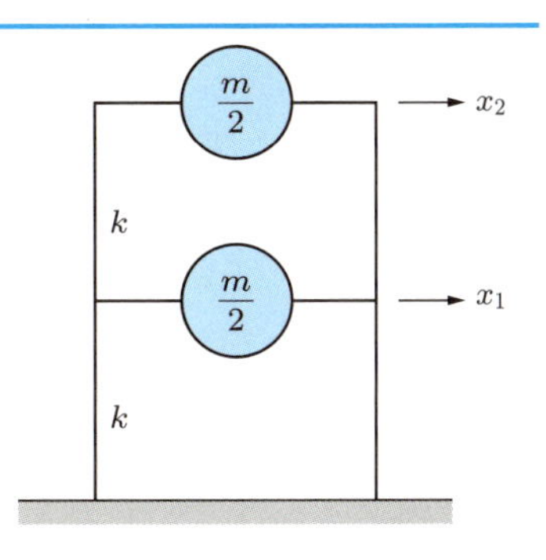

図 4.3 建築物の振動モデル

▶ **解** (1) 運動方程式は，つぎのようになる．

$$\left.\begin{aligned}\frac{m}{2}\ddot{x}_1 + 2kx_1 - kx_2 = 0\\ \frac{m}{2}\ddot{x}_2 - kx_1 + kx_2 = 0\end{aligned}\right\}$$

(2) 上式を $m/2$ で割り，この解を $x_1 = X_1e^{\lambda t}$, $x_2 = X_2e^{\lambda t}$ として上式に代入すると，

$$\left.\begin{aligned}\left(\lambda^2 + \frac{4k}{m}\right)X_1e^{\lambda t} - \frac{2k}{m}X_2e^{\lambda t} = 0\\ -\frac{2k}{m}X_1e^{\lambda t} + \left(\lambda^2 + \frac{2k}{m}\right)X_2e^{\lambda t} = 0\end{aligned}\right\}$$

となる．X_1, X_2 がともに 0 にならない解をもつためには，つぎの振動数方程式が得られる．

$$\begin{vmatrix}\lambda^2 + \dfrac{4k}{m} & -\dfrac{2k}{m}\\ -\dfrac{2k}{m} & \lambda^2 + \dfrac{2k}{m}\end{vmatrix} = 0$$

これを展開すると，

$$\lambda^4 + \frac{6k}{m}\lambda^2 + \frac{4k^2}{m^2} = 0$$

が得られる．上式を解くと，次式が得られる．

$$\lambda^2 = -\frac{3k}{m} \pm \sqrt{\left(\frac{3k}{m}\right)^2 - \frac{4k^2}{m^2}} = \left(-3 \pm \sqrt{5}\right)\frac{k}{m}$$

$\lambda = \pm j\omega_1, \pm j\omega_2$ とおけるから，固有円振動数 ω_1, ω_2 は

$$\omega_1 = \sqrt{3-\sqrt{5}}\sqrt{\frac{k}{m}} = \left(\sqrt{5}-1\right)\sqrt{\frac{k}{2m}},\quad \omega_2 = \sqrt{3+\sqrt{5}}\sqrt{\frac{k}{m}} = \left(\sqrt{5}+1\right)\sqrt{\frac{k}{2m}}$$

となる．

(3) 振動モードは，$\lambda = \pm j\omega_1$ のとき，X_2 と X_1 の比率は，絶対値の大きいほうを 1 にすると，

$$\left(\frac{X_2}{X_1}\right)_{\lambda=\pm j\omega_1} = \frac{-{\omega_1}^2 + \dfrac{4k}{m}}{\dfrac{2k}{m}} = \frac{1+\sqrt{5}}{2} = \frac{1}{0.618} = \frac{X_{21}}{X_{11}}$$

となる．$\lambda = \pm j\omega_2$ のときは，つぎのようになる．

$$\left(\frac{X_2}{X_1}\right)_{\lambda=\pm j\omega_2} = \frac{-{\omega_2}^2 + \dfrac{4k}{m}}{\dfrac{2k}{m}} = \frac{1-\sqrt{5}}{2} = \frac{-0.618}{1} = \frac{X_{22}}{X_{12}}$$

以上を図示すると図 4.4 のようになる．

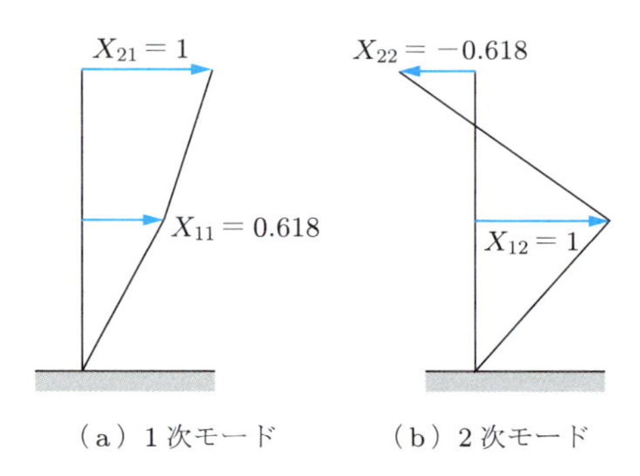

（a）1 次モード　（b）2 次モード

図 4.4 建物の振動モード

なお，前述の運動方程式の解を $x_1 = C_1 \sin\omega t$, $x_2 = C_2 \sin\omega t$ として解く場合について述べる．これらを運動方程式に代入すると，つぎの**振動数方程式**が得られる．

$$\begin{vmatrix} -\omega^2 + \dfrac{4k}{m} & -\dfrac{2k}{m} \\ -\dfrac{2k}{m} & -\omega^2 + \dfrac{2k}{m} \end{vmatrix} = 0$$

これを展開すると，次式が得られる．

$$\omega^4 - \frac{6k}{m}\omega^2 + \frac{4k^2}{m^2} = 0$$

上式を ω^2 について解くと，つぎのようになる．

$$\omega^2 = \left(3 \pm \sqrt{5}\right)\frac{k}{m}$$

上式より

$$\omega_1 = \sqrt{3-\sqrt{5}}\sqrt{\frac{k}{m}} = \left(\sqrt{5}-1\right)\sqrt{\frac{k}{2m}},\quad \omega_2 = \sqrt{3+\sqrt{5}}\sqrt{\frac{k}{m}} = \left(\sqrt{5}+1\right)\sqrt{\frac{k}{2m}}$$

が得られ，前述の式と同じになる．◁

例題 4.2 1000 kg の質量の架構があり，4 本の脚で支えられており，その上に何も搭載されていないときの固有円振動数は 20 rad/s である．この架構の上に 100 kg の

エンジンを据え付けることにする．弾性体であるエンジンマウントを介して取り付けるのであるが，このエンジンを剛基礎に取り付けたときは40 rad/s の固有円振動数をもつことがわかっている．図 4.5 に示すような，エンジンと架構とからなる 2 自由度の振動系の固有円振動数を求めよ．

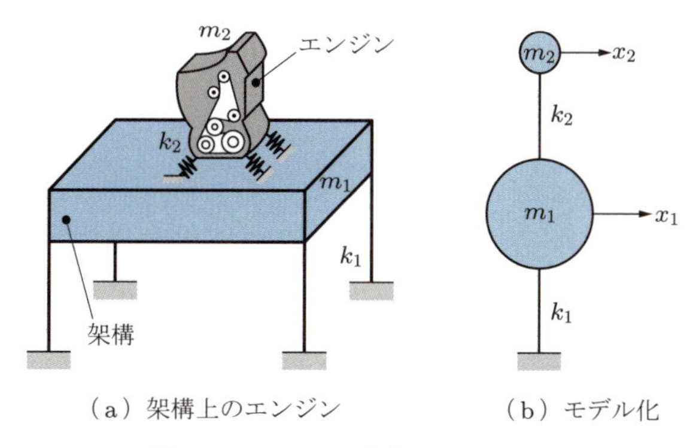

（a）架構上のエンジン　（b）モデル化

図 4.5 エンジン・架構の振動モデル

▶解　架構の質量を m_1 とすると，$m_1 = 1000$ kg であり，架構を支える 4 本の脚のばね定数 k_1 は単独の固有円振動数が $\omega_{01} = 20$ rad/s であるから，

$$k_1 = {\omega_{01}}^2 m_1 = 20^2 \times 1000 = 4 \times 10^5 \text{ N/m}$$

となる．一方，エンジンの質量を m_2 とすると $m_2 = 100$ kg となる．エンジンマウントの剛性，すなわちばね定数 k_2 は，単独の固有円振動数が $\omega_{02} = 40$ rad/s であるから，

$$k_2 = {\omega_{02}}^2 m_2 = 40^2 \times 100 = 1.6 \times 10^5 \text{ N/m}$$

となる．架構にエンジンをエンジンマウントを介して搭載したときの運動方程式は次式となる．

$$\left.\begin{aligned} &1000\ddot{x}_1 + 4 \times 10^5 x_1 - 1.6 \times 10^5 (x_2 - x_1) = 0 \\ &100\ddot{x}_2 + 1.6 \times 10^5 (x_2 - x_1) = 0 \end{aligned}\right\}$$

上式を整理し，解を $x_1 = X_1 e^{\lambda t}$, $x_2 = X_2 e^{\lambda t}$ として代入すると，つぎの振動数方程式を得る．

$$\begin{vmatrix} \lambda^2 + 560 & -160 \\ -1600 & \lambda^2 + 1600 \end{vmatrix} = 0$$

これより，$\lambda^4 + 2160\lambda^2 + 400 \times 1600 = 0$ となり，

$$\lambda^2 = -1080 \pm \sqrt{(1080)^2 - 400 \times 1600} = -354,\ -1806$$

が得られる．$\lambda = \pm j\omega_1, \pm j\omega_2$ とおけるから，

$$\omega_1 = 18.8 \text{ rad/s},\ \ \omega_2 = 42.5 \text{ rad/s}$$

となる．振動モードは，

$$\left(\frac{X_2}{X_1}\right)_{\lambda=\pm j\omega_1} = \frac{-{\omega_1}^2+560}{160} = \frac{-354+560}{160} = \frac{1}{0.777} = \frac{X_{21}}{X_{11}}$$

$$\left(\frac{X_2}{X_1}\right)_{\lambda=\pm j\omega_2} = \frac{-{\omega_2}^2+560}{160} = \frac{-1806+560}{160} = \frac{-1}{0.128} = \frac{X_{22}}{X_{12}}$$

となる．図 4.6 にこれらを図示する．

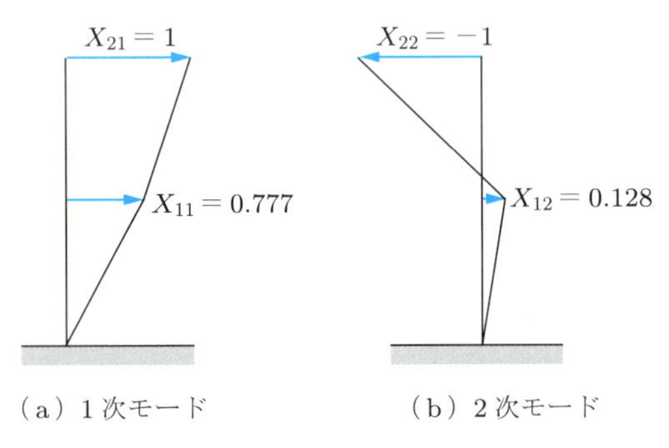

図 4.6　エンジン・架構の振動モード

図 4.6 からわかるように，1 次モードは架構が主体のモードと判断され，単独の 20 rad/s (≅ 3.18 Hz) の固有円振動数が連成して 18.8 rad/s (≅ 2.99 Hz) に低下した．一方，2 次モードはエンジン主体のモードと判断され，単独の 40 rad/s (≅ 6.37 Hz) が連成して，42.5 rad/s (≅ 6.76 Hz) に上昇したことになる． ◁

■4.1.2　ねじり振動系

これまで，直線振動系の 2 自由度の振動について説明したが，つぎに**ねじり振動系**について説明する．2 つの回転する円板を考えるときは，一端または両端をねじり弾性軸を介して固定することになる．ねじり振動系の場合，実際の各種エンジンなどにおいては両端が拘束もなしに自由に動ける**自由–自由のねじり振動系**が多く見受けられるので，図 4.7 に示す 3 つの回転円板が 2 本の弾性軸で結合されたねじり振動について検討する．

それぞれの**回転円板の慣性モーメント**を J_1, J_2, J_3，これらの回転を表す角度を $\theta_1, \theta_2, \theta_3$，またこれらを結合する弾性軸の**ねじり剛性**を K_1, K_2 とすると，運動方程式はつぎのようになる．

$$J_1\frac{d^2\theta_1}{dt^2} = -K_1(\theta_1-\theta_2) \tag{4.18}$$

$$J_2\frac{d^2\theta_2}{dt^2} = K_1(\theta_1-\theta_2) - K_2(\theta_2-\theta_3) \tag{4.19}$$

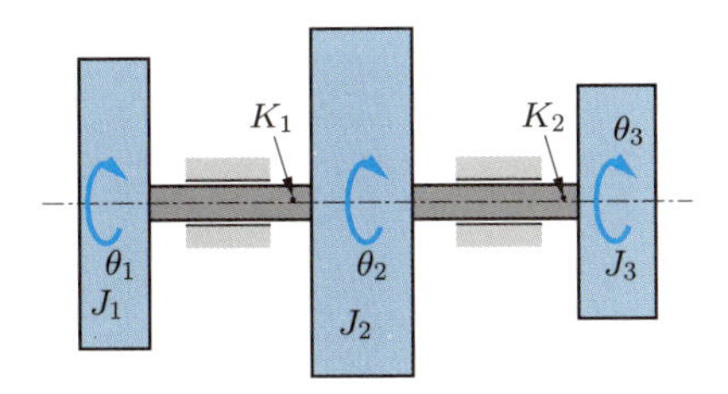

図 4.7　2 自由度のねじり振動系

$$J_3 \frac{d^2\theta_3}{dt^2} = K_2(\theta_2 - \theta_3) \tag{4.20}$$

これは 3 自由度ともいえるのであるが，**相対回転角** $(\theta_1 - \theta_2)$, $(\theta_2 - \theta_3)$ に注目すれば，2 自由度ということができる．

$$J_1 J_2 \left(\frac{d^2\theta_1}{dt^2} - \frac{d^2\theta_2}{dt^2} \right) = -K_1(\theta_1 - \theta_2)(J_1 + J_2) + K_2(\theta_2 - \theta_3)J_1 \tag{4.21}$$

$$J_2 J_3 \left(\frac{d^2\theta_2}{dt^2} - \frac{d^2\theta_3}{dt^2} \right) = K_1(\theta_1 - \theta_2)J_3 - K_2(\theta_2 - \theta_3)(J_2 + J_3) \tag{4.22}$$

$\theta_1 - \theta_2 = \phi_1$，$\theta_2 - \theta_3 = \phi_2$ とおくと，

$$\left. \begin{aligned} J_1 J_2 \frac{d^2\phi_1}{dt^2} + (J_1 + J_2)K_1\phi_1 - J_1 K_2 \phi_2 = 0 \\ J_2 J_3 \frac{d^2\phi_2}{dt^2} - J_3 K_1 \phi_1 + (J_2 + J_3)K_2\phi_2 = 0 \end{aligned} \right\} \tag{4.23}$$

となる．これは ϕ_1, ϕ_2 について式 (4.1) と同じ形である．

例題 4.3　図 4.8 に示すようなねじり振動系がある．ただし，図の円板 1, 2 の慣性モーメントは等しく J とする．また，ねじりのばね定数も等しく k_θ とする．ねじれ角をそれぞれ θ_1, θ_2 とする．

(1) このねじり振動系の運動方程式を求めよ．(2) 固有円振動数を求めよ．(3) 振動モードを求めよ．また，それを図示せよ．

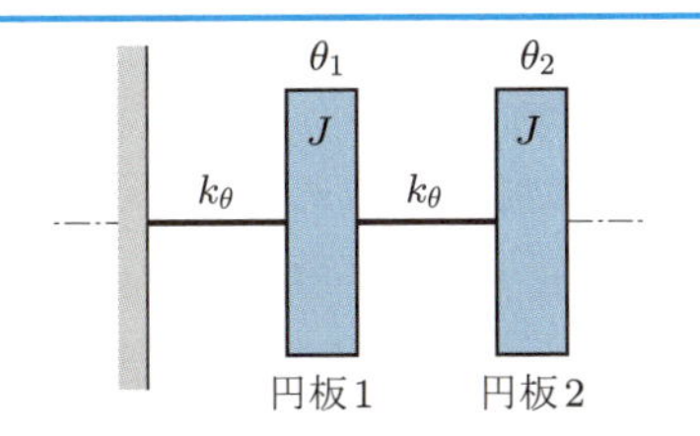

図 4.8　一端が固定されたねじり振動系

▶**解**　(1) 運動方程式はつぎのようになる．

$$\left. \begin{aligned} J\ddot{\theta}_1 + 2k_\theta\theta_1 - k_\theta\theta_2 = 0 \\ J\ddot{\theta}_2 - k_\theta\theta_1 + k_\theta\theta_2 = 0 \end{aligned} \right\}$$

(2) 上式を J で割り，この解を $\theta_1 = \Theta_1 e^{\lambda t}$, $\theta_2 = \Theta_2 e^{\lambda t}$ として代入し，さらに Θ_1, Θ_2 がともに 0 にならない解をもつためには，つぎの振動数方程式が得られる．

$$\begin{vmatrix} \lambda^2 + \dfrac{2k_\theta}{J} & -\dfrac{k_\theta}{J} \\ -\dfrac{k_\theta}{J} & \lambda^2 + \dfrac{k_\theta}{J} \end{vmatrix} = 0$$

よって,

$$\lambda^4 + \frac{3k_\theta}{J}\lambda^2 + \frac{{k_\theta}^2}{J^2} = 0$$

が得られる.これを解くと,

$$\lambda^2 = \frac{-(3k_\theta/J) \pm \sqrt{(3k_\theta/J)^2 - 4({k_\theta}^2/J^2)}}{2} = \left(\frac{-3 \pm \sqrt{5}}{2}\right)\frac{k_\theta}{J}$$

となる.$\lambda = \pm j\omega_1$, $\pm j\omega_2$ とおけるから,固有円振動数 ω_1, ω_2 は,

$$\omega_1 = \frac{\sqrt{5}-1}{2}\sqrt{\frac{k_\theta}{J}}, \qquad \omega_2 = \frac{\sqrt{5}+1}{2}\sqrt{\frac{k_\theta}{J}}$$

となる.

(3) 振動モードは,$\lambda = \pm j\omega_1$ のとき,

$$\left(\frac{\Theta_2}{\Theta_1}\right)_{\lambda=\pm j\omega_1} = \frac{-{\omega_1}^2 + 2k_\theta/J}{k_\theta/J} = \frac{-\left(\dfrac{\sqrt{5}-1}{2}\right)^2 + 2}{1} = \frac{1+\sqrt{5}}{2} = \frac{1}{0.618} = \frac{\Theta_{21}}{\Theta_{11}}$$

となる.また,$\lambda = \pm j\omega_2$ のとき,

$$\left(\frac{\Theta_2}{\Theta_1}\right)_{\lambda=\pm j\omega_2} = \frac{-{\omega_2}^2 + 2k_\theta/J}{k_\theta/J} = \frac{1-\sqrt{5}}{2} = \frac{-0.618}{1} = \frac{\Theta_{22}}{\Theta_{12}}$$

となる.ねじり角のモード形は,例題 4.1 の図 4.4 の X を Θ におき換えれば同じになる. ◁

例題 4.4 図 4.9 に示すような歯車でつながった回転軸がある.この軸系のねじり振動の固有円振動数を求めよ.いま,歯車 1〜4 の各慣性モーメントを $J_1 = 3J$, $J_2 = J$, $J_3 = 2J$, $J_4 = 4J$ とする.また,軸のねじり剛性は $K_1 = K_2 = K$ とする.さらに,歯車 2, 3 の歯数はそれぞれ 10 枚と 20 枚であるとする.

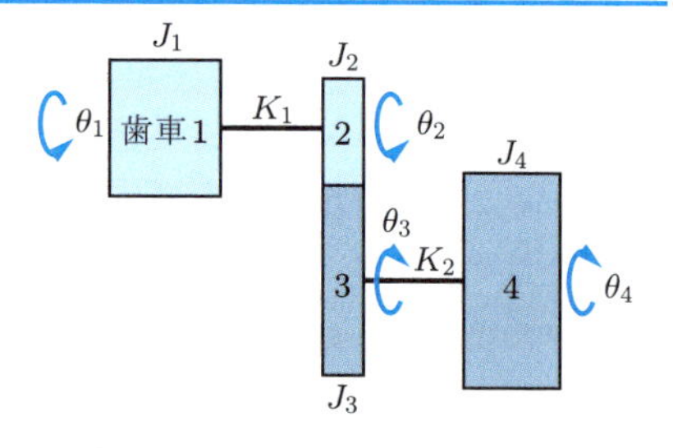

図 4.9 歯車でつながった回転軸図

▶解 図 4.9 のように一段減速された場合の軸系の運動方程式は,

$$\left.\begin{aligned} J_1\ddot{\theta}_1 + K_1(\theta_1 - \theta_2) &= 0 \\ J_2\ddot{\theta}_2 + K_1(\theta_2 - \theta_1) &= -r_2F \\ J_3\ddot{\theta}_3 + K_2(\theta_3 - \theta_4) &= r_3F \\ J_4\ddot{\theta}_4 + K_2(\theta_4 - \theta_3) &= 0 \end{aligned}\right\}$$

となる．ただし，r_2, r_3 は歯車 2, 3 のピッチ円半径，F は歯車 2 と 3 との間の作用円周力である．また，

$$\theta_3 = \left(\frac{r_2}{r_3}\right)\theta_2 = \left(\frac{z_2}{z_3}\right)\theta_2 = r\theta_2$$

の関係があり，z_2, z_3 は歯車 2, 3 の歯数である．また r は歯車比とよばれる．上式を使って，前述の運動方程式の F を消去すると，2 番目と 3 番目の式より

$$\left(J_2 + r^2 J_3\right)\ddot{\theta}_2 + K_1\left(\theta_2 - \theta_1\right) + K_2 r^2\left(\theta_2 - \frac{\theta_4}{r}\right) = 0$$

が得られる．また，4 番目の式は $\theta_3 = r\theta_2$ の関係を使って，両辺に r をかけて変形すると

$$r^2 J_4 \frac{\ddot{\theta}_4}{r} + r^2 K_2\left(\frac{\theta_4}{r} - \theta_2\right) = 0$$

が得られる．$\dfrac{\theta_4}{r}$ をあらためて θ_3 とおき換えると，

$$\left.\begin{aligned} & J_1\ddot{\theta}_1 + K_1(\theta_1 - \theta_2) = 0 \\ & (J_2 + r^2 J_3)\ddot{\theta}_2 + K_1(\theta_2 - \theta_1) + r^2 K_2(\theta_2 - \theta_3) = 0 \\ & r^2 J_4\ddot{\theta}_3 + r^2 K_2(\theta_3 - \theta_2) = 0 \end{aligned}\right\}$$

という運動方程式が得られ，図 4.9 のねじり系の回転軸は図 **4.10** に示すような慣性モーメント J_1, $J_2 + r^2 J_3$ および $r^2 J_4$ の 3 枚の円板と，ばね定数 K_1, $r^2 K_2$ の軸からなる回転軸と力学的に等価となる．

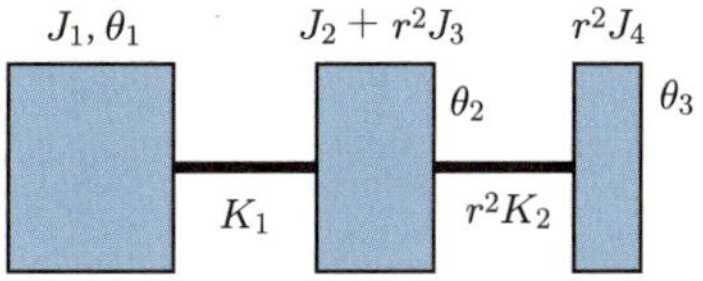

上式に具体的な値を入れると，次式が得られる．

$$\left.\begin{aligned} & 3J\ddot{\theta}_1 + K(\theta_1 - \theta_2) = 0 \\ & \frac{3}{2}J\ddot{\theta}_2 + K(\theta_2 - \theta_1) + \frac{K}{4}(\theta_2 - \theta_3) = 0 \\ & J\ddot{\theta}_3 + \frac{K}{4}(\theta_3 - \theta_2) = 0 \end{aligned}\right\}$$

図 **4.10** 力学的に等価な回転軸

本文の式 (4.18)〜(4.23) より，$\theta_1 - \theta_2 = \phi_1$, $\theta_2 - \theta_3 = \phi_2$ とすると

$$\left.\begin{aligned} & \frac{9}{2}J^2\ddot{\phi}_1 + \frac{9}{2}JK\phi_1 - 3J\frac{K}{4}\phi_2 = 0 \\ & \frac{3}{2}J^2\ddot{\phi}_2 - JK\phi_1 + \frac{5}{2}J\frac{K}{4}\phi_2 = 0 \end{aligned}\right\}$$

となる．変形すると，次式が得られる．

$$\left.\begin{aligned} & 18J\ddot{\phi}_1 + 18K\phi_1 - 3K\phi_2 = 0 \\ & 12J\ddot{\phi}_2 - 8K\phi_1 + 5K\phi_2 = 0 \end{aligned}\right\}$$

この解を $\phi_1 = \Phi_1 e^{\lambda t}$, $\phi_2 = \Phi_2 e^{\lambda t}$ として，上式に代入するとつぎの振動数方程式が得られる．

$$\begin{vmatrix} 18J\lambda^2 + 18K & -3K \\ -8K & 12J\lambda^2 + 5K \end{vmatrix} = 0$$

これを展開すると次式が得られる.

$$36J^2\lambda^4 + 51JK\lambda^2 + 11K^2 = 0$$

$$\therefore \quad \lambda^2 = \frac{-51JK \pm \sqrt{(51JK)^2 - 4 \times 36J^2 \times 11K^2}}{2 \times 36J^2} = -0.2654\frac{K}{J}, \quad -1.151\frac{K}{J}$$

$\lambda = \pm j\omega_1, \pm j\omega_2$ とおけるから，固有円振動数はつぎのようになる.

$$\omega_1 = \sqrt{0.2654}\sqrt{\frac{K}{J}} = 0.515\sqrt{\frac{K}{J}}, \quad \omega_2 = \sqrt{1.151}\sqrt{\frac{K}{J}} = 1.07\sqrt{\frac{K}{J}}$$ ◁

4.1.3 連成振動系

つぎに，図 4.11 に示すように剛体が**直線**（**上下**）**運動**と**回転運動**をする場合について考えてみよう．これは自動車の簡単な振動モデルとして考えられている．剛体の質量を m，重心 G のまわりの慣性モーメントを J，重心より l_1, l_2 の位置に取り付けられた 2 つのばねのばね定数を k_1, k_2 とする．重心の変位を x，微小回転角を θ とすると，重心の上下運動と重心のまわりの回転運動の方程式は，

$$\left.\begin{aligned} m\ddot{x} &= -k_1(x - l_1\theta) - k_2(x + l_2\theta) \\ J\ddot{\theta} &= k_1 l_1(x - l_1\theta) - k_2 l_2(x + l_2\theta) \end{aligned}\right\} \tag{4.24}$$

となり，両辺をそれぞれ m, J で割り，整理すると，

$$\left.\begin{aligned} \ddot{x} + ({\omega_{11}}^2 + {\omega_{12}}^2)x - ({\omega_{13}}^2 - {\omega_{14}}^2)\theta = 0 \\ \ddot{\theta} - ({\omega_{21}}^2 - {\omega_{22}}^2)x + ({\omega_{23}}^2 + {\omega_{24}}^2)\theta = 0 \end{aligned}\right\} \tag{4.25}$$

となる．ただし，${\omega_{11}}^2 = k_1/m$, ${\omega_{12}}^2 = k_2/m$, ${\omega_{13}}^2 = k_1 l_1/m$, ${\omega_{14}}^2 = k_2 l_2/m$, ${\omega_{21}}^2 = k_1 l_1/J$, ${\omega_{22}}^2 = k_2 l_2/J$, ${\omega_{23}}^2 = k_1 {l_1}^2/J$, ${\omega_{24}}^2 = k_2 {l_2}^2/J$ である．なお，ここで $\omega_{13} = \omega_{14}$, $\omega_{21} = \omega_{22}$ とならないために，$k_1 l_1 \neq k_2 l_2$ とする．

この解 x, θ を，式 (4.14)，(4.15) の関係を考慮して，$e^{\lambda t}$ の形にせず最初から

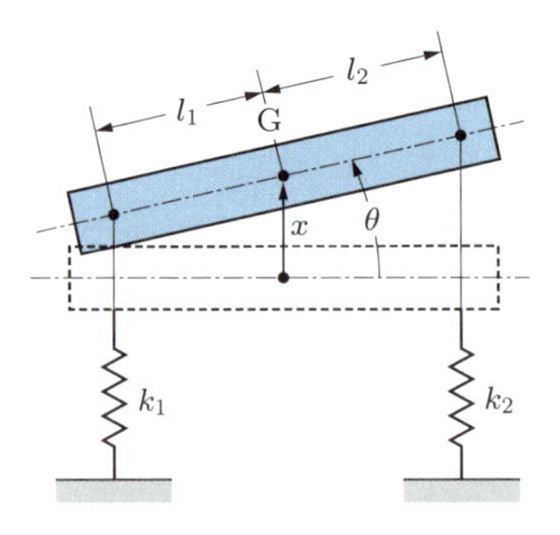

図 4.11 直線（上下）運動と回転運動

$$\left.\begin{aligned} x &= X\sin(\omega\,t+\phi) \\ \theta &= \Theta\sin(\omega\,t+\phi) \end{aligned}\right\} \tag{4.26}$$

とおき，式 (4.25) に代入し，$\sin(\omega\,t+\phi)$ を除くと，次式となる．

$$\left.\begin{aligned} &(-\omega^2+{\omega_{11}}^2+{\omega_{12}}^2)X-({\omega_{13}}^2-{\omega_{14}}^2)\Theta=0 \\ &-({\omega_{21}}^2-{\omega_{22}}^2)X+(-\omega^2+{\omega_{23}}^2+{\omega_{24}}^2)\Theta=0 \end{aligned}\right\} \tag{4.27}$$

ここで X と Θ がともに 0 とならない解をもつためには，

$$\begin{vmatrix} -\omega^2+{\omega_{11}}^2+{\omega_{12}}^2 & -{\omega_{13}}^2+{\omega_{14}}^2 \\ -{\omega_{21}}^2+{\omega_{22}}^2 & -\omega^2+{\omega_{23}}^2+{\omega_{24}}^2 \end{vmatrix}=0 \tag{4.28}$$

でなければならない．上式より以下の式を得ることができる．

$$\begin{aligned} &\omega^4-({\omega_{11}}^2+{\omega_{12}}^2+{\omega_{23}}^2+{\omega_{24}}^2)\omega^2+({\omega_{11}}^2+{\omega_{12}}^2)({\omega_{23}}^2+{\omega_{24}}^2) \\ &\qquad -({\omega_{13}}^2-{\omega_{14}}^2)({\omega_{21}}^2-{\omega_{22}}^2)=0 \end{aligned} \tag{4.29}$$

以上の式は振動数方程式とよばれる．この方程式を解いて固有円振動数を求めると，

$$\begin{aligned} {\omega_{n1}}^2,\ {\omega_{n2}}^2=\frac{1}{2}\Big\{&({\omega_{11}}^2+{\omega_{12}}^2+{\omega_{23}}^2+{\omega_{24}}^2) \\ &\mp\sqrt{({\omega_{11}}^2+{\omega_{12}}^2-{\omega_{23}}^2-{\omega_{24}}^2)^2+4({\omega_{13}}^2-{\omega_{14}}^2)({\omega_{21}}^2-{\omega_{22}}^2)}\Big\} \end{aligned} \tag{4.30}$$

となる．したがって，式 (4.26) の解は，$\omega=\omega_{n1}$ に対しては，

$$x_1=X_1\sin(\omega_{n1}t+\phi_1),\quad \theta_1=\Theta_1\sin(\omega_{n1}t+\phi_1)$$

となり，$\omega=\omega_{n2}$ に対しては，

$$x_2=X_2\sin(\omega_{n2}t+\phi_2),\ \theta_2=\Theta_2\sin(\omega_{n2}t+\phi_2)$$

となるから，振幅比はそれぞれ，

$$\left.\begin{aligned} \frac{\Theta_1}{X_1}&=\frac{-{\omega_{n1}}^2+{\omega_{11}}^2+{\omega_{12}}^2}{{\omega_{13}}^2-{\omega_{14}}^2}=\frac{{\omega_{21}}^2-{\omega_{22}}^2}{-{\omega_{n1}}^2+{\omega_{23}}^2+{\omega_{24}}^2}=\kappa_1 \\ \frac{\Theta_2}{X_2}&=\frac{-{\omega_{n2}}^2+{\omega_{11}}^2+{\omega_{12}}^2}{{\omega_{13}}^2-{\omega_{14}}^2}=\frac{{\omega_{21}}^2-{\omega_{22}}^2}{-{\omega_{n2}}^2+{\omega_{23}}^2+{\omega_{24}}^2}=\kappa_2 \end{aligned}\right\} \tag{4.31}$$

となる．図 4.1 の場合と同様にして，式 (4.30) の ${\omega_{n1}}^2, {\omega_{n2}}^2$ を式 (4.31) に代入すると κ_1, κ_2 を決定することができる．したがって，一般解 x, θ はそれぞれ，

$$\left.\begin{aligned} x&=X_1\sin(\omega_{n1}l+\phi_1)+X_2\sin(\omega_{n2}t+\phi_2) \\ \theta&=\kappa_1X_1\sin(\omega_{n1}t+\phi_1)+\kappa_2X_2\sin(\omega_{n2}t+\phi_2) \end{aligned}\right\} \tag{4.32}$$

となり，上式において X_1, X_2, ϕ_1, ϕ_2 の4個の未知数は $t = 0$ での初期条件，

$$x(0) = x_0,\ \ \dot{x}(0) = v_0,\ \ \theta(0) = \theta_0,\ \ \dot{\theta}(0) = \omega_0 \tag{4.33}$$

より決定できる．

このように**直線運動**と**回転運動**が組み合わされた場合は，これらの座標に関した連立微分方程式になっている．運動の状態がこのようになっているときを**連成** (coupled) とよび，この系を**連成振動系** (coupled vibration systems) という．

なお，$k_1 l_1 = k_2 l_2$ のときは，式 (4.25) から明らかなように x と θ はたがいに独立した運動方程式となり，影響をしあわない．これを**非連成** (uncoupled) という．

例題 4.5　図 4.12 に示すようにモデル化された天井走行クレーンが，振り子状の荷物をつり下げているとする．移動可能なクレーン本体 (クラブトロリとよぶ) の質量は M であり，左右からばね定数 k_1, k_2 のばねで支持されているとする．また，振り子状の荷物は l の長さでつり下げられ，荷物の質量は m とする．なお，振り子状の荷物の回転運動は微小と見なせるものとし，クレーン本体が走行するクレーンガーダは剛とする．

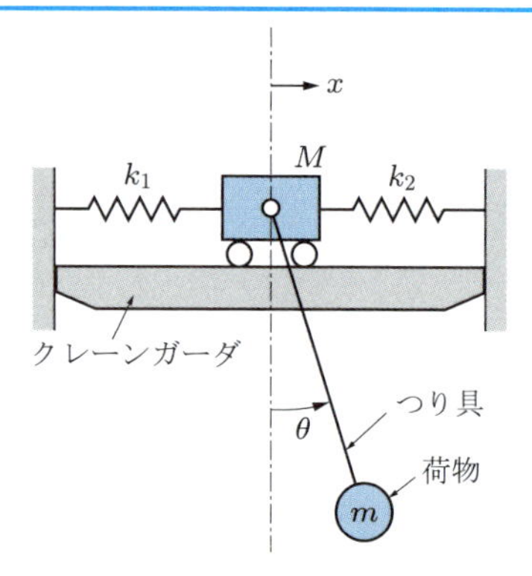

図 4.12　天井クレーンとつり荷物の振動モデル

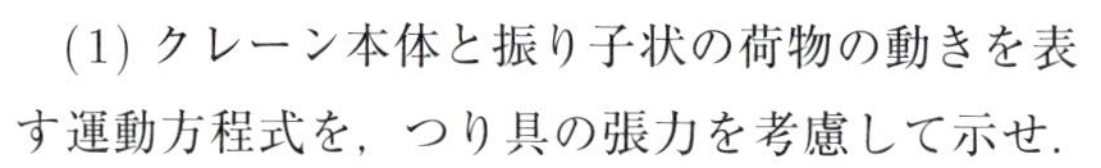

(1) クレーン本体と振り子状の荷物の動きを表す運動方程式を，つり具の張力を考慮して示せ．(2) この系の固有円振動数を求めよ．(3) クレーン本体と振り子状の荷物からなる系の振動モードを求めよ．具体的に $\sqrt{(k_1 + k_2)/M} = 10$, $\sqrt{g/l} = 1$, $m/M = 0.5$, $g = 9.8\ \mathrm{m/s^2}$ として，同相モードと逆相モードが存在することを示せ．

▶**解**　(1) つり具の張力を T とすると，クレーン本体の運動方程式は，

$$M\ddot{x} + (k_1 + k_2)x = T \sin\theta$$

となる．一方，つり下げられた荷物の運動方程式は次式となる．

$$m(l\ddot{\theta} + \ddot{x}\cos\theta) = -mg\sin\theta$$

また，つり具の張力 T は，次式で表される．

$$T = mg\cos\theta - m\ddot{x}\sin\theta$$

θ を微小とすると，クレーン本体の運動方程式は，

$$M\ddot{x} + (k_1 + k_2)x = mg\sin\theta\cos\theta - m\ddot{x}\sin^2\theta \cong mg\theta - m\ddot{x}\theta^2 \cong mg\theta$$

となる．つり下げられた荷物の運動方程式は，同じく θ を微小とすると，

$$l\ddot{\theta} + \ddot{x} = -g\theta$$

となる．

(2) 上式の 2 つの運動方程式を連立 2 階の微分方程式として解くことにする．解を $x = Xe^{\lambda t}$, $\theta = \Theta e^{\lambda t}$ とし，これらを上式に代入すると，次式が得られる．

$$\left.\begin{aligned} &M\lambda^2 Xe^{\lambda t} + (k_1 + k_2)Xe^{\lambda t} - mg\Theta e^{\lambda t} = 0 \\ &l\lambda^2 \Theta e^{\lambda t} + \lambda^2 Xe^{\lambda t} + g\Theta e^{\lambda t} = 0 \end{aligned}\right\}$$

ここで，${\omega_1}^2 = (k_1 + k_2)/M$, $\mu = m/M$, ${\omega_2}^2 = g/l$ とおいて，上式を整理するとつぎのような振動数方程式を得る．

$$\begin{vmatrix} \lambda^2 + {\omega_1}^2 & -\mu g \\ \lambda^2 & l(\lambda^2 + {\omega_2}^2) \end{vmatrix} = 0$$

これより，

$$\lambda^4 + ({\omega_1}^2 + {\omega_2}^2 + \mu{\omega_2}^2)\lambda^2 + {\omega_1}^2{\omega_2}^2 = 0$$

が得られる．よって，

$$\begin{aligned} \lambda^2 &= \frac{1}{2}\left\{-({\omega_1}^2 + {\omega_2}^2 + \mu{\omega_2}^2) \pm \sqrt{({\omega_1}^2 + {\omega_2}^2 + \mu{\omega_2}^2)^2 - 4{\omega_1}^2{\omega_2}^2}\right\} \\ &= \frac{1}{2}\left\{-({\omega_1}^2 + {\omega_2}^2 + \mu{\omega_2}^2) \pm \sqrt{({\omega_1}^2 - {\omega_2}^2 + \mu{\omega_2}^2)^2 + 4\mu{\omega_2}^4}\right\} \end{aligned}$$

となり，λ^2 は負の実数であることがわかる．$\lambda = \pm j{\omega_1}^c$, $\pm j{\omega_2}^c$ とおけるから，連成振動系の固有円振動数 ${\omega_1}^c$, ${\omega_2}^c$ はつぎのようになる．

$${\omega_1}^c = \frac{1}{\sqrt{2}}\left\{({\omega_1}^2 + {\omega_2}^2 + \mu{\omega_2}^2) - \sqrt{({\omega_1}^2 - {\omega_2}^2 + \mu{\omega_2}^2)^2 + 4\mu{\omega_2}^4}\right\}^{1/2}$$

$${\omega_2}^c = \frac{1}{\sqrt{2}}\left\{({\omega_1}^2 + {\omega_2}^2 + \mu{\omega_2}^2) + \sqrt{({\omega_1}^2 - {\omega_2}^2 + \mu{\omega_2}^2)^2 + 4\mu{\omega_2}^4}\right\}^{1/2}$$

(3) 振動モードは，

$$\begin{aligned} \left(\frac{\Theta}{X}\right)_{\lambda=\pm j{\omega_1}^c} &= \frac{-\left({\omega_1}^c\right)^2 + {\omega_1}^2}{\mu g} \\ &= \frac{-\left({\omega_1}^2 + {\omega_2}^2 + \mu{\omega_2}^2\right) + \sqrt{\left({\omega_1}^2 - {\omega_2}^2 + \mu{\omega_2}^2\right) + 4\mu{\omega_2}^4} + 2{\omega_1}^2}{2\mu g} \\ &= \frac{-(100 + 1 + 0.5) + \sqrt{(100 - 1 + 0.5)^2 + 4 \times 0.5} + 200}{2 \times 0.5 \times 9.8} = \frac{1}{0.0495} \end{aligned}$$

$$\left(\frac{\Theta}{X}\right)_{\lambda=\pm j{\omega_2}^c} = \frac{-\left({\omega_2}^c\right)^2 + {\omega_1}^2}{\mu g} = \frac{-1.01}{9.8} = \frac{-0.103}{1}$$

となり，1 次モードは同相で，クレーンの移動する向きにつり荷物も動く．2 次モードは逆相で，クレーンの移動する向きと反対の向きにつり荷物は動く． ◁

以上では，減衰のある自由振動について述べなかったが，ダンパなどの減衰がある場合もばねと同じように連成する．このようなことを考慮して，最も一般的な連成自由振動の運動方程式を示すとつぎのようになる．

$$\left.\begin{aligned} a_{11}\frac{d^2x_1}{dt^2}+b_{11}\frac{dx_1}{dt}+c_{11}x_1+a_{12}\frac{d^2x_2}{dt^2}+b_{12}\frac{dx_2}{dt}+c_{12}x_2=0 \\ a_{21}\frac{d^2x_1}{dt^2}+b_{21}\frac{dx_1}{dt}+c_{21}x_1+a_{22}\frac{d^2x_2}{dt^2}+b_{22}\frac{dx_2}{dt}+c_{22}x_2=0 \end{aligned}\right\} \tag{4.34}$$

上式の特別な場合として，ばねだけで連成している場合は，

$$\left.\begin{aligned} a_{11}\frac{d^2x_1}{dt^2}+c_{11}x_1+c_{12}x_2=0 \\ a_{22}\frac{d^2x_2}{dt^2}+c_{21}x_1+c_{22}x_2=0 \end{aligned}\right\} \tag{4.35}$$

となる．このような場合を**変位連成**，あるいは**静連成** (statically coupled) という．$\dfrac{dx_1}{dt}$, $\dfrac{dx_2}{dt}$ で連成している場合を**速度連成**，$\dfrac{d^2x_1}{dt^2}$, $\dfrac{d^2x_2}{dt^2}$ で連成している場合を**加速度連成**といい，両者は**動連成** (dynamically coupled) ともいう．

4.2　減衰のない強制振動

図4.13に示すように，質量 m_1 の質点に調和外力 $F_0 \sin\omega t$ が作用する場合を考える．

このときの運動方程式は，

$$\left.\begin{aligned} m_1\ddot{x}_1 &= -k_1x_1-k_2(x_1-x_2)+F_0\sin\omega t \\ m_2\ddot{x}_2 &= -k_2(x_2-x_1) \end{aligned}\right\} \tag{4.36}$$

となる．この式を解くのに，より一般化して $F_0\sin\omega t$ のかわりに $F_0e^{j\omega t}$ を用い，その虚部をとることによって解を得ることにする．式 (4.36) は，

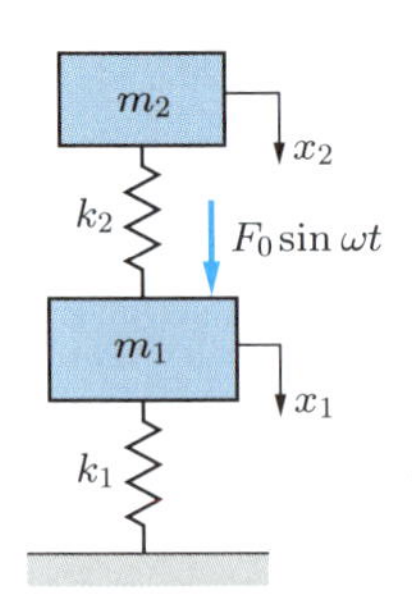

図4.13　減衰のない2自由度系の強制振動

$$\left.\begin{aligned} m_1\ddot{x}_1 + (k_1 + k_2)\,x_1 - k_2 x_2 = F_0 e^{j\omega\,t} \\ m_2\ddot{x}_2 - k_2 x_1 + k_2 x_2 = 0 \end{aligned}\right\} \tag{4.37}$$

と書きなおせる．式 (4.37) の両辺を m_1, m_2 で割り，整理すると，

$$\left.\begin{aligned} \ddot{x}_1 + ({\omega_{11}}^2 + {\omega_{12}}^2)x_1 - {\omega_{12}}^2 x_2 = \frac{F_0}{m_1}e^{j\omega t} \\ \ddot{x}_2 - {\omega_{22}}^2 x_1 + {\omega_{22}}^2 x_2 = 0 \end{aligned}\right\} \tag{4.38}$$

となる．ここで，${\omega_{11}}^2 = k_1/m_1$, ${\omega_{12}}^2 = k_2/m_1$, ${\omega_{22}}^2 = k_2/m_2$ である．この式の解を，X_1, X_2 を未知定数として，

$$\left.\begin{aligned} x_1 = X_1 e^{j\omega t} \\ x_2 = X_2 e^{j\omega t} \end{aligned}\right\} \tag{4.39}$$

とおき，この式を式 (4.38) に代入し，両辺より $e^{j\omega t}$ を除くと，

$$\left.\begin{aligned} (-\omega^2 + {\omega_{11}}^2 + {\omega_{12}}^2)X_1 - {\omega_{12}}^2 X_2 = \frac{F_0}{m_1} \\ -{\omega_{22}}^2 X_1 + (-\omega^2 + {\omega_{22}}^2)X_2 = 0 \end{aligned}\right\} \tag{4.40}$$

を得る．この式を解いて X_1, X_2 を求めると，X_1, X_2 は，

$$\left.\begin{aligned} X_1 = \frac{\left\{1 - \left(\dfrac{\omega}{\omega_{22}}\right)^2\right\} X_{st}}{D} \\ X_2 = \frac{X_{st}}{D} \end{aligned}\right\} \tag{4.41}$$

となる．ここで，

$$D = \left\{1 - \left(\frac{\omega}{\omega_{11}}\right)^2\right\}\left\{1 - \left(\frac{\omega}{\omega_{22}}\right)^2\right\} - \alpha\left(\frac{\omega}{\omega_{11}}\right)^2$$

$$\alpha = \frac{m_2}{m_1}, \qquad X_{st} = \frac{F_0}{k_1}$$

である．調和外力 $F_0 \sin\omega\,t$ に対する解 x_1, x_2 は，式 (4.39) の虚部を取り出すことによって得られる．すなわち，

$$\left.\begin{aligned} x_1 = \frac{\left\{1 - \left(\dfrac{\omega}{\omega_{22}}\right)^2\right\} X_{st}}{D}\sin\omega t \\ x_2 = \frac{X_{st}}{D}\sin\omega t \end{aligned}\right\} \tag{4.42}$$

となる．X_{st} に対する X_1, X_2 の**振幅倍率** $M_1 = X_1/X_{st}$, $M_2 = X_2/X_{st}$ は図 **4.14** のようになる．

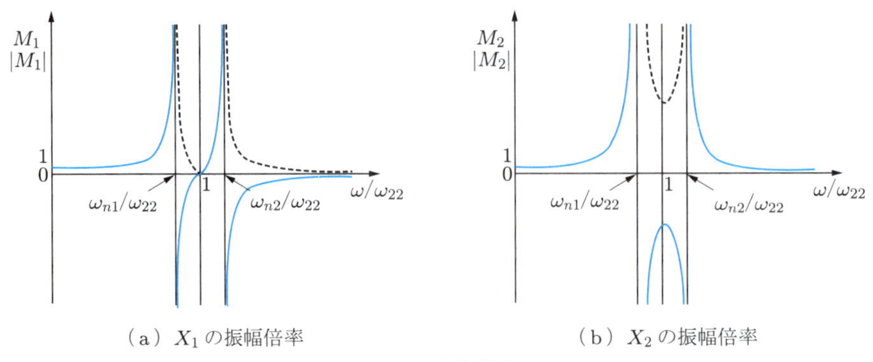

（a）X_1 の振幅倍率　　（b）X_2 の振幅倍率

図 4.14 振幅倍率

図 4.14 は**周波数応答曲線** (frequency response curve) ともよばれる．ここで，図の固有円振動数 ω_{n1}, ω_{n2} は $D=0$ とおき，これを解いて得られる．ここで破線は絶対値を示す．

つぎに図 4.13 において，m_1 を機械の質量として，調和外力 $F_0 \sin\omega t$ が作用しているものと考える．この m_1, k_1 からなる振動系を**主振動系**と考え，これに m_2, k_2 からなる**副振動系**を取り付けることにより，主振動系の振動を抑制することを考える．

式 (4.41) で，$\omega = \omega_{22}$ とすると，

$$\left.\begin{aligned} X_1 &= 0 \\ X_2 &= -\frac{X_{st}}{\alpha\left(\dfrac{\omega_{22}}{\omega_{11}}\right)^2} = -\frac{F_0}{k_2} \end{aligned}\right\} \tag{4.43}$$

となるから，主振動系の m_1 は静止し，副振動系の m_2 は，

$$x_2 = -\frac{F_0}{k_2}\sin\omega_{22}t \tag{4.44}$$

となり，調和外力と反対方向に振動することになる．副振動系の固有円振動数 ω_{22} を調和外力の強制円振動数 ω に等しくとれば，主質量 m_1 は静止する．これが**動吸振器** (dynamic absorber，または dynamic damper) **の原理**である．ここで，$\omega = \omega_{22}$ を**反共振振動数** (anti-resonance frequency) とよび，図 4.14 の $|M_1|$ の振幅倍率が谷となる現象を**反共振** (anti-resonance) という．このように，主振動系の機械に加わっている強制円振動数 ω に対して，$\omega_{22} = \omega$ となるように m_2, k_2 の値を定めて，副振動系を取り付ければ，主振動系 m_1 を静止させることができる．

例題 4.6　図 4.15 に示すように 2 個の質量 m の質点を 3 個のばねで連結した振動系が存在する．つぎの問いに答えよ．ただし，ばね定数は，それぞれ k, $2k$, k であるとする．

(1) この振動系の固有円振動数，振動モードを求めよ．(2) $F_0 \sin \omega t$ なる調和外力が上部質点に作用するとき，この上部質点が動かないための外力の円振動数 ω を求めよ．(3) この振動数のときの下部質点の振幅を求めよ．

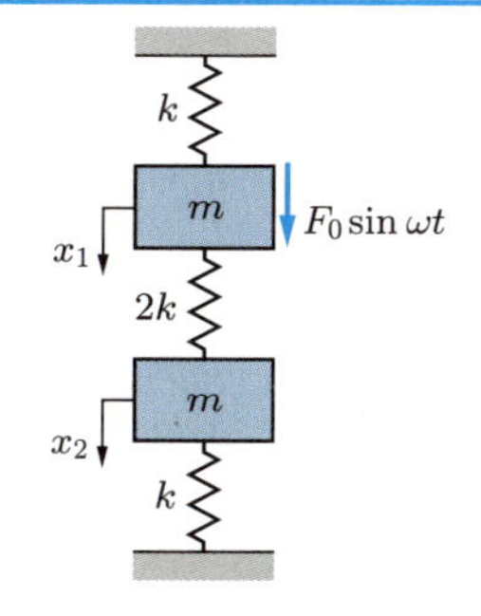

図 4.15　3 個のばねで支えられた 2 自由度系の強制振動

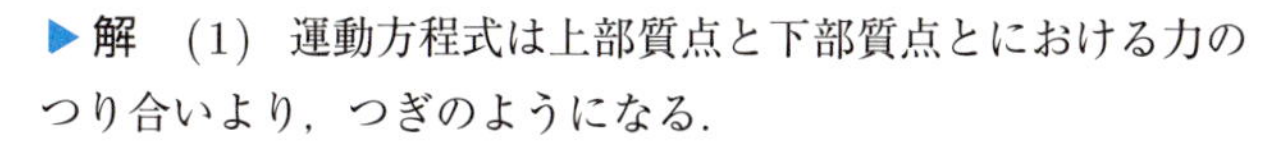

▶**解**　(1)　運動方程式は上部質点と下部質点とにおける力のつり合いより，つぎのようになる．

$$m\ddot{x}_1 = -kx_1 - 2k(x_1 - x_2)$$
$$m\ddot{x}_2 = -kx_2 - 2k(x_2 - x_1)$$

これを整理し，解を $x_1 = X_1 e^{\lambda t}$, $x_2 = X_2 e^{\lambda t}$ として，上式に代入すると，つぎの振動数方程式が得られる．

$$\begin{vmatrix} m\lambda^2 + 3k & -2k \\ -2k & m\lambda^2 + 3k \end{vmatrix} = 0$$

これより，

$$m^2\lambda^4 + 6km\lambda^2 + 5k^2 = 0$$

を得る．この式を解くと，

$$\lambda^2 = -\frac{k}{m}, \quad -5\frac{k}{m}$$

を得る．$\lambda = \pm j\omega_1$, $\pm j\omega_2$ とおけるから，固有円振動数はつぎのようになる．

$$\omega_1 = \sqrt{\frac{k}{m}}, \ \omega_2 = \sqrt{\frac{5k}{m}}$$

また，振動モードは，

$$\left(\frac{X_2}{X_1}\right)_{\lambda=\pm j\omega_1} = \frac{-m{\omega_1}^2 + 3k}{2k} = \frac{1}{1} = \frac{X_{21}}{X_{11}}$$
$$\left(\frac{X_2}{X_1}\right)_{\lambda=\pm j\omega_2} = \frac{-m{\omega_2}^2 + 3k}{2k} = \frac{-1}{1} = \frac{X_{22}}{X_{12}}$$

となり，x_1, x_2 が同相に振動する場合と逆相に振動する場合がある．

(2)　上部質点に $F_0 \sin \omega t$ なる調和外力が作用したときの運動方程式は，つぎのようになる．

$$\left.\begin{aligned} m\ddot{x}_1 + 3kx_1 - 2kx_2 &= F_0 \sin \omega t \\ m\ddot{x}_2 - 2kx_1 + 3kx_2 &= 0 \end{aligned}\right\}$$

上式の強制運動の解を $x_1 = X_1 \sin\omega t,\ x_2 = X_2 \sin\omega t$ とおき，これらを上式に代入し，

$$\left.\begin{aligned}(3k - m\omega^2)X_1 - 2kX_2 = F_0 \\ -2kX_1 + (3k - m\omega^2)X_2 = 0\end{aligned}\right\}$$

を得る．上式で上部質点が動かないための条件は，$X_1 = 0$ である．上式の2番目の式にこれを代入すると，$(3k - m\omega^2)X_2 = 0$ を得る．この式で $X_2 = 0$ となれば，物理的に無意味な自明な解となるので，

$$3k - m\omega^2 = 0$$

でなければならない．これより $X_1 = 0$ となるときの調和外力の円振動数は，

$$\omega = \sqrt{\frac{3k}{m}}$$

でなければならない．

(3) 強制円振動数 ω が $\sqrt{3k/m}$ であるときの下部質点の振幅は，前述の運動方程式の1番目の式に $\omega = \sqrt{3k/m}$ を代入すると，次式のように得られる．

$$X_2 = -\frac{F_0}{2k}$$

上式の負号は，下部質点と調和外力の位相差が逆相，すなわち π の差があることを表している． ◁

4.3 減衰のある強制振動

減衰のある強制振動 (forced vibration of damped systems) の代表例として，図 4.16 に示す減衰のある**動吸振器** (dynamic absorber) を考える．

この運動方程式は，

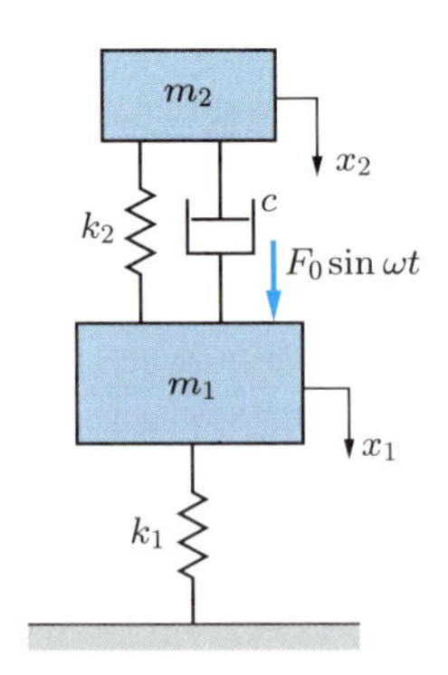

図 4.16 粘性減衰のある2自由度系の強制振動

$$\left.\begin{aligned} m_1\ddot{x}_1 &= -c(\dot{x}_1-\dot{x}_2)-k_1x_1-k_2(x_1-x_2)+F_0\sin\omega\, t \\ m_2\ddot{x}_2 &= -c(\dot{x}_2-\dot{x}_1)-k_2(x_2-x_1) \end{aligned}\right\} \tag{4.45}$$

となる．$F_0\sin\omega t$ が作用するときの定常応答は，

$$\left.\begin{aligned} x_1 &= X_1\sin(\omega t+\phi_1) \\ x_2 &= X_2\sin(\omega t+\phi_2) \end{aligned}\right\}$$

と解を仮定することにより解くことができるが，ここではより一般化して，複素ベクトル表示で求めることにする．式 (4.45) をそれぞれ，m_1, m_2 で割り，$\sin\omega t$ を $e^{j\omega t}$ でおき換えると，次式が得られる．

$$\left.\begin{aligned} &\ddot{x}_1+2\alpha\zeta\omega_{22}(\dot{x}_1-\dot{x}_2)+({\omega_{11}}^2+{\omega_{12}}^2)x_1-{\omega_{12}}^2x_2=\frac{F_0}{m_1}e^{j\omega t} \\ &\ddot{x}_2+2\zeta\omega_{22}(\dot{x}_2-\dot{x}_1)+{\omega_{22}}^2(x_2-x_1)=0 \end{aligned}\right\} \tag{4.46}$$

ただし，$\zeta=\dfrac{c}{2\sqrt{m_2k_2}}, \alpha=\dfrac{m_2}{m_1}$ であり，${\omega_{11}}^2=\dfrac{k_1}{m_1}, {\omega_{12}}^2=\dfrac{k_2}{m_1}, {\omega_{22}}^2=\dfrac{k_2}{m_2}$ である．式 (4.46) の解を，

$$\left.\begin{aligned} x_1 &= X_1e^{j\omega t} \\ x_2 &= X_2e^{j\omega t} \end{aligned}\right\} \tag{4.47}$$

とすると，これを式 (4.46) の運動方程式に代入し，両辺より $e^{j\omega t}$ を除けば，

$$\left.\begin{aligned} &(-\omega^2+{\omega_{11}}^2+{\omega_{12}}^2)X_1-{\omega_{12}}^2X_2+2j\alpha\zeta\omega_{22}\omega(X_1-X_2)=\frac{F_0}{m_1} \\ &-{\omega_{22}}^2X_1+(-\omega^2+{\omega_{22}}^2)X_2+2j\zeta\omega_{22}\omega(X_2-X_1)=0 \end{aligned}\right\} \tag{4.48}$$

となる．上式より，X_1, X_2 を求めれば，

$$\left.\begin{aligned} X_1 &= \frac{\left\{1-\left(\dfrac{\omega}{\omega_{22}}\right)^2+2j\zeta\left(\dfrac{\omega}{\omega_{22}}\right)\right\}X_{st}}{D} \\ X_2 &= \frac{\left\{1+2j\zeta\left(\dfrac{\omega}{\omega_{22}}\right)\right\}X_{st}}{D} \end{aligned}\right\} \tag{4.49}$$

が得られる．ただし，

$$\begin{aligned} D=&\left\{1-\left(\frac{\omega}{\omega_{11}}\right)^2\right\}\left\{1-\left(\frac{\omega}{\omega_{22}}\right)^2\right\}-\alpha\left(\frac{\omega}{\omega_{11}}\right)^2 \\ &+2j\zeta\left(\frac{\omega}{\omega_{22}}\right)\left\{1-(1+\alpha)\left(\frac{\omega}{\omega_{11}}\right)^2\right\} \end{aligned}$$

である．このように X_1, X_2 は複素数となるので，$\bar{X}_1, \bar{X}_2$ を x_1, x_2 の実振幅，ϕ_1, ϕ_2 を $f = F_0 \sin\omega\,t$ に対する位相差とすれば，

$$\left.\begin{aligned} X_1 &= \bar{X}_1\, e^{j\phi_1} \\ X_2 &= \bar{X}_2 e^{j\phi_2} \end{aligned}\right\} \tag{4.50}$$

となり，式 (4.47) はつぎのように表される．

$$\left.\begin{aligned} x_1 &= X_1\, e^{j\omega\,t} = \bar{X}_1\, e^{j\phi_1} e^{j\omega\,t} = \bar{X}_1\, e^{j(\omega\,t+\phi_1)} \\ x_2 &= X_2 e^{j\omega\,t} = \bar{X}_2 e^{j\phi_2} e^{j\omega\,t} = \bar{X}_2 e^{j(\omega\,t+\phi_2)} \end{aligned}\right\} \tag{4.51}$$

なお，調和外力が $f = F_0 \sin\omega t$ であれば，振動応答の x_1, x_2 は，式 (4.51) の虚部のみを抽出して求めることができる．

$$\left.\begin{aligned} x_1 &= \bar{X}_1 \sin(\omega\,t + \phi_1) \\ x_2 &= \bar{X}_2 \sin(\omega\,t + \phi_2) \end{aligned}\right\} \tag{4.52}$$

式 (4.49)，(4.50) より，X_{st} に対する $\bar{X}_1, \bar{X}_2$ の振幅倍率は，

$$\frac{\bar{X}_1}{X_{st}} = \frac{\sqrt{\left\{1-\left(\dfrac{\omega}{\omega_{22}}\right)^2\right\}^2 + \left\{2\zeta\left(\dfrac{\omega}{\omega_{22}}\right)\right\}^2}}{\sqrt{\left[\left\{1-\left(\dfrac{\omega}{\omega_{11}}\right)^2\right\}\left\{1-\left(\dfrac{\omega}{\omega_{22}}\right)^2\right\} - \alpha\left(\dfrac{\omega}{\omega_{11}}\right)^2\right]^2 + \left[\left\{2\zeta\left(\dfrac{\omega}{\omega_{22}}\right)\right\}\left\{1-(1+\alpha)\left(\dfrac{\omega}{\omega_{11}}\right)^2\right\}\right]^2}}$$

(上式続き)

$$\frac{\bar{X}_2}{X_{st}} = \frac{\sqrt{1 + \left\{2\zeta\left(\dfrac{\omega}{\omega_{22}}\right)\right\}^2}}{\sqrt{\left[\left\{1-\left(\dfrac{\omega}{\omega_{11}}\right)^2\right\}\left\{1-\left(\dfrac{\omega}{\omega_{22}}\right)^2\right\} - \alpha\left(\dfrac{\omega}{\omega_{11}}\right)^2\right]^2 + \left[\left\{2\zeta\left(\dfrac{\omega}{\omega_{22}}\right)\right\}\left\{1-(1+\alpha)\left(\dfrac{\omega}{\omega_{11}}\right)^2\right\}\right]^2}} \tag{4.53}$$

(上式続き)

となる．また，位相角は，それぞれ次式のように得られる．

$$\phi_1 = \tan^{-1}\left[\frac{-2\zeta\alpha\left(\dfrac{\omega}{\omega_{11}}\right)^2\left(\dfrac{\omega}{\omega_{22}}\right)^3}{\left\{1-\left(\dfrac{\omega}{\omega_{22}}\right)^2\right\}\left[\left\{1-\left(\dfrac{\omega}{\omega_{11}}\right)^2\right\}\left\{1-\left(\dfrac{\omega}{\omega_{22}}\right)^2\right\}-\alpha\left(\dfrac{\omega}{\omega_{11}}\right)^2\right]}\right.$$

$$
(\text{上式続き}) \qquad \overline{\qquad\qquad + \left\{2\zeta\left(\dfrac{\omega}{\omega_{22}}\right)\right\}^2\left\{1-(1+\alpha)\left(\dfrac{\omega}{\omega_{11}}\right)^2\right\}} \Bigg]
$$

$$
\phi_2 = \tan^{-1}\left[\frac{-2\zeta\left\{1-\left(\dfrac{\omega}{\omega_{11}}\right)^2\right\}\left(\dfrac{\omega}{\omega_{22}}\right)^3}{\left\{1-\left(\dfrac{\omega}{\omega_{11}}\right)^2\right\}\left\{1-\left(\dfrac{\omega}{\omega_{22}}\right)^2\right\}-\alpha\left(\dfrac{\omega}{\omega_{11}}\right)^2}\right.
$$

$$
(\text{上式続き}) \qquad \left.\overline{\qquad\qquad + \left\{2\zeta\left(\dfrac{\omega}{\omega_{22}}\right)\right\}^2\left\{1-(1+\alpha)\left(\dfrac{\omega}{\omega_{11}}\right)^2\right\}}\right] \tag{4.54}
$$

動吸振器の設計とは，**副振動系**の m_2, c, k_2 の調整によって ω_{22}, α, ζ を調整し，機械本体である**主振動系**の m_1, k_1 を固定したまま，できるかぎり振幅 $\bar{X}_1$ を小さくすることである．

図 4.17 は $\omega_{11} = \omega_{22}$, $\alpha = 1/20$ のときの $\bar{X}_1/X_{st}$ を ζ をパラメータとして描いたものである．$\zeta = 0$ のとき，円振動数の 2 点で振幅は無限大となり，その中間部で，振幅が 0 になる点が存在する．$\zeta = \infty$ のとき，m_1 と m_2 は結合され，一体となって運動する．

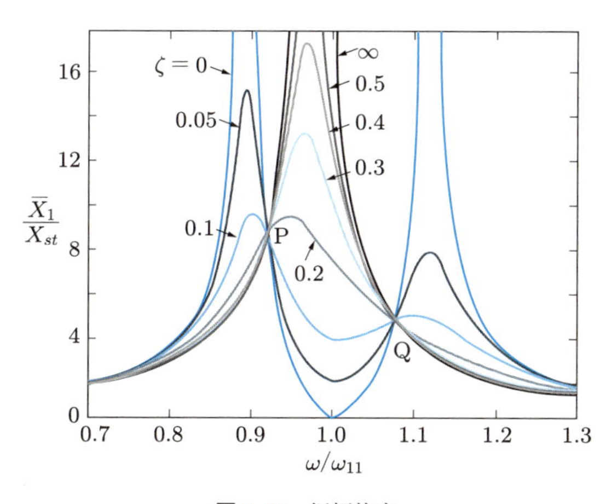

図 4.17　振幅倍率

4.4 動吸振器の設計

動吸振器の最適設計とは，強制振動させる外力が広い振動数範囲で変化しても，主振動系の振動をつねに小さく保つことである．そのためには，図 4.17 の点 P と点 Q の高さを等しく，かつこの点で曲線が極大になるように主振動系と副振動系の固有振動数比，および減衰を定めてやればよい．

式 $(4.53)_1$ で $\zeta = 0, \infty$ とおいて，両者を等しいとおき，図 4.17 の交点 P, Q の横軸を決める．さらに，点 P, Q の縦軸の値が等しいという条件により，

$$\frac{\omega_{11}}{\omega_{22}} = 1 + \alpha \tag{4.55}$$

を得る．つぎに，極大にする条件は，一方の点で振幅を極大にすると他方の点では極大とならず，少し離れた点で極大となる．すなわち，点 P と点 Q で同時に極大となるような ζ の値は存在しない．しかし，点 P および点 Q を極大にする ζ の値は，通常用いられる α の値に対しては，それほど差がないので，これらを平均して求めると次式のようになる．

$$\zeta = \sqrt{\frac{3\alpha}{8(1+\alpha)}} \tag{4.56}$$

なお，ここでは動吸振器の減衰比の定義を $\zeta = c/2\sqrt{m_2 k_2}$ $(= c/(2m_2\omega_{22}))$ としたが，$\zeta = c/(2m_2\omega_{11})$ と定義するとき，

$$\zeta = \sqrt{\frac{3\alpha}{8(1+\alpha)^3}} \tag{4.57}$$

となる．

例題 4.7 式 (4.55) が成立することを証明せよ．

▶解 式 $(4.53)_1$ において $\zeta = 0$ とすると，図 4.13 で示した減衰のない 2 自由度系の強制振動の場合に相当し，その振動変位は式 (4.42) より，

$$\left(\frac{X_1}{X_{st}}\right)_{\zeta=0} = \frac{1-(\omega/\omega_{22})^2}{(D)_{\zeta=0}}$$

となる．このときの振幅倍率は図 4.14 の実線で表される．第 1 の共振点 ω_{n1} で位相が π だけ変化している．さらに，ω_{n2} でまた π だけ位相が変化していることがわかる．

一方，$\zeta = \infty$ とすると，m_1 と m_2 が固着した状態になり，減衰のない 1 自由度系の強制振動となる．本文の図 3.19 に示されるように，振動応答変位は，式 (3.67) より，

$$\left(\frac{X_1}{X_{st}}\right)_{\zeta=\infty} = \frac{1}{1-(\omega/\omega_n)^2} = \frac{1}{1-(1+\alpha)(\omega/\omega_{11})^2}$$

となる．ここで，$\omega_n = \sqrt{k_1/(m_1+m_2)}$ である．このときの振幅倍率は，図 3.20 に示すように，ω_n で位相が π だけ変化している．

図 4.17 の点 P と点 Q は，点 P は ω_{n1} と ω_n の間にあり，点 Q は ω_n と ω_{n2} の間にあることがわかるので，図 4.14 と図 3.20 の位相を考慮した曲線とが交わるためには，両者は異符号でなければならない．これより，

$$\frac{1-(\omega/\omega_{22})^2}{\{1-(\omega/\omega_{11})^2\}\{1-(\omega/\omega_{22})^2\}-\alpha(\omega/\omega_{11})^2} = -\frac{1}{1-(1+\alpha)(\omega/\omega_{11})^2}$$

となる．これを変形すると，

$$(2+\alpha)\left(\frac{\omega_{11}}{\omega_{22}}\right)^2\left(\frac{\omega}{\omega_{11}}\right)^4 - 2\left\{1+\alpha+\left(\frac{\omega_{11}}{\omega_{22}}\right)^2\right\}\left(\frac{\omega}{\omega_{11}}\right)^2 + 2 = 0$$

が得られる．この $(\omega/\omega_{11})^2$ に関する 2 次方程式を解くと次式が得られる．

$$\left(\frac{\omega}{\omega_{11}}\right)^2 = \frac{1+\alpha+(\omega_{11}/\omega_{22})^2 \pm \sqrt{(1+\alpha)^2+(\omega_{11}/\omega_{22})^4-2(\omega_{11}/\omega_{22})^2}}{(2+\alpha)(\omega_{11}/\omega_{22})^2}$$

この 2 つの根を $(\omega/\omega_{11})_{\mathrm{P}}$, $(\omega/\omega_{11})_{\mathrm{Q}}$ とする．これを上式の $(X_1/X_{st})_{\zeta=\infty}$ に代入して，この場合も異符号の関係にあることに注意して解くと，図 4.17 の点 P と点 Q の高さを等しくすることができる．すなわち，

$$\frac{1}{1-(1+\alpha)(\omega/\omega_{11})_{\mathrm{P}}{}^2} = -\frac{1}{1-(1+\alpha)(\omega/\omega_{11})_{\mathrm{Q}}{}^2}$$

が得られる．これより

$$(\omega/\omega_{11})_{\mathrm{P}}{}^2 + (\omega/\omega_{11})_{\mathrm{Q}}{}^2 = \frac{2}{1+\alpha}$$

となり，$(\omega/\omega_{11})_{\mathrm{P}}$, $(\omega/\omega_{11})_{\mathrm{Q}}$ に具体的な値を代入すると，次式が得られる．

$$\frac{2\left\{1+\alpha+(\omega_{11}/\omega_{22})^2\right\}}{(2+\alpha)(\omega_{11}/\omega_{22})^2} = \frac{2}{1+\alpha}$$

これより，次式が得られる．

$$\frac{\omega_{11}}{\omega_{22}} = 1+\alpha$$

なお，本文の式 $(4.53)_1$ を使って $(X_1/X_{st})_{\zeta=0}$ と $(X_1/X_{st})_{\zeta=\infty}$ とを等しくして解いてもよい．$\zeta=0$ と ∞ では平方根号をはずすことができるが，両者を異符号にして解けば解が得られる．同符号のときは $\omega=0$ の解が得られる．すなわち，図 4.17 の $\omega=0$ での両者の交点を与えることになる． ◁

なお，式 (4.56) に対する平均化しない値は，式 $(4.53)_1$ を，

$$\frac{d}{d(\omega/\omega_{11})^2}\left(\frac{\bar{X}_1}{X_{st}}\right) = 0 \tag{4.58}$$

とし，これを解くことによって得られるが，詳細な検討は参考文献 [12] を参照されたい．

例題 4.8 主振動系の質量，ばね定数がそれぞれ m_1, k_1 であるとする．$\alpha = m_2/m_1 = 1/5$ が与えられるとき，広い範囲の調和外力の振動数に対して最適の動吸振器を設計せよ．

▶**解** 点 P と点 Q が等しい振幅になる条件より次式が得られる．

$$\frac{\omega_{11}}{\omega_{22}} = 1 + \alpha = 1.2$$

上式より ω_{22} は ω_{11} で表されるので，$\omega_{11} = \sqrt{k_1/m_1}$ であるから k_2 も決まる．また点 P と点 Q で別々に極値をとる条件の平均値より，

$$\zeta = \sqrt{\frac{3\alpha}{8(1+\alpha)}} = 0.25$$

となり，そのときの振幅倍率は，式 (4.53) にこの ζ の値を代入して ω/ω_{11} を変数として求めることができる．この関係は図 4.18 のようになり，広い振動数範囲で，振動倍率が平坦になっていることがわかる． ◁

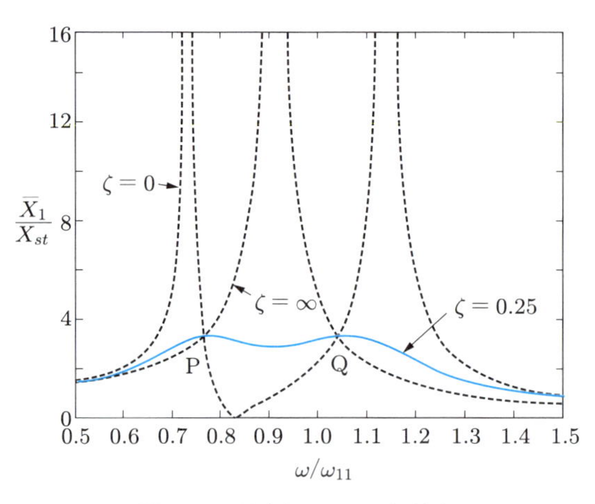

図 4.18 最適化された振幅倍率

演習問題

4.1 連成振動について，その物理的意味を説明せよ．

4.2 図 **4.19** に示す 2 自由度系について，つぎの問いに答えよ．

(1) この系の運動方程式を求めよ．(2) この系が初期条件以外に外部からの影響を受けないときの振動現象を何とよぶか．(3) 振動数方程式を求めよ．(4) 固有円振動数を求めよ．(5) 図 4.19 の系の質量 m_1 をもつ質点に調和外力 $F_0 \sin \omega t$ が作用するとき，その運動方程式を求めよ．(6) このように調和外力が作用して生じるときの振動現象を何とよぶか．(7) この調和外力が作用するときの解 x_1, x_2 を求めよ．

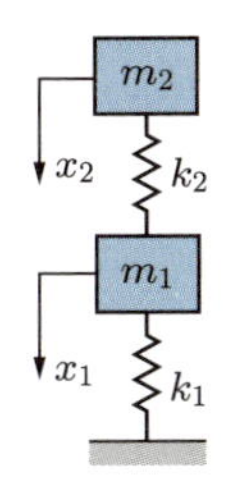

図 **4.19**　2 自由度系

4.3 図 4.13 に示すような 2 自由度の振動系において，質量 m_1 をもつ質点 1 に調和外力 $F_0 \sin \omega t$ が作用している．

(1) 質点 1 の振動変位 x_1 を 0，すなわち静止させるためには，ω はどのような値を選べばよいか．(2) また，このときの質量 m_2 をもつ質点 2 の振動変位 x_2 を求めよ．(3) 調和外力と質点 2 の振動変位との間にどのような関係があるのか検討し，質点 1 を静止させることができる理由を説明せよ．また，このように円振動数 ω に応じて，m_2, k_2 の値を定めれば，m_1 を静止させることができることになる．この原理を何というか．

4.4 図 **4.20** に示すようなつり具の長さが等しく，質量の異なる 2 つの振り子がばねで連結されている．この連成振り子の固有振動数と振り子の質点の振幅比を求めよ．

4.5 図 **4.21** に示すように，つり具の長さが異なる 2 つの振り子がばねで連結されている．この連成振り子の固有振動数と振り子の質点の振幅比を求めよ．

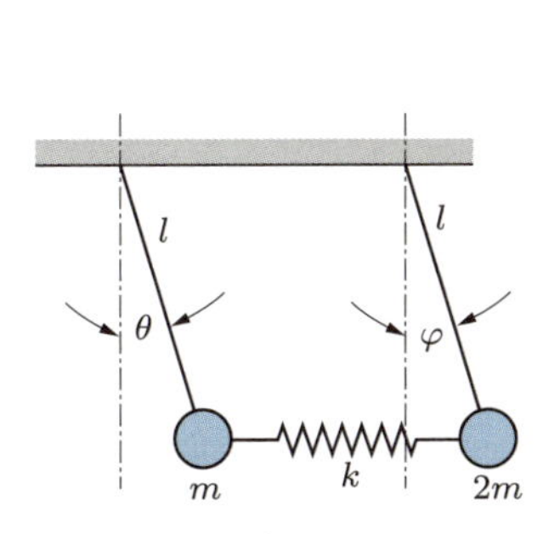

図 **4.20**　ばねで連結された質量の異なる 2 つの振り子

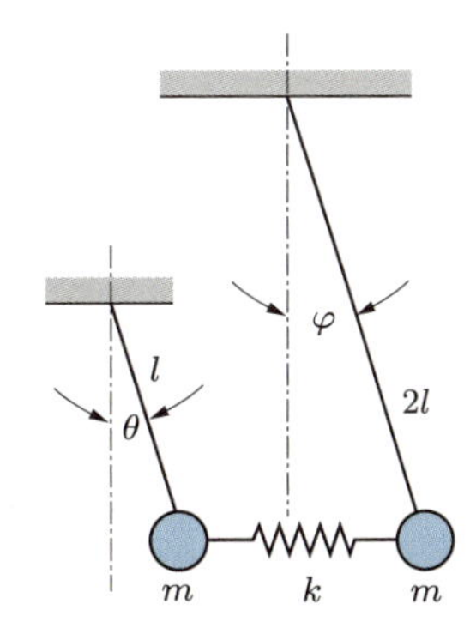

図 **4.21**　ばねで連結されたつり具の長さが異なる 2 つの振り子

4.6 図 4.19 に示す 2 自由度の振動系において，$m_1 = m_2 = 1$ kg, $k_1 = k_2 = 10$ kN/m であるとする．つぎの問いに答えよ．

(1) 固有振動数を求めよ．(2) 固有モードを求めよ．

4.7 図 4.22 に示すような自動車または車両において，つぎの問いに答えよ．ただし，車体は剛体とし，質量を m とする．G は重心点でそのまわりの慣性モーメントを J とする．車体は 2 つのばねで支えられているとし，そのばね定数はそれぞれ，k_F, k_R とする．なお，ばねの支持位置は図中に示すとおりである．

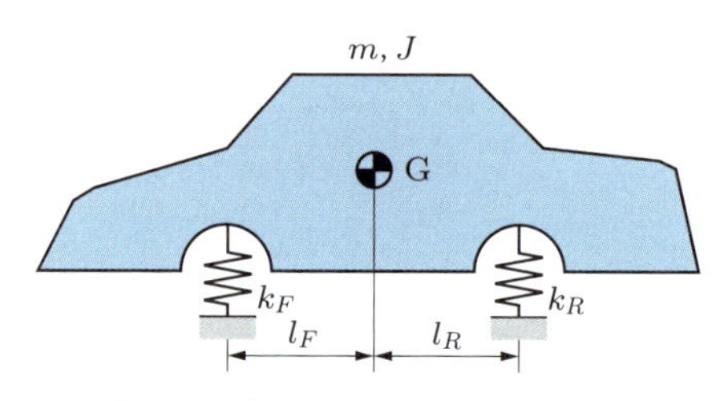

図 4.22 自動車 (車両) の振動モデル

(1) 運動方程式を求めよ．(2) 自由度はいくらか．(3) 運動が連成するときと，しないときの条件を述べよ．(4) 固有振動数を求めよ．(5) 連成するとして，固有振動モードを求めよ．

第5章 多自由度系の振動

この章では運動方程式を求めるのに，**ニュートンの第2法則を用いた場合**と**ラグランジュの方程式**による場合を述べ，ラグランジュの方程式を使うと非常に容易になることを示す．また，行列 (マトリックス)・ベクトル表示し，**モード解析法** (modal analysis) の適用について説明する．

5.1 多自由度系の運動方程式

5.1.1 減衰のない場合

第3章，第4章では，それぞれ1自由度系および2自由度系の振動について述べた．2自由度以上は多自由度であるが，ここではより一般的に**多自由度系** (multi-degree-of-freedom systems) **の振動**について扱う．

図 5.1 のような直線振動する $\boldsymbol{n}$ **質点の多自由度系の振動**の運動方程式は，重力の作用による平衡点の位置から求めると，

$$\left.\begin{aligned}
&m_1\ddot{x}_1 + (k_1 + k_2)x_1 - k_2x_2 = F_1\\
&m_2\ddot{x}_2 - k_2x_1 + (k_2 + k_3)x_2 - k_3x_3 = F_2\\
&\qquad\vdots\\
&m_i\ddot{x}_i - k_ix_{i-1} + (k_i + k_{i+1})x_i - k_{i+1}x_{i+1} = F_i \quad (i = 3, 4, \cdots, n-1)\\
&\qquad\vdots\\
&m_n\ddot{x}_n - k_nx_{n-1} + (k_n + k_{n+1})x_n = F_n
\end{aligned}\right\} \tag{5.1}$$

となる．

上式を**行列 (マトリックス)・ベクトル表示**すると

$$[M]\{\ddot{x}\} + [K]\{x\} = \{f\} \tag{5.2}$$

となる．ここで，$[M]$, $[K]$ は n 行 n 列の**質量行列**および**剛性行列**，$\{x\}$, $\{\ddot{x}\}$ および $\{f\}$ はそれぞれ**変位ベクトル**，**加速度ベクトル**および**外力ベクトル**である．これらは以下のように表される．なお，本書では，[ ] は行列を，{ }は縦ベクトルを表す．

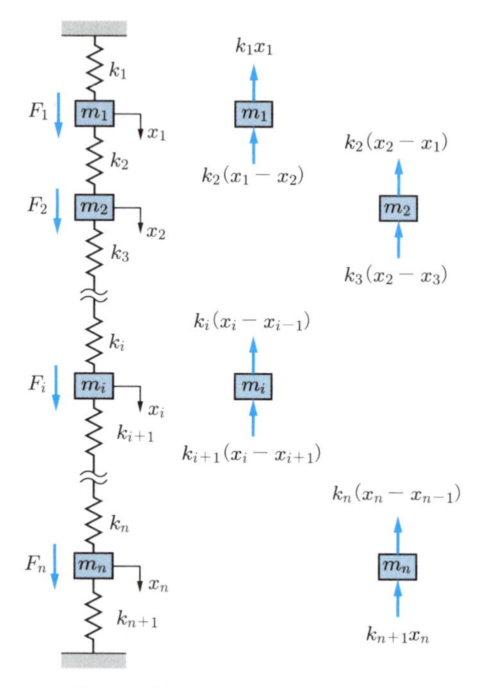

図 5.1　質量，ばねからなる n 自由度系

$$\left.\begin{aligned}
[M] &= \begin{bmatrix} m_1 & 0 & 0 & \cdots & 0 & 0 \\ 0 & m_2 & 0 & \cdots & 0 & 0 \\ 0 & 0 & m_3 & \cdots & 0 & 0 \\ \vdots & \vdots & \vdots & \ddots & \vdots & \vdots \\ 0 & 0 & 0 & \cdots & 0 & m_n \end{bmatrix} \\
[K] &= \begin{bmatrix} k_1 + k_2 & -k_2 & 0 & \cdots & 0 & 0 \\ -k_2 & k_2 + k_3 & -k_3 & \cdots & 0 & 0 \\ 0 & -k_3 & k_3 + k_4 & \cdots & 0 & 0 \\ \vdots & \vdots & \vdots & \ddots & & \vdots \\ \vdots & \vdots & \vdots & & \ddots & \vdots \\ 0 & 0 & 0 & \cdots & -k_n & k_n + k_{n+1} \end{bmatrix}
\end{aligned}\right\} \tag{5.3}$$

$$\{x\} = \begin{Bmatrix} x_1 \\ x_2 \\ x_3 \\ \vdots \\ x_n \end{Bmatrix}, \quad \{\ddot{x}\} = \begin{Bmatrix} \ddot{x}_1 \\ \ddot{x}_2 \\ \ddot{x}_3 \\ \vdots \\ \ddot{x}_n \end{Bmatrix}, \quad \{f\} = \begin{Bmatrix} F_1 \\ F_2 \\ F_3 \\ \vdots \\ F_n \end{Bmatrix} \qquad \text{(5.3 続き)}$$

つぎに**多自由度系のねじり振動**について述べる．4.1 節で 3 つの円板をもつ 2 自由度系のねじり振動を取り扱ったが，実際の機械にはより多くの円板状の回転部分があることが多い．

いま，図 **5.2** のように弾性軸で連結された n 個の円板のねじり振動を考える．J_i と θ_i $(i = 1, 2, \ldots, n)$ を各円板の慣性モーメントとねじり角，k_i $(i = 1, 2, \ldots, n-1)$ を各弾性軸のねじり方向のばね定数，すなわちねじりこわさ (剛さ) とし，いずれの円板にも加振トルクが作用しないものとすれば，それぞれの円板について，つぎの運動方程式が成り立つ．

$$\left.\begin{aligned} J_1\ddot{\theta}_1 &= \quad k_1(\theta_2 - \theta_1) \\ J_2\ddot{\theta}_2 &= -k_1(\theta_2 - \theta_1) + k_2(\theta_3 - \theta_2) \\ J_3\ddot{\theta}_3 &= \qquad\qquad\qquad - k_2(\theta_3 - \theta_2) + k_3(\theta_4 - \theta_3) \\ &\quad\vdots \\ J_n\ddot{\theta}_n &= \qquad\qquad\qquad\qquad\qquad - k_{n-1}(\theta_n - \theta_{n-1}) \end{aligned}\right\} \qquad (5.4)$$

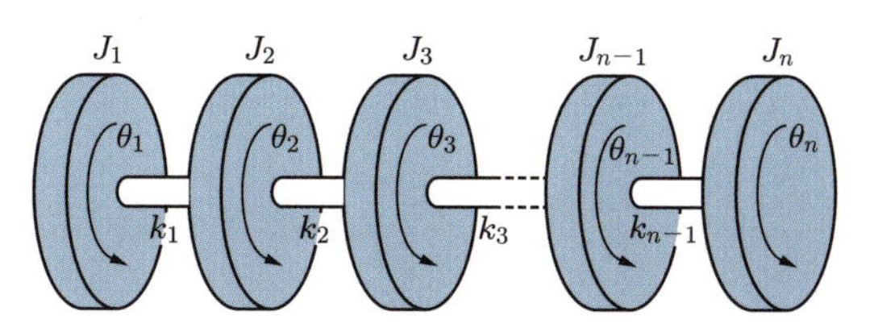

図 **5.2** 多数の円板を有する回転弾性軸

軸の弾性による復元トルクは作用と反作用による内力で，対をなして存在する．したがって式 (5.4) の各式を加えると，

$$\sum_{i=1}^{n} J_i\ddot{\theta}_i = 0 \qquad (5.5)$$

となる．すなわち**摩擦のない軸受に支えられて両端自由の条件のとき**，回転する系の全慣性トルクは 0 である．この回転系は加振トルクが作用しない自由振動する場合で

あるが，$\theta_i = A_i \sin \omega t$ とおけば，式 (5.4) は，

$$
\left.
\begin{aligned}
-J_1 A_1 \omega^2 &= k_1(A_2 - A_1) \\
-J_2 A_2 \omega^2 &= -k_1(A_2 - A_1) + k_2(A_3 - A_2) \\
&\vdots \\
-J_n A_n \omega^2 &= -k_{n-1}(A_n - A_{n-1})
\end{aligned}
\right\}
\tag{5.6}
$$

となる．この式を式 (5.5) の条件のもとに解いて ω^2 と $A_1, A_2, \ldots, A_n$ が求められれば，この多自由度系のねじり振動の固有円振動数と振動モードが決定できる．具体的な数値計算法として，**ホルツァー法** (Holzer's method) があり，ω を仮定して式 (5.6) を解き，式 (5.5) が成立するまで反復すれば解ける．なお，式 (5.4) は自由振動の式であるが，各円板に加振トルクを加えれば，式 (5.1) に相当する式が得られ，式 (5.2), (5.3) と同様の行列・ベクトル表示が可能である．

5.1.2　減衰のある場合

図 5.3 に示す n 質点の多自由度の振動系が，質量，減衰器およびばねで構成されているとする．この振動系の運動方程式は，重力の作用による平衡点の位置から求めると，

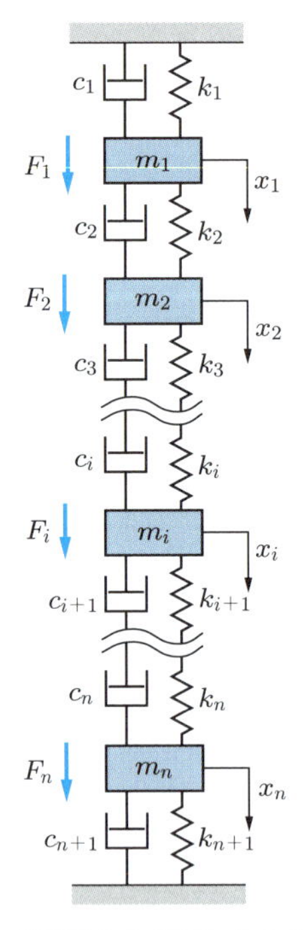

図 5.3　質量，減衰器およびばねからなる n 自由度系

$$
\left.
\begin{aligned}
&m_1\ddot{x}_1 + (c_1 + c_2)\dot{x}_1 - c_2\dot{x}_2 + (k_1 + k_2)x_1 - k_2x_2 = F_1 \\
&m_2\ddot{x}_2 - c_2\dot{x}_1 + (c_2 + c_3)\dot{x}_2 - c_3\dot{x}_3 - k_2x_1 + (k_2 + k_3)x_2 - k_3x_3 = F_2 \\
&\qquad\qquad\vdots \\
&m_i\ddot{x}_i - c_i\dot{x}_{i-1} + (c_i + c_{i+1})\dot{x}_i - c_{i+1}\dot{x}_{i+1} - k_ix_{i-1} \\
&\qquad + (k_i + k_{i+1})x_i - k_{i+1}x_{i+1} = F_i \quad (i = 3, 4, \cdots, n-1) \\
&\qquad\qquad\vdots \\
&m_n\ddot{x}_n - c_n\dot{x}_{n-1} + (c_n + c_{n+1})\dot{x}_n - k_nx_{n-1} + (k_n + k_{n+1})x_n = F_n
\end{aligned}
\right\} \tag{5.7}
$$

となる．この式を，行列・ベクトル表示すると，

$$
[M]\{\ddot{x}\} + [C]\{\dot{x}\} + [K]\{x\} = \{f\} \tag{5.8}
$$

となる．ここで，$[M]$, $[K]$ および $\{x\}$, $\{\ddot{x}\}$ は式 (5.3) で与えられるとおりである．また，$[C]$ は n 行 n 列の**減衰行列**，$\{\dot{x}\}$ は**速度ベクトル**である．これらは以下のように表される．

$$
\left.
\begin{aligned}
&[C] = \begin{bmatrix}
c_1 + c_2 & -c_2 & 0 & \cdots & 0 & 0 \\
-c_2 & c_2 + c_3 & -c_3 & \cdots & 0 & 0 \\
0 & -c_3 & c_3 + c_4 & \cdots & 0 & 0 \\
\vdots & \vdots & \vdots & \ddots & & \vdots \\
\vdots & \vdots & \vdots & & \ddots & \vdots \\
0 & 0 & 0 & \cdots & -c_n & c_n + c_{n+1}
\end{bmatrix} \\
&\{\dot{x}\} = \begin{bmatrix} \dot{x}_1 & \dot{x}_2 & \cdots & \dot{x}_n \end{bmatrix}^T \quad ([\ ]^T：\text{転置ベクトル})
\end{aligned}
\right\} \tag{5.9}
$$

5.2 ラグランジュの方程式

多自由度系の運動方程式は上述の方法で得られるが，系が複雑になれば**ラグランジュの方程式** (Lagrange's equation) を用いて求めたほうが便利である．

前述の図 5.3 の n 質点の**多自由度系の運動エネルギー** T は，

$$
T = \frac{1}{2}\sum_{i=1}^{n} m_i\dot{x}_i{}^2 \tag{5.10}
$$

である．ところで，δ_{ij} をクロネッカーのデルタ ($i = j$ のとき 1，$i \neq j$ のとき 0) とすると，上式は，

$$T = \frac{1}{2}\sum_{i=1}^{n}\dot{x}_i m_i \dot{x}_i = \frac{1}{2}\sum_{i=1}^{n}\dot{x}_i\left(\sum_{j=1}^{n}\delta_{ij}m_j\dot{x}_j\right) \tag{5.11}$$

のように変形できる．式 (5.11) の ( ) 内を $\dot{y}_i$ とおくと，

$$\dot{y}_i = \sum_{j=1}^{n}\delta_{ij}m_j\dot{x}_j \tag{5.12}$$

という新しい速度が定義できる，この $\dot{y}_i$ を要素とするベクトル $\{\dot{y}\}$ は

$$\{\dot{y}\} = \begin{Bmatrix} \sum_{j=1}^{n}\delta_{1j}m_j\dot{x}_j \\ \sum_{j=1}^{n}\delta_{2j}m_j\dot{x}_j \\ \vdots \\ \vdots \\ \sum_{j=1}^{n}\delta_{n\,j}m_j\dot{x}_j \end{Bmatrix} = \begin{bmatrix} m_1 & 0 & \cdots & \cdots & \cdots & 0 \\ 0 & m_2 & \cdots & \cdots & \cdots & \vdots \\ \vdots & \vdots & & & & \vdots \\ \vdots & \vdots & & \ddots & & \vdots \\ \vdots & \vdots & & & & 0 \\ 0 & \cdots & \cdots & \cdots & 0 & m_n \end{bmatrix} \begin{Bmatrix} \dot{x}_1 \\ \dot{x}_2 \\ \vdots \\ \vdots \\ \vdots \\ \dot{x}_n \end{Bmatrix}$$
$$= [M]\{\dot{x}\} \tag{5.13}$$

となる．式 (5.12) を式 (5.11) に代入し，さらに式 (5.13) を利用すると式 (5.10) の T は

$$T = \frac{1}{2}\sum_{i=1}^{n}\dot{x}_i\dot{y}_i = \frac{1}{2}\{\dot{x}\}^T\{\dot{y}\}$$
$$\therefore\ T = \frac{1}{2}\{\dot{x}\}^T[M]\{\dot{x}\} \tag{5.14}$$

となる．ここに，添字 ^{T} は転置を表す記号である．

ばね k_i の両端につながっている質量 m_{i-1} と m_i の変位が x_{i-1} と x_i なので，ばね k_i の伸びは $(x_i - x_{i-1})$ である．このばねのポテンシャルエネルギー U_i は，

$$U_i = \frac{1}{2}k_i(x_i - x_{i-1})^2 \quad (i = 1, 2, \ldots, n+1) \tag{5.15}$$

となるので，**すべてのばねによるポテンシャルエネルギー** U は，

$$U = \sum_{i=1}^{n+1}U_i = \frac{1}{2}\sum_{i=1}^{n+1}k_i(x_i - x_{i-1})^2 \tag{5.16}$$

である．ただし，$x_0 = x_{n+1} = 0$ である．ところで式 (5.16) の右辺は，

$$\sum_{i=1}^{n+1}k_i(x_i - x_{i-1})^2$$
$$= k_1{x_1}^2 + k_2(x_2 - x_1)^2 + k_3(x_3 - x_2)^2 + \cdots + k_i(x_i - x_{i-1})^2 + \cdots$$

$$
\begin{aligned}
&+ k_n(x_n - x_{n-1})^2 + k_{n+1}{x_n}^2 \\
&= x_1(k_1+k_2)x_1 + x_2(k_2+k_3)x_2 + \cdots + x_n(k_n+k_{n+1})x_n \\
&\quad - (x_1k_2x_2 + x_2k_2x_1) - (x_2k_3x_3 + x_3k_3x_2) - \cdots - (x_{n-1}k_nx_n + x_nk_nx_{n-1}) \\
&= x_1\{(k_1+k_2)x_1 - k_2x_2\} + x_2\{(k_2+k_3)x_2 - k_2x_1 - k_3x_3\} + \cdots \\
&\quad + x_i\{(k_i+k_{i+1})x_i - k_ix_{i-1} - k_{i+1}x_{i+1}\} + \cdots \\
&\quad + x_n\{(k_n+k_{n+1})x_n - k_nx_{n-1}\} \\
&= [x_1 \quad x_2 \quad \cdots \quad x_n]
\begin{bmatrix}
k_1+k_2 & -k_2 & 0 & \cdots & 0 & 0 \\
-k_2 & k_2+k_3 & -k_3 & \cdots & 0 & 0 \\
\vdots & \vdots & \ddots & & & \vdots \\
\vdots & \vdots & & \ddots & & \vdots \\
\vdots & \vdots & & & \ddots & \vdots \\
0 & 0 & 0 & \cdots & -k_n & k_n+k_{n+1}
\end{bmatrix}
\begin{Bmatrix} x_1 \\ x_2 \\ \vdots \\ \vdots \\ \vdots \\ x_n \end{Bmatrix}
\end{aligned}
\tag{5.17}
$$

と変形できる．式 (5.17) の行列は式 $(5.3)_2$ の $[K]$ そのものであるので，

$$U = \frac{1}{2}\{x\}^T[K]\{x\} \tag{5.18}$$

と書ける．

減衰器 c_i の両端につながっている質量 m_{i-1} と m_i の相対速度は $(\dot{x}_i - \dot{x}_{i-1})$ であるので，この減衰器によって発生する力は $c_i(\dot{x}_1 - \dot{x}_{i-1})$ となり，つぎの関数 F_{di} を定義する．一般に F で表現されるが，外力の定義とまぎらわしいので，ここでは添字 $_d$ をつけて F_d と表現する．

$$F_{di} = \frac{1}{2}c_i(\dot{x}_i - \dot{x}_{i-1})^2 \tag{5.19}$$

この F_{di} を $(\dot{x}_i - \dot{x}_{i-1})$ で微分すると，減衰器によって発生する力になる．式 (5.19) をすべての $i\ (= 1, 2, \ldots, n+1)$ について和をとり，

$$F_d = \sum_{i=1}^{n+1} F_{di} = \frac{1}{2}\sum_{i=1}^{n+1} c_i(\dot{x}_i - \dot{x}_{i-1})^2 \tag{5.20}$$

とする．ただし，$\dot{x}_0 = \dot{x}_{n+1} = 0$ である．式 (5.20) の総和をとる部分の式の形は，式 (5.17) とすべて同じであるので，

$$\sum_{i=1}^{n+1} c_i(\dot{x}_i - \dot{x}_{i-1})^2$$

$$
= [\dot{x}_1 \quad \dot{x}_2 \quad \cdots \quad \dot{x}_n]
\begin{bmatrix}
c_1+c_2 & -c_2 & 0 & \cdots & 0 & 0 \\
-c_2 & c_2+c_3 & -c_3 & \cdots & 0 & 0 \\
\vdots & \vdots & \ddots & & & \vdots \\
\vdots & \vdots & & \ddots & & \vdots \\
\vdots & \vdots & & & \ddots & \vdots \\
0 & 0 & 0 & \cdots & -c_n & c_n+c_{n+1}
\end{bmatrix}
\begin{Bmatrix}
\dot{x}_1 \\ \dot{x}_2 \\ \vdots \\ \vdots \\ \vdots \\ \dot{x}_n
\end{Bmatrix}
$$

$$
= \{\dot{x}\}^T [C] \{\dot{x}\} \tag{5.21}
$$

となる．したがって，

$$
F_d = \frac{1}{2} \{\dot{x}\}^T [C] \{\dot{x}\} \tag{5.22}
$$

を得る．

式 (5.20) にもどって，質量 m_{i-1} と m_i との間の相対速度 $(\dot{x}_i - \dot{x}_{i-1})$ を $\dot{y}_i$ とすると，式 (5.20) の関数 F_d はつぎのように書ける．

$$
F_d = \frac{1}{2} \sum_{i=1}^{n+1} c_i \, \dot{y}_i{}^2 \tag{5.23}
$$

一方，質量 m_i に作用する減衰器 c_i の減衰力は $-c_i(\dot{x}_i - \dot{x}_{i-1}) = -c_i \, \dot{y}_i$ であるので，m_i に与えられる微小仕事 dW_i は

$$
dW_i = -c_i \, \dot{y}_i \, dy_i = -c_i \, \dot{y}_i \frac{dy_i}{dt} dt = -c_i \, \dot{y}_i{}^2 dt \tag{5.24}
$$

となる．すべての減衰器 $(i = 1, 2, \ldots, n+1)$ による m_i に与えられる仕事量 dW は

$$
dW = -\sum_{i=1}^{n+1} dW_i = -\left(\sum_{i=1}^{n+1} c_i \, \dot{y}_i{}^2 \right) dt \tag{5.25}
$$

と計算できる．式 (5.23)，(5.25) より

$$
dW = -2F_d dt \quad \therefore \ F_d = -\frac{1}{2} \frac{dW}{dt} \tag{5.26}
$$

という関係が導ける．式 (5.22) で定義した F_d は，減衰力によるエネルギー散逸の時間的割合の $1/2$ に等しい．それゆえ，F_d は**散逸関数** (dissipation function) とよばれる．

式 (5.10)，(5.18) より**ラグランジュ関数** (Lagrangian) L は

$$
L(x_i, \dot{x}_i) = T(\dot{x}_i) - U(x_i) \tag{5.27}
$$

であり，ラグランジュの運動方程式は，減衰による散逸関数 F_d が定義できる場合，

$$\frac{d}{dt}\left(\frac{\partial L}{\partial \dot{x}_i}\right) - \frac{\partial L}{\partial x_i} + \frac{\partial F_d}{\partial \dot{x}_i} = F_i \quad (i = 1, 2, \ldots, n) \tag{5.28}$$

となる．ここで F_i は質量 m_i に作用する強制外力で，具体的に式 (5.10)，(5.16) および式 (5.20) を式 (5.28) に代入すると，つぎのようになる．

$$\frac{d}{dt}\left(\frac{\partial L}{\partial \dot{x}_i}\right) = \frac{d}{dt}(m_i\dot{x}_i) = m_i\ddot{x}_i$$

$$\begin{aligned} -\frac{\partial L}{\partial x_i} &= k_i(x_i - x_{i-1}) - k_{i+1}(x_{i+1} - x_i) \\ &= (k_i + k_{i+1})x_i - k_i x_{i-1} - k_{i+1}x_{i+1} \end{aligned}$$

$$\begin{aligned} \frac{\partial F_d}{\partial \dot{x}_i} &= c_i(\dot{x}_i - \dot{x}_{i-1}) - c_{i+1}(\dot{x}_{i+1} - \dot{x}_i) \\ &= (c_i + c_{i+1})\dot{x}_i - c_i\dot{x}_{i-1} - c_{i+1}\dot{x}_{i+1} \end{aligned}$$

$$\begin{aligned} \therefore\ m_i\ddot{x}_i &+ (k_i + k_{i+1})x_i - k_i x_{i-1} - k_{i+1}x_{i+1} \\ &+ (c_i + c_{i+1})\dot{x}_i - c_i\dot{x}_{i-1} - c_{i+1}\dot{x}_{i+1} = F_i \end{aligned} \tag{5.29}$$

式 (5.29) をさらに整理すると，

$$\begin{aligned} m_i\ddot{x}_i &+ (c_i + c_{i+1})\dot{x}_i + (k_i + k_{i+1})x_i \\ &- c_i\dot{x}_{i-1} - c_{i+1}\dot{x}_{i+1} - k_i x_{i-1} - k_{i+1}x_{i+1} = F_i \quad (i = 1, 2, \cdots, n) \end{aligned} \tag{5.30}$$

が得られ，この式は式 (5.7) と一致する．

例題 5.1 図 5.4 に示すように，3 つのてこが質量の無視できるばねによってたがいに結合され，振り子の状態で上端よりピンを介してつり下げられている．てこの角度が微小角と見なされる場合を考える．これらの運動方程式をラグランジュの方程式を用いて求めよ．ただし，てこの先端には質量 m_1, m_2, m_3 のおもりが取り付けられている．また，てこ間を結合するばねのばね定数はそれぞれ k_1, k_2 とする．また，てこの長さは l，ばねの取り付け位置は $l/2$ の位置とする．

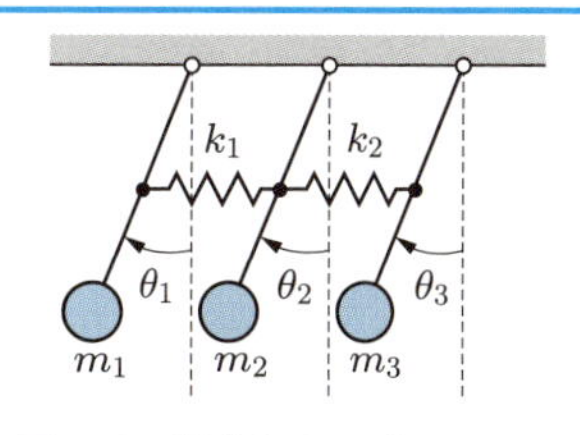

図 5.4 連成した 3 本のてこの振動モデル

▶**解** 運動エネルギー T は，

$$T = \frac{1}{2}m_1 l^2\dot{\theta}_1{}^2 + \frac{1}{2}m_2 l^2\dot{\theta}_2{}^2 + \frac{1}{2}m_3 l^2\dot{\theta}_3{}^2$$

で表される．ポテンシャルエネルギー U は，

$$U = m_1 gl(1 - \cos\theta_1) + m_2 gl(1 - \cos\theta_2) + m_3 gl(1 - \cos\theta_3)$$

$$+\frac{1}{2}k_1\left(\frac{l}{2}\theta_2-\frac{l}{2}\theta_1\right)^2+\frac{1}{2}k_2\left(\frac{l}{2}\theta_3-\frac{l}{2}\theta_2\right)^2$$

となる．質点1に対して式(5.28)を適用すると，次式が得られる．

$$m_1l^2\ddot{\theta}_1+m_1gl\sin\theta_1+k_1\frac{l}{2}(\theta_2-\theta_1)\cdot\left(-\frac{l}{2}\right)=0$$

質点2，3に対しても同様にすると，

$$m_2l^2\ddot{\theta}_2+m_2gl\sin\theta_2+k_1\frac{l}{2}(\theta_2-\theta_1)\cdot\left(\frac{l}{2}\right)+k_2\frac{l}{2}(\theta_3-\theta_2)\cdot\left(-\frac{l}{2}\right)=0$$

$$m_3l^2\ddot{\theta}_3+m_3gl\sin\theta_3+k_2\frac{l}{2}(\theta_3-\theta_2)\cdot\left(\frac{l}{2}\right)=0$$

となる．$\theta_1\sim\theta_3$ は微小の変動をする場合に限定して，上式を線形化すると，つぎの運動方程式が得られる．

$$\begin{bmatrix} m_1l^2 & 0 & 0 \\ 0 & m_2l^2 & 0 \\ 0 & 0 & m_3l^2 \end{bmatrix}\begin{Bmatrix}\ddot{\theta}_1\\ \ddot{\theta}_2\\ \ddot{\theta}_3\end{Bmatrix}$$

$$+\begin{bmatrix} m_1gl+\dfrac{l^2k_1}{4} & -\dfrac{l^2k_1}{4} & 0 \\ -\dfrac{l^2k_1}{4} & m_2gl+\dfrac{l^2k_1}{4}+\dfrac{l^2k_2}{4} & -\dfrac{l^2k_2}{4} \\ 0 & -\dfrac{l^2k_2}{4} & m_3gl+\dfrac{l^2k_2}{4} \end{bmatrix}\begin{Bmatrix}\theta_1\\ \theta_2\\ \theta_3\end{Bmatrix}=\{0\}$$ ◁

5.3 自由振動の解

式(5.2)で与えられる**減衰のない振動系**において，強制振動させる外力が作用しない場合について考える．この運動方程式は，

$$[M]\{\ddot{x}\}+[K]\{x\}=\{0\} \tag{5.31}$$

である．求める解を，

$$\{x\}=\{X\}e^{\lambda t} \tag{5.32}$$

とおく．ここで，$\{X\}$ は未知定数 $X_1, X_2, \ldots, X_n$ を縦に並べたベクトルである．λ も未知定数である．式(5.32)を式(5.31)に代入すると，次式が得られる．

$$(\lambda^2[M]+[K])\{X\}e^{\lambda t}=\{0\} \tag{5.33}$$

式(5.33)がつねに成り立つためには，

$$(\lambda^2[M]+[K])\{X\}=\{0\} \tag{5.34}$$

であることが必要である．この式 (5.34) を**固有値問題**という．また，$\{X\}$ は振動の振幅を表し，$\{X\} = 0$ は式 (5.34) を満足する 1 つの解ではあるが，静止状態を表す自明な解で，物理的には意味がない．式 (5.34) が $\{X\} = 0$ 以外の解を与えるのは，

$$\left|\lambda^2[M] + [K]\right| = 0 \tag{5.35}$$

となる場合である．λ が式 (5.35) を満足するとき，式 (5.34) は $\{X\} = 0$ 以外の解をもつ．このときの λ を**固有値** (eigen value) といい，$\{X\}$ は**固有ベクトル** (eigen vector) という．固有値を定める式 (5.35) は**特性方程式** (characteristic equation) または**振動数方程式**ともよばれる．固有ベクトル $\{X\}$ はそれぞれの質量の振動の振幅と位相がたがいにどのような関係にあるかを示し，振動の形を表すベクトルであるから，**固有モード** (natural (eigen) mode of vibration) または**振動モード** (mode of vibration) ともいわれる．

式 (5.35) は λ^2 に関する n 次方程式であり，n 個の解をもつ．一般に $[M]$，$[K]$ が正の定数ならば，この n 次方程式の解は，すべて負の実数となることが知られている．

すでに説明した 2 自由度系の振動でも λ^2 は負の実数になることを示した．これらの値を

$$\lambda^2 = -{\omega_1}^2,\ \ -{\omega_2}^2,\ \ \ldots,\ \ -{\omega_n}^2 \tag{5.36}$$

とおくと，

$$\lambda = \pm j\omega_1,\ \ \pm j\omega_2,\ \ \ldots,\ \ \pm j\omega_n \tag{5.37}$$

となる．式 (5.37) を式 (5.34) に代入すると，各固有値 $\lambda = \pm j\omega_i$ $(i = 1, 2, \ldots, n)$ に対して，$\{X^{(i)}\}$ が未知数間の比 ${X_1}^{(i)} : {X_2}^{(i)} : \cdots : {X_n}^{(i)}$ で与えられる．比の形で $\{X^{(i)}\}$ が求められるので，${X_1}^{(i)} = 1$ という条件を与えれば，ほかの ${X_2}^{(i)}, \ldots {X_n}^{(i)}$ の解を求めることができる．さらに，求められた解 $\{X^{(i)}\}$ が，

$$\{\bar{X}^{(i)}\}^T\{\bar{X}^{(i)}\} = 1 \tag{5.38}$$

を満足するように一定の比率を $\{X^{(i)}\}$ にかけて $\{\bar{X}^{(i)}\}$ として，それぞれの値を修正することができる．これを**正規化** (normalized) という．

式 (5.31) の解として，

$$\{x\} = A_i\{X^{(i)}\}\,e^{j\omega_i t} + B_i\{X^{(i)}\}\,e^{-j\omega_i t} \quad (i = 1, 2, \ldots, n) \tag{5.39}$$

が求められる．これらを加え合わせたものも解であるので，

$$\{x\} = \sum_{i=1}^{n}\{X^{(i)}\}\left(A_i e^{j\omega_i t} + B_i e^{-j\omega_i t}\right) \tag{5.40}$$

となる．式 (5.40) を展開すると，

$$
\begin{aligned}
\{x\} &= \sum_{i=1}^{n}\{X^{(i)}\}(A_i\cos\omega_i t + jA_i\sin\omega_i t + B_i\cos\omega_i t - jB_i\sin\omega_i t)\\
&= \sum_{i=1}^{n}\{X^{(i)}\}\{(A_i+B_i)\cos\omega_i t + j(A_i-B_i)\sin\omega_i t\}\\
&= \sum_{i=1}^{n}\{X^{(i)}\}\{\bar{A}_i\cos\omega_i t + \bar{B}_i\sin\omega_i t\}\\
&= \sum_{i=1}^{n}\{X^{(i)}\}C_i\sin(\omega_i t + \phi_i)
\end{aligned}
\tag{5.41}
$$

となる．ここに，

$$
\left.
\begin{aligned}
C_i &= \sqrt{\bar{A}_i{}^2 + \bar{B}_i{}^2}\\
\phi_i &= \tan^{-1}\frac{\bar{A}_i}{\bar{B}_i}
\end{aligned}
\right\}
\tag{5.42}
$$

である．

以上の一般解からわかるように，多自由度である n 自由度系の自由振動は，n 個の ω_i $(i = 1, 2, \ldots, n)$ を固有円振動数とする調和振動であり，この振動の各質点の振幅比は，ベクトル $\{X^{(i)}\}$ $(i = 1, 2, \ldots, n)$ で定められる．通常，固有円振動数の低いものから番号をつけ，**1 次固有モード**または **1 次振動モード**，**2 次固有モード**，…，**i 次固有モード**，…，**n 次固有モード**とよばれる．これは，**i 次モード**と簡潔によばれることもある．

例題 5.2　本文の図 5.1 に示した n 自由度の振動系で，$n = 3$ とし，$m_1 = m_2 = m_3 = 2$ kg, $k_1 = k_2 = k_3 = k_4 = 2$ N/m とするとき，この系の固有円振動数と振動モードを求めよ．

▶**解**　質量行列 $[M]$，および剛性行列 $[K]$ は，式 (5.3) より，

$$
[M] = \begin{bmatrix} 2 & 0 & 0\\ 0 & 2 & 0\\ 0 & 0 & 2 \end{bmatrix}, \quad
[K] = \begin{bmatrix} 4 & -2 & 0\\ -2 & 4 & -2\\ 0 & -2 & 4 \end{bmatrix}
$$

となる．振動数方程式は本文の式 (5.35) より得られ，係数を整理すると，

$$
\begin{vmatrix} \lambda^2+2 & -1 & 0\\ -1 & \lambda^2+2 & -1\\ 0 & -1 & \lambda^2+2 \end{vmatrix} = 0
$$

となり，これを展開すると，

$$\left(\lambda^2+2\right)\left(\lambda^4+4\lambda^2+2\right)=0$$

となる．これを解くとつぎのようになる．

$$\lambda^2=-2,\quad -2\pm\sqrt{2}$$

λ^2 は負の実数であり，$\lambda=\pm j\omega_1$, $\pm j\omega_2$, $\pm j\omega_3$ とおけるから，固有円振動数 $\omega_1, \omega_2, \omega_3$ は，

$$\omega_1=\sqrt{2-\sqrt{2}},\ \omega_2=\sqrt{2},\ \omega_3=\sqrt{2+\sqrt{2}}$$

となる．

振動モードを計算するには，式 (5.34) に上式の値を代入すればよい．1 次モードは ω_1 を代入すると，

$$\left.\begin{aligned}\sqrt{2}X_{11}\quad -X_{21}\qquad\qquad &=0\\ -X_{11}+\sqrt{2}X_{21}\quad -X_{31}&=0\\ -X_{21}+\sqrt{2}X_{31}&=0\end{aligned}\right\}$$

となる．上式の第 1 番目と第 3 番目の式はつぎの関係式を与える．

$$X_{11}=\frac{1}{\sqrt{2}}X_{21},\ X_{21}=\sqrt{2}X_{31}$$

上式をさらに整理すると，次式が得られる．

$$X_{11}=X_{31},\ X_{21}=\sqrt{2}X_{31}$$

なお，第 2 番目の式の $-X_{11}+\sqrt{2}X_{21}-X_{31}=0$ は，意味のある関係式を与えない．以上より，1 次の振動モードは $X_{31}=1$ とすると，

$$\begin{bmatrix}X_{11} & X_{21} & X_{31}\end{bmatrix}^T=\begin{bmatrix}1 & \sqrt{2} & 1\end{bmatrix}^T$$

となる．同様に，2 次モードについては，

$$X_{12}=-X_{32},\ X_{22}=0$$

の関係が得られる．これより 2 次の振動モードは $X_{32}=1$ とすると，

$$\begin{bmatrix}X_{12} & X_{22} & X_{32}\end{bmatrix}^T=\begin{bmatrix}-1 & 0 & 1\end{bmatrix}^T$$

となる．同様に 3 次モードについては，

$$X_{13}=X_{33},\ X_{23}=-\sqrt{2}X_{33}$$

の関係が得られる．これより 3 次の振動モードは $X_{33}=1$ とすると，

$$[X_{13}\quad X_{23}\quad X_{33}]^T=[1\quad -\sqrt{2}\quad 1]^T$$

となる． ◁

5.4 固有モードの直交性と自由振動応答

固有モードは**直交性** (orthogonality) という重要な性質をもつ．固有値 $\lambda = \pm j\omega_i$, $\pm j\omega_k$ に対する固有モード $\{X^{(i)}\}$, $\{X^{(k)}\}$ を考える．$\{X^{(i)}\}$, $\{X^{(k)}\}$ は式 (5.34) に $\lambda = \pm j\omega_i$, $\pm j\omega_k$ を代入して得られた解であるから，次式のように書くことができる．

$$\left.\begin{aligned}[K]\{X^{(i)}\} &= {\omega_i}^2[M]\{X^{(i)}\}\\ [K]\{X^{(k)}\} &= {\omega_k}^2[M]\{X^{(k)}\}\end{aligned}\right\} \tag{5.43}$$

式 $(5.43)_1$ の両辺に $\{X^{(k)}\}^T$ を，そして式 $(5.43)_2$ の両辺に $\{X^{(i)}\}^T$ を左からかけると，

$$\left.\begin{aligned}\{X^{(k)}\}^T[K]\{X^{(i)}\} &= {\omega_i}^2\{X^{(k)}\}^T[M]\{X^{(i)}\}\\ \{X^{(i)}\}^T[K]\{X^{(k)}\} &= {\omega_k}^2\{X^{(i)}\}^T[M]\{X^{(k)}\}\end{aligned}\right\} \tag{5.44}$$

となる．$[K]$ および $[M]$ は対称行列なので，式 $(5.44)_1$ において，$\{X^{(i)}\}$ と $\{X^{(k)}\}$ をおき換えることができる．すなわち，

$$\{X^{(i)}\}^T[K]\{X^{(k)}\} = {\omega_i}^2\{X^{(i)}\}^T[M]\{X^{(k)}\} \tag{5.45}$$

が得られる．式 (5.45) から式 $(5.44)_2$ を引くと，

$$({\omega_i}^2 - {\omega_k}^2)\{X^{(i)}\}^T[M]\{X^{(k)}\} = 0 \tag{5.46}$$

が得られる．$\omega_i \neq \omega_k$ だから，

$$\{X^{(i)}\}^T[M]\{X^{(k)}\} = 0 \tag{5.47}$$

が得られる．また，式 (5.45) より，

$$\{X^{(i)}\}^T[K]\{X^{(k)}\} = 0 \tag{5.48}$$

となる．これらの式 (5.47)，(5.48) はそれぞれ $[M]$, $[K]$ に関して，$\{X^{(i)}\}$ と $\{X^{(k)}\}$ が直交していることになる．この重要な性質を**直交性**という．

$\omega_i = \omega_k$ のとき，式 (5.47)，(5.48) は 0 にならず，

$$\left.\begin{aligned}\{X^{(i)}\}^T[M]\{X^{(i)}\} &= M_i\\ \{X^{(i)}\}^T[K]\{X^{(i)}\} &= K_i\end{aligned}\right\} \tag{5.49}$$

となる．M_i, K_i はある正の値であり，これらをそれぞれ，**モード質量** (modal mass), **モード剛性** (modal stiffness) という．式 (5.44) より，

$${\omega_i}^2 M_i = K_i \tag{5.50}$$

の関係が成り立つ．M_i, K_i を質量，ばね定数と見なすと，固有円振動数 ω_i は 1 自由度系の振動と同じ形の式，

$$\omega_i = \sqrt{\frac{K_i}{M_i}} \tag{5.51}$$

によって与えられる．

例題 5.3 例題 5.2 において，固有モードの直交性を利用して，本文の式 (5.49) のモード質量 M_i，モード剛性 K_i を求めよ．また，これを使って固有円振動数を確認せよ．

モードは各点の振幅比だけで決まるので，式 (5.38) に示すように，(i) 固有モード全体の大きさを基準化して，$\{\bar{X}^{(i)}\}^T\{\bar{X}^{(i)}\} = 1$ にする方法と，これ以外に，(ii) 任意の点に着目して，その点を 1 にする方法，さらに，(iii) モード質量それ自身を 1 にする方法がある．

例題 5.2 では，3 番目の質点を 1 にしているのでこれをそのまま使うこと．すなわち，上述の (ii) の方法を使うこと．

▶**解** 例題 5.2 の 1 次，2 次，3 次の固有モードのモード質量 M_i とモード剛性 K_i は

$i = 1$;

$$\left.\begin{aligned} M_1 &= [1 \quad \sqrt{2} \quad 1] \begin{bmatrix} 2 & 0 & 0 \\ 0 & 2 & 0 \\ 0 & 0 & 2 \end{bmatrix} \begin{Bmatrix} 1 \\ \sqrt{2} \\ 1 \end{Bmatrix} = 8 \text{ kg} \\ K_1 &= [1 \quad \sqrt{2} \quad 1] \begin{bmatrix} 4 & -2 & 0 \\ -2 & 4 & -2 \\ 0 & -2 & 4 \end{bmatrix} \begin{Bmatrix} 1 \\ \sqrt{2} \\ 1 \end{Bmatrix} = 16 - 8\sqrt{2} \text{ N/m} \end{aligned}\right\}$$

$i = 2$;

$M_2 = 4$ kg, $K_2 = 8$ N/m

$i = 3$;

$M_3 = 8$ kg, $K_3 = 16 + 8\sqrt{2}$ N/m

となる．

つぎに，例題 5.2 で求めた固有円振動数をここで求めたモード質量とモード剛性を使って求めると，本文の式 (5.51) より，つぎのように得られる．

$$
\left.
\begin{aligned}
&\omega_1 = \sqrt{\frac{K_1}{M_1}} = \sqrt{\frac{16 - 8\sqrt{2}}{8}} = \sqrt{2 - \sqrt{2}} \\
&\omega_2 = \sqrt{\frac{8}{4}} = \sqrt{2},\ \ \omega_3 = \sqrt{\frac{16 + 8\sqrt{2}}{8}} = \sqrt{2 + \sqrt{2}}
\end{aligned}
\right\}
$$

上式は例題 5.2 の $\omega_1 \sim \omega_3$ と一致していることがわかる. ◁

また,**固有ベクトルの正規化として**モード質量を 1 にする場合,これらの固有ベクトルは,

$$
\{\bar{X}^{(i)}\}^T[M]\{\bar{X}^{(k)}\} = \delta_{ik} \quad (i, k = 1, 2, \cdots, n) \tag{5.52}
$$

で表せる.ここで,δ_{ik} はクロネッカーのデルタである.

1 次から n 次までの固有ベクトルを合成して,

$$
[\bar{X}] = \left[\{\bar{X}^{(1)}\} \ \ \{\bar{X}^{(2)}\} \ \ \cdots \ \ \{\bar{X}^{(n)}\}\right] \tag{5.53}
$$

のような正方行列を作ったものを**モード行列** (modal matrix) という.式 (5.53) を用いて,式 (5.34) の n 個のすべての解を表すと,

$$
[K][\bar{X}] = [M][\bar{X}][{}^{\diagdown}\omega^2{}_{\diagdown}] \tag{5.54}
$$

と表すことができる.ここで,$[{}^{\diagdown}\omega^2{}_{\diagdown}]$ は固有円振動数の 2 乗の**対角行列**であり,モード行列 $[\bar{X}]$ を用いることにより,系の運動方程式を**非連成化**することができる.$[\bar{X}]$ を用いれば,式 (5.52),(5.54) をつぎのように書きなおすことができる.

$$
\left.
\begin{aligned}
&[\bar{X}]^T[M][\bar{X}] = [I] \\
&[\bar{X}]^T[K][\bar{X}] = [{}^{\diagdown}\omega^2{}_{\diagdown}]
\end{aligned}
\right\} \tag{5.55}
$$

ここで,$[I]$ は**単位行列**である.

運動方程式 (5.31) の変位ベクトル $\{x\}$ は,固有ベクトルの線形結合として次式のように表すことができる.

$$
\{x\} = q_1(t)\{X^{(1)}\} + q_2(t)\{X^{(2)}\} + \cdots + q_n(t)\{X^{(n)}\} \tag{5.56}
$$

また,$[X]$ を用いれば,式 (5.56) はつぎのようになる.

$$
\{x\} = [X]\{q\} \tag{5.57}
$$

ここで,$\{q\} = [q_1(t) \ \ q_2(t) \ \ \cdots \ \ q_n(t)]^T$ である.式 (5.57) を式 (5.31) に代入すると,

$$
[M][X]\{\ddot{q}\} + [K][X]\{q\} = \{0\} \tag{5.58}
$$

となる.式 (5.58) の左から,$[X]^T$ をかけると,

$$[X]^T[M][X]\{\ddot{q}\}+[X]^T[K][X]\{q\}=\{0\} \tag{5.59}$$

となる．この式に式 (5.49) を適用すると，

$$M_i\ddot{q}_i+K_iq_i=0 \quad (i=1,2,\ldots,n) \tag{5.60}$$

となり，両辺を M_i で割り，式 (5.51) を用いると，

$$\ddot{q}_i+{\omega_i}^2q_i=0 \quad (i=1,2,\ldots,n) \tag{5.61}$$

となる．ここで，変数 $q_i(t)$ は**正規座標** (normal coordinates) または**規準座標** (principal coordinates) とよばれる時間関数である．また，i 次の固有円振動数によって決まる振動を表す変数でもあるので，**モード座標** (modal coordinates) ともよばれる．各次数の振動は減衰のない 1 自由度系の自由振動として与えられるから，式 (5.61) の解は，式 (3.10) と同様に，ここでは正弦関数で表すと，

$$q_i=C_i\sin(\omega_it+\phi_i) \quad (i=1,2,\ldots,n) \tag{5.62}$$

が得られ，これを式 (5.57) に代入すると，

$$\begin{aligned}\{x\}=[X]\{q\}&=\sum_{i=1}^{n}\{X^{(i)}\}q_i(t)\\&=\sum_{i=1}^{n}\{X^{(i)}\}C_i\sin(\omega_it+\phi_i)\end{aligned} \tag{5.63}$$

となり，式 (5.41) と同じ式が導けることがわかる．以上より，多自由度系の自由振動は，自由度を n とするとき n 個の異なった振動数をもつ調和振動の重ね合わせで表現できることがわかる．

$t=0$ で変位 $\{x(0)\}=\{x_0\}$ および速度 $\{\dot{x}(0)\}=\{v_0\}$ の初期条件が与えられるとき，C_i および ϕ_i はつぎのように決定できる．すなわち，式 (5.63) において，

$$\left.\begin{aligned}\{x_0\}&=\sum_{i=1}^{n}C_i\{X^{(i)}\}\sin\phi_i\\\{v_0\}&=\sum_{i=1}^{n}C_i\omega_i\{X^{(i)}\}\cos\phi_i\end{aligned}\right\} \tag{5.64}$$

となる．式 (5.64) に $\{X^{(i)}\}^T[M]$ を左からかけて，直交性を考慮すると，

$$\left.\begin{aligned}C_i\sin\phi_i&=\{X^{(i)}\}^T[M]\{x_0\}\\C_i\cos\phi_i&=\frac{1}{\omega_i}\{X^{(i)}\}^T[M]\{v_0\} \quad (i=1,2,\ldots,n)\end{aligned}\right\} \tag{5.65}$$

となる．式 (5.65) を式 (5.63) に代入すると，多自由度系の自由振動応答は，つぎのよ

うになる.

$$\{x\} = \sum_{i=1}^{n} \left(\{X^{(i)}\}^T[M]\{x_0\}\cos\omega_i t + \{X^{(i)}\}^T[M]\{v_0\}\frac{1}{\omega_i}\sin\omega_i t \right)\{X^{(i)}\} \tag{5.66}$$

5.5 強制振動

前節では減衰のない n 自由度系の自由振動応答を固有値, 固有ベクトルを用いて求めた. ここでは, まず最初に調和外力 $F_1 \sin\omega t$, $F_2 \sin\omega t$, $\ldots$ が作用する場合を考える. 式 (5.2) において, 外力ベクトル $\{f\}$ のかわりに $\{f\}\sin\omega t$ でおき換えると,

$$[M]\{\ddot{x}\} + [K]\{x\} = \{f\}\sin\omega t \tag{5.67}$$

が得られる. この式の解を求めるため, 前章と同じように, より一般化して $\{f\}\sin\omega t$ を $\{f\}e^{j\omega t}$ でおき換えると, 式 (5.67) は,

$$[M]\{\ddot{x}\} + [K]\{x\} = \{f\}e^{j\omega t} \tag{5.68}$$

と書きなおせる. この式の解を求めるため, 未知数 $X_1, X_2, \ldots, X_n$ からなる未知ベクトル $\{X\}$ を導入して, 解を,

$$\{x\} = \{X\}e^{j\omega t} \tag{5.69}$$

とおく. これを式 (5.68) に代入すると,

$$(-\omega^2[M] + [K])\{X\} = \{f\} \tag{5.70}$$

を得る. これを $\{X\}$ について解いて,

$$\{X\} = (-\omega^2[M] + [K])^{-1}\{f\} \tag{5.71}$$

を求める. これより式 (5.68) の解 $\{x\}$ は,

$$\{x\} = (-\omega^2[M] + [K])^{-1}\{f\}e^{j\omega t} \tag{5.72}$$

と求めることができる. この解の虚部をとると式 (5.67) の解となる. これに, 第3章の1自由度のところでも述べたように自由振動の解を加えれば一般解となる.

式 (5.67) の解を現実的に求めようとすると, 逆行列の計算が必要となる. 逆行列の計算は, 次元が大きくなると実用的でない面がある. このため, ここでは, 逆行列の計算を必要としない**固有モードの直交性**を利用したモード解析法による強制振動解を説明する.

式 (5.67) の解を, 式 (5.56), (5.57) の表現を使って求める. 式 (5.57) を再記すると,

$$\{x\} = [X]\{q\} \tag{5.57}$$

である．これを式 (5.68) に代入すると，

$$[M][X]\{\ddot{q}\} + [K][X]\{q\} = \{f\}e^{j\omega t} \tag{5.73}$$

となる．この両辺に，前から $[X]^T$ をかけると，

$$[X]^T[M][X]\{\ddot{q}\} + [X]^T[K][X]\{q\} = [X]^T\{f\}e^{j\omega t} \tag{5.74}$$

となる．前述のモード行列の直交性を利用すると，

$$[X]^T[M][X] = \begin{bmatrix} \ddots & & 0 \\ & M_i & \\ 0 & & \ddots \end{bmatrix}, \quad [X]^T[K]\,[X] = \begin{bmatrix} \ddots & & 0 \\ & K_i & \\ 0 & & \ddots \end{bmatrix} \tag{5.75}$$

であり，さらに，

$$[X]^T\{f\} = \{f_i\} \tag{5.76}$$

とおくと，式 (5.74) は，

$$M_i\ddot{q}_i + K_i q_i = f_i e^{j\omega t} \quad (i = 1, 2, \ldots, n) \tag{5.77}$$

となる．ここに，q_i は時間の関数である**正規座標**，または**モード座標**である．

式 (5.77) は $i = 1, 2, \ldots, n$ 次のそれぞれにおいて，1 自由度系に調和外力が作用する場合の運動方程式と同じ形をしている．したがって，q_i の解は，

$$q_i = \frac{f_i}{K_i - M_i\omega^2}e^{j\omega t} \quad (i = 1, 2, \ldots, n) \tag{5.78}$$

となる．

式 (5.78) を式 (5.57) に代入すれば，

$$\{x\} = [X]\left\{\frac{f_i}{K_i - M_i\omega^2}\right\}e^{j\omega t} = [X]\left\{\frac{f_i}{M_i({\omega_i}^2 - \omega^2)}\right\}e^{j\omega t} \tag{5.79}$$

となる．これを書きなおすと，

$$\{x\} = \sum_{i=1}^{n}\frac{f_i}{M_i({\omega_i}^2 - \omega^2)}\{X^{(i)}\}e^{j\omega t} \tag{5.80}$$

となり，式 (5.57) の解は各次の等価な 1 自由度の振動系の応答の重ね合わせで求められることがわかる．この解の虚部をとると，調和外力 $\{f\}\sin\omega t$ が作用した場合となる．

さらに，強制振動させる外力が調和外力でない任意の一般外力 $\{f(t)\}$ を受ける場合について，**モード解析法**による解を求める．このときの運動方程式は，式 (5.2) の f

を $f(t)$ におき換えて再記すると，

$$[M]\{\ddot{x}\} + [K]\{x\} = \{f(t)\} \tag{5.2$'$}$$

である．ここで前述と同様，解をモード $[X]$ と固有モード座標 $q(t)$ で表現すると，次式で表される．式 (5.57) を再記すると，

$$\{x\} = [X]\{q\} \tag{5.57}$$

である．この解を式 (5.2)$'$ の運動方程式に代入し，式 (5.73)〜(5.76) と同じ展開をすると，

$$M_i\ddot{q}_i + K_i q_i = f_i(t) \quad (i = 1, 2, \ldots, n) \tag{5.81}$$

が得られる．式 (5.81) の解は，自由振動の解と強制振動の解を $f_i(t)$ の**たたみこみ積分**の形で求めた解の和で表すと，

$$q_i(t) = A_i \sin(\omega_i t + \phi_i) + \frac{1}{M_i\omega_i}\int_0^t \sin\omega_i(t-\tau) f_i(\tau) d\tau \quad (i = 1, 2, \ldots, n) \tag{5.82}$$

となる．式 (5.82) の q_i を式 (5.57) に代入することにより，変位 $\{x\}$ は，

$$\{x\} = [X]\left\{A_i \sin(\omega_i t + \phi_i) + \frac{1}{M_i\omega_i}\int_0^t f_i(\tau)\sin\omega_i(t-\tau) d\tau\right\} \tag{5.83}$$

として得られる．

つぎに，減衰のある場合について考える．運動方程式の一般式は，式 (5.2)$'$ に対して，つぎのようになる．

$$[M]\{\ddot{x}\} + [C]\{\dot{x}\} + [K]\{x\} = \{f(t)\} \tag{5.84}$$

ここで，$[C]$ は**減衰行列**であり，$\{\dot{x}\}$ は速度ベクトルである．この減衰が存在するため，前述のモード解析法による非連成化を行い，等価な 1 自由度系にすることは，厳密にはできないことになる．

しかし，**レイリー** (Rayleigh) **減衰**とよばれる比例減衰を用いて，次式で表される $[M]$ と $[K]$ の線形結合で表現する近似を行うと，モード解析法が適用できる．

$$[C] = a[M] + b[K] \tag{5.85}$$

ここで，a, b は定数である．式 (5.85) を式 (5.84) に代入すると，$\{\ddot{x}\}, \{\dot{x}\}, \{x\}$ の係数は $[M]$ または $[K]$ で構成されることになり，直交条件を使うことができる．式 (5.73)〜(5.76) と同じ展開をすると，

$$M_i\ddot{q}_i + (aM_i + bK_i)\dot{q}_i + K_i q_i = f_i(t) \quad (i = 1, 2, \ldots, n) \tag{5.86}$$

$$\Rightarrow \ \ddot{q}_i + (a + b\,{\omega_i}^2)\dot{q}_i + {\omega_i}^2 q_i = \frac{f_i(t)}{M_i} \quad \left(\omega_i = \sqrt{\frac{K_i}{M_i}}\right) \tag{5.87}$$

となり，$2\zeta_i\omega_i = a + b\,{\omega_i}^2$ とおくと，

$$\ddot{q}_i + 2\zeta_i\omega_i\dot{q}_i + {\omega_i}^2 q_i = \frac{f_i(t)}{M_i} \tag{5.88}$$

となる．この解は第 3 章の減衰のある 1 自由度系の振動と同じ形の式になり，解けることがわかる．

例題 5.4 例題 5.2 の $n = 3$ の 3 質点振動モデルについて，例題 5.2 と同じ諸元をもつとして，これに質量 m_1 の質点にのみ，調和外力 $2\sin 2t$ [N] が作用した場合を考える．各質点の振動応答を求めよ．

▶**解** 本文の式 (5.57) より，モード行列 $[X]$ は例題 5.2 で求めた固有モードを使って表すと，

$$[X] = \begin{bmatrix} 1 & -1 & 1 \\ \sqrt{2} & 0 & -\sqrt{2} \\ 1 & 1 & 1 \end{bmatrix}$$

となる．式 (5.76) よりモード外力ベクトル $\{f_i\}$ は次式で得られる．

$$\{f_i\} = [X]^T\{f\} = \begin{bmatrix} 1 & \sqrt{2} & 1 \\ -1 & 0 & 1 \\ 1 & -\sqrt{2} & 1 \end{bmatrix} \begin{Bmatrix} 2 \\ 0 \\ 0 \end{Bmatrix} = \begin{Bmatrix} 2 \\ -2 \\ 2 \end{Bmatrix}$$

各モードごとの運動方程式は，本文の式 (5.78) と例題 5.3 のモード質量，モード剛性を使うと，

$$\left.\begin{aligned} q_1 &= \frac{f_1}{K_1 - M_1\omega^2}\sin\omega t = \frac{2}{(16 - 8\sqrt{2}) - 8\times(2)^2}\sin 2t = -\frac{2-\sqrt{2}}{8}\sin 2t \\ q_2 &= \frac{-2}{8 - 4\times(2)^2}\sin 2t = \frac{1}{4}\sin 2t \\ q_3 &= \frac{2}{16 + 8\sqrt{2} - 8\times(2)^2}\sin 2t = -\frac{2+\sqrt{2}}{8}\sin 2t \end{aligned}\right\}$$

となる．各質点の振動応答は，$\{x\} = [X]\{q\}$ であるから，次式で得られる．

$$\begin{Bmatrix} x_1 \\ x_2 \\ x_3 \end{Bmatrix} = \begin{bmatrix} 1 & -1 & 1 \\ \sqrt{2} & 0 & -\sqrt{2} \\ 1 & 1 & 1 \end{bmatrix} \begin{Bmatrix} q_1 \\ q_2 \\ q_3 \end{Bmatrix}$$

$$
= \begin{bmatrix} 1 & -1 & 1 \\ \sqrt{2} & 0 & -\sqrt{2} \\ 1 & 1 & 1 \end{bmatrix} \begin{Bmatrix} -(2-\sqrt{2})/8 \\ 1/4 \\ -(2+\sqrt{2})/8 \end{Bmatrix} \sin 2t = \begin{Bmatrix} -3/4 \\ 1/2 \\ -1/4 \end{Bmatrix} \sin 2t \qquad \triangleleft
$$

例題 5.5 自由度の特殊な例として図 5.5 に示すように，どの質点も静止位置から支持されていない振動系について考える．このような振動系は，2 両の車両がばねで連結されている振動系とも考えられる．この振動系の運動方程式を導き，固有円振動数，振動モードを求めよ．

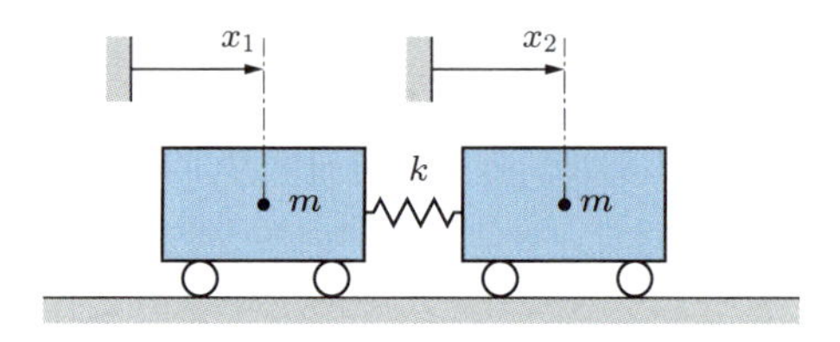

図 5.5 単純化された 2 両連結車両の振動モデル

▶ **解** 2 両連結の車両の運動方程式は，

$$
\begin{bmatrix} m & 0 \\ 0 & m \end{bmatrix} \begin{Bmatrix} \ddot{x}_1 \\ \ddot{x}_2 \end{Bmatrix} + \begin{bmatrix} k & -k \\ -k & k \end{bmatrix} \begin{Bmatrix} x_1 \\ x_2 \end{Bmatrix} = 0
$$

となる．この解を $x_1 = X_1 e^{\lambda t}$, $x_2 = X_2 e^{\lambda t}$ として上式に代入すると，次式の振動数方程式が得られる．

$$
\begin{vmatrix} m\lambda^2 + k & -k \\ -k & m\lambda^2 + k \end{vmatrix} = 0
$$

上式より，

$$
(m\lambda^2 + k)^2 - k^2 = 0
$$

となる．これを解くと，

$$
\lambda^2 = 0, \quad -\frac{2k}{m}
$$

となる．$\lambda = \pm j\omega_1, \pm j\omega_2$ とおけるから，

$$
\omega_1 = 0, \quad \omega_2 = \sqrt{\frac{2k}{m}}
$$

となる．$\omega_1 = 0$ は，**剛体モード** (rigid mode) とよばれる．上述の運動方程式の段階において，つぎの剛性行列の行列式が，

$$
\det\left([K]\right) = \begin{vmatrix} k & -k \\ -k & k \end{vmatrix} = k^2 - k^2 = 0
$$

となることが，剛体モードが存在することを示している．

ところで，$\det([K]) = 0$ が出てきたので，$\det([M])$ について述べると，この例題では

$$\det([M]) = \begin{vmatrix} m & 0 \\ 0 & m \end{vmatrix} = m^2 \neq 0$$

であるが，$\det([M]) = 0$ となるときは，**静的モード** (static mode) が存在することを示す．これは，質量のない位置に自由度をおいた場合である．さらに，質量に比べて剛性が無限大になるときや，2 つの質量の 1 つが 0 になったときも静的モードが存在することになる．

さて，剛体モードに戻って，振動モードを求めると，

$$\left(\frac{X_2}{X_1}\right)_{\lambda=0} = \frac{m\lambda^2 + k}{k} = \frac{k}{k} = \frac{1}{1} = \frac{X_{21}}{X_{11}}$$

となる．また，このときのモード質量，モード剛性は，

$$\left.\begin{aligned} M_1 &= [1 \quad 1]\begin{bmatrix} m & 0 \\ 0 & m \end{bmatrix}\begin{Bmatrix} 1 \\ 1 \end{Bmatrix} = 2m \\ K_1 &= [1 \quad 1]\begin{bmatrix} k & -k \\ -k & k \end{bmatrix}\begin{Bmatrix} 1 \\ 1 \end{Bmatrix} = 0 \end{aligned}\right\}$$

となる．固有円振動数は $\omega_1 = \sqrt{K_1/M_1} = 0$ となる．$\omega_2 = \sqrt{2k/m}$ のときの振動モードは，

$$\left(\frac{X_2}{X_1}\right)_{\lambda=\pm j\omega_2} = \frac{m\lambda^2 + k}{k} = \frac{m \times (-2k/m) + k}{k} = \frac{-k}{k} = \frac{-1}{1} = \frac{X_{22}}{X_{12}}$$

となり，m_1 と m_2 とはたがいに反対の向きに動くことになり，作用・反作用の関係にあり，全体の運動量は打ち消されて 0 である． ◁

例題 5.6 図 5.6 に示すように，長さ $2l$ の棒の両端に等しい質量 m の質点が取り付けられ，これらの質点はばね定数 k のばねでそれぞれ支持されているとする．これは車両の上下運動とピッチング運動を表現する簡単化されたモデルと考えることもできる．この振動系の運動方程式を求め，固有振動数，振動モードについて考察せよ．ただし，図 5.6 において，2 つの質点の変位をそれぞれ x_1, x_2 とする．重心点 G の上下運動は $(x_1 + x_2)/2$ で表されるとし，ピッチング運動は θ で表されるとする．また，棒の質量は無視できるとする．

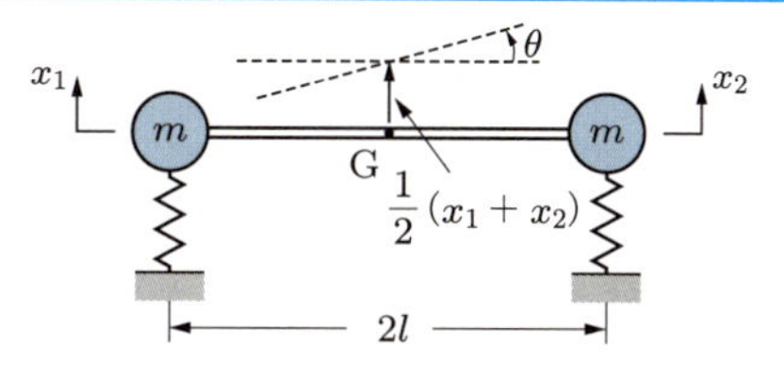

図 5.6 上下運動とピッチング運動する車両の単純化された振動モデル

▶ **解** 上下運動の運動方程式は，

$$2m \cdot \frac{1}{2}(\ddot{x}_1 + \ddot{x}_2) = -kx_1 - kx_2$$

となる．一方，ピッチング運動の運動方程式は，

$$J\ddot{\theta} = l \cdot kx_1 - l \cdot kx_2$$

となる．ここで，J は慣性モーメントであり，$J = 2ml^2$ である．また，$\theta = (x_2 - x_1)/2l$ である．これらを使って，上式の 2 つの運動方程式を書きなおすと，次式が得られる．

$$\left.\begin{aligned} \ddot{x}_1 + \ddot{x}_2 + \omega^2(x_1 + x_2) = 0 \\ -\ddot{x}_1 + \ddot{x}_2 + \omega^2(-x_1 + x_2) = 0 \end{aligned}\right\}$$

ここで，$\omega = \sqrt{k/m}$ である．上式より，x_1 と x_2 についての完全な非連成の運動方程式がつぎのように得られる．

$$\left.\begin{aligned} \ddot{x}_1 + \omega^2 x_1 = 0 \\ \ddot{x}_2 + \omega^2 x_2 = 0 \end{aligned}\right\}$$

この場合，x_1 と x_2 とは独立になるから，上式を満足する無限の振動モードが存在することになる．しかし，上下運動とピッチング運動の 2 自由度系の振動モードの特定の 2 つの組み合わせについては，質量行列と剛性行列に対して直交性が成立しなければならない．

上式を行列表示するとつぎのようになる．

$$\begin{bmatrix} 1 & 0 \\ 0 & 1 \end{bmatrix} \begin{Bmatrix} \ddot{x}_1 \\ \ddot{x}_2 \end{Bmatrix} + \begin{bmatrix} \omega^2 & 0 \\ 0 & \omega^2 \end{bmatrix} \begin{Bmatrix} x_1 \\ x_2 \end{Bmatrix} = 0$$

これより，質量行列 $[M]$ と剛性行列 $[K]$ は次式となる．

$$[M] = \begin{bmatrix} 1 & 0 \\ 0 & 1 \end{bmatrix}, \quad [K] = \begin{bmatrix} \omega^2 & 0 \\ 0 & \omega^2 \end{bmatrix}$$

いま，2 つの振動モードを

$$[X_{11} \quad X_{21}]^T = [1 \quad a]^T, \quad [X_{12} \quad X_{22}]^T = [1 \quad b]^T$$

とし，直交性を確認する．

まず，質量行列については，

$$[1 \quad a] \begin{bmatrix} 1 & 0 \\ 0 & 1 \end{bmatrix} \begin{Bmatrix} 1 \\ b \end{Bmatrix} = 1 + ab = 0$$

となる．また，剛性行列については

$$[1 \quad a] \begin{bmatrix} \omega^2 & 0 \\ 0 & \omega^2 \end{bmatrix} \begin{Bmatrix} 1 \\ b \end{Bmatrix} = \omega^2(1 + ab) = 0$$

となる．したがって，特定の 2 つの振動モードの組み合わせは，$ab = -1$ の関係より，

$$[X_{11} \quad X_{21}]^T = [1 \quad a]^T, \quad [X_{12} \quad X_{22}]^T = \left[1 \quad \frac{-1}{a}\right]^T$$

でなければならない．たとえば $a=1$ とすると，振動モードは $[1\ \ 1]^T$, $[1\ \ -1]^T$ の組み合わせになり，図 **5.7** に示すようになる．$a \neq 1$ の値に対しても同様に振動モードの組み合わせが無限に得られる． ◁

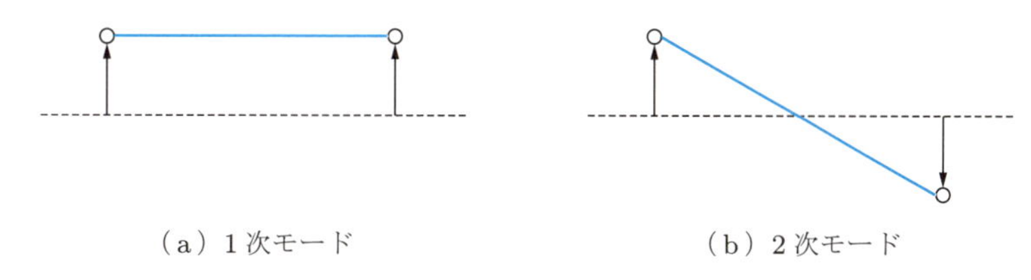

図 **5.7** 上下と水平の運動をする車両の振動モードの組み合わせ例

演習問題

5.1 弾性の枠構造をもつ 3 層の構造物において，質量は図 **5.8** に示すように全質量の 1/2 が 1 層目に，ほかの 1/2 は 2 層目と 3 層目に等分布しているとする．各層の間のせん断こわさが等しい k の値で与えられる場合，この振動系の振動数方程式を示せ．また，固有円振動数を求めよ．

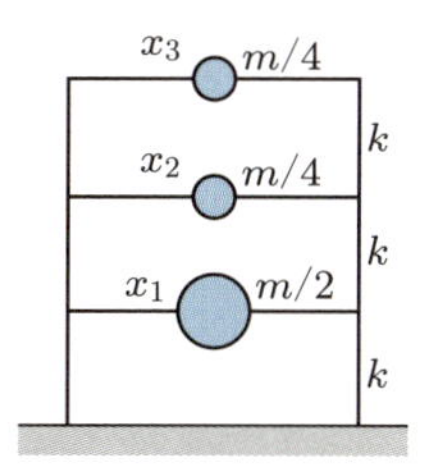

図 **5.8** 3 層の構造物

5.2 図 4.1 に示す 2 自由度の振動系について，つぎの問いに答えよ．

(1) 2 自由度の振動系の運動方程式を求めよ．(2) これを行列・ベクトル形式で示せ．(3) この質量行列，剛性行列，変位ベクトルおよび加速度ベクトルを具体的に記述せよ．(4) 固有振動数を求める振動数方程式 (特性方程式ともよぶ) を求めよ．(5) $k_1 = k_2 = k_3 = 100$ N/m, $m_1 = m_2 = 1$ kg とするとき，固有円振動数を求めよ．(6) 振動モード関数 (固有モードまたは固有ベクトルともよぶ) を求めよ．(7) 一般に n 自由度の振動系の運動方程式の解を，固有モードの線形結合として表すことができる．固有モードの直交性により，n 自由度は非連成化された n 個の 1 自由度の運動方程式に変形できる．$n=2$ として，2 自由度系でも上に述べたことは当然成立する．上の (6) の問いで求めた固有モードは直交することを示せ．(8) つぎに，直交化により 2 個の非連成化された運動方程式を示せ．

5.3　図 5.1 に示す n 自由度の質量・ばね系において，$n=3$ の場合を考える．$m_1=m_2=m_3=m$ とする．また，$k_1=k_2=k_3=k_4=k$ とする．つぎの問いに答えよ．

(1) 自由振動の運動方程式を力のつり合いから求めよ．(2) 固有円振動数，振動モードを求めよ．(3) ラグランジュの方程式を用いて運動方程式を求めよ．

5.4　図 5.1 に示す n 自由度の質量・ばね系において，$n=4$ の場合を考える．$m_1=m_2=m_3=m_4=m$ とする．また，$k_1=k_2=k_3=k_4=k_5=k$ とする．次の問いに答えよ．

(1) 自由振動の運動方程式を求めよ．(2) 固有円振動数，振動モードを求めよ．(3) モード質量，モード剛性を求めよ．また，直交性が成立していることを確認せよ．

5.5　図 5.9 に示すような一様なねじりこわさ k を有する弾性軸に，慣性モーメント J の 3 枚の円板が等間隔 l で取り付けられている．図に示すように一端は固定で，他端は自由である．振動数方程式を示せ．また，自由端にトルク $T_0 \sin \omega t$ が作用するときの運動方程式を求めよ．

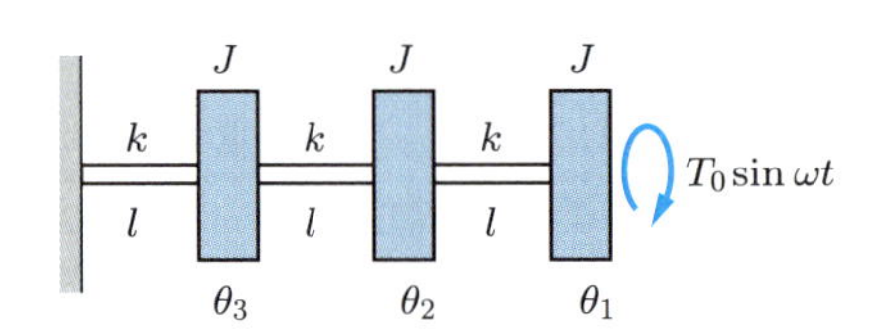

図 5.9　3 枚の円板をもつねじり弾性軸

第6章　連続体の振動

われわれの身のまわりの振動するものは，これまで述べてきた多自由度系の振動のように，一見して質量やばねに区別できないものも多い．このような無限の自由度をもつ構造物を**連続体** (continuous systems) という．この章では，とくに弦とはりについて詳しく述べ，モード解析法の適用などについて説明する．

6.1　弦の振動

6.1.1　運動方程式

弦 (string) は，たわみを与えても**張力**がないときは復元力が発生しない．張力を与えると復元力が生じ，弦は振動する．このように曲げこわさによる復元力が小さく，張力による復元力が大きいとき，弦として取り扱いが可能となる．

図 6.1 (a) に示すように，単位長さの質量が ρ の曲がりやすい弦が，一定の張力 T で張られているとする．弦の長さに比べて，弦の横変位は小さく，横変位をしても張力は変わらないものとする．

図 6.1 (b) に示す dx の微小部分についての力のつり合いを考える．微小部分の x 断

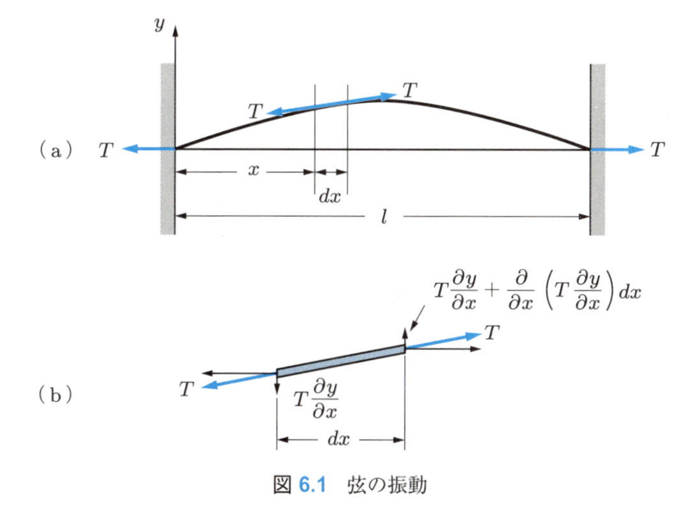

図 **6.1**　弦の振動

面に作用する横方向の力は $-T(\partial y/\partial x)$ である．一方，$(x+dx)$ 断面に作用する横方向の力は，$T\dfrac{\partial y}{\partial x}+\dfrac{\partial}{\partial x}\left(T\dfrac{\partial y}{\partial x}\right)dx$ となる．この微小部分の質量は ρdx であるから，横方向の微小部分の運動方程式は，

$$\rho dx\frac{\partial^2 y}{\partial t^2}=-T\frac{\partial y}{\partial x}+T\frac{\partial y}{\partial x}+\frac{\partial}{\partial x}\left(T\frac{\partial y}{\partial x}\right)dx$$

となる．すなわち，次式が得られる．

$$\rho dx\frac{\partial^2 y}{\partial t^2}=\frac{\partial}{\partial x}\left(T\frac{\partial y}{\partial x}\right)dx \tag{6.1}$$

ここで，張力 T が横変位をしても変わらないときは微分記号の外へ出すことができて，さらに ρ が一様であるときは，

$$\frac{\partial^2 y}{\partial t^2}=c^2\frac{\partial^2 y}{\partial x^2} \tag{6.2}$$

となる．ここで，$c^2=T/\rho$ である．この式 (6.2) が**弦の振動** (vibration of string) を表す運動方程式である．

後述する棒の**縦振動**，**ねじり振動**，**流体柱の振動**も同じ形の運動方程式になる．したがって，これらの振動の性質は，いずれの場合も同じになる．式 (6.2) の解は，

$$y(x,t)=f(x-ct)+g(x+ct) \tag{6.3}$$

で与えられることがわかる．ここに，$f(x)$, $g(x)$ は任意の関数である．式 (6.3) を具体的に式 (6.2) に代入すると，式 (6.3) は式 (6.2) を満足する解であることがわかる．まず，式 (6.3) の第 1 項の $f(x-ct)$ の性質を考える．

時刻 t における点 x の変位 $y_f(x,t)$ は，

$$y_f(x,t)=f(x-ct) \tag{6.4}$$

となる．時刻 $(t+\Delta t)$ における点 $(x+\Delta x)$ の変位は，$\Delta x=c\Delta t$ とすると，

$$y_f(x+\Delta x,t+\Delta t)=f\{(x+\Delta x)-c(t+\Delta t)\}=f(x-ct) \tag{6.5}$$

となる．これは時刻 t で，図 6.2 の実線で示す変位をしていたものが，速度 c で x の正の方向である右側に移動したことを示している．これからわかるように，解 $f(x-ct)$ は，波形を一定に保ったまま時間とともに**右側に進行する波**を表している．同様に $g(x+ct)$ は，速度 c で x の負の方向である**左側へ進行する波**を表す．このように，運動方程式の解が**波動**としての性質をもつので，**波動方程式** (wave equation) ともよばれる．したがって c は**波の伝播速度**である．

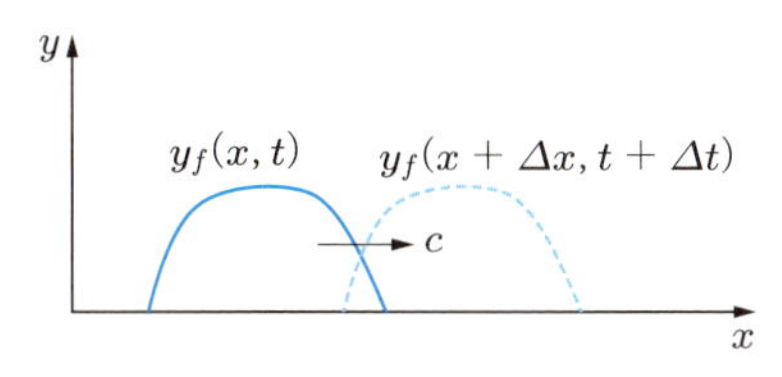

図 6.2　弦を伝播する波動

いま，たがいに反対方向に進行する波形が，同じ振幅の調和振動波形であれば，**波長**を λ として両者を合成すると，

$$
\begin{aligned}
y &= A\sin 2\pi\frac{(x-ct)}{\lambda} + A\sin 2\pi\frac{(x+ct)}{\lambda} \\
&= 2A\sin\left(\frac{2\pi}{\lambda}x\right)\cos\left(\frac{2\pi c}{\lambda}t\right) \\
&= 2A\sin\left(\frac{2\pi}{\lambda}x\right)\cos(2\pi ft) \qquad (6.6)
\end{aligned}
$$

となる．ここで，$\lambda = c/f$ であり，f は調和振動の振動数である．式 (6.6) を観察すると，y はいずれの方向へも進行しない**定常波** (steady-state wave) となる．これはまた，定在波 (standing wave) ともよばれる．これより，位置 x によって振幅が 0 となる振動の**節 (ふし)**(nodal point) とよばれる点や，また振幅が最大の $2A$ となる**腹 (はら)** とよばれる点ができることがわかる．

6.1.2　自由振動

式 (6.2) は強制振動させる外力を考えていない．これは自由振動を支配する運動方程式である．この解を，式 (6.6) のかわりに，調和振動として $y = Y(x)\cos\omega t$ の形で一般的に表現ができるが，ここでは複素数を利用して一般化することにする．

$$
y = Y(x)e^{j\omega t} \qquad (6.7)
$$

ここで，$\omega = 2\pi f$ である．式 (6.7) を式 (6.2) に代入すると，

$$
\frac{d^2Y}{dx^2} + \frac{\omega^2}{c^2}Y = 0 \qquad (6.8)
$$

が得られる．この式の一般解は，

$$
Y = C\cos\frac{\omega x}{c} + D\sin\frac{\omega x}{c} \qquad (6.9)
$$

となる．解 y は**境界条件** (boundary condition) を満たさなければならない．通常の弦の両端は固定され，そこでのたわみは 0 だから，境界条件は

$$
x = 0,\ l\ :\ Y = 0 \qquad (6.10)
$$

となるので，式 (6.9) より，

$$\left.\begin{aligned} &C = 0 \\ &C\cos\frac{\omega l}{c} + D\sin\frac{\omega l}{c} = 0 \end{aligned}\right\} \tag{6.11}$$

となる．$C = D = 0$ は自明な解となるから，意味のある解をもつ条件は，

$$\sin\frac{\omega l}{c} = 0 \tag{6.12}$$

となる．これが，**特性方程式**すなわち**振動数方程式**である．この式を解くと，$\omega l/c = \pm\pi$, $\pm 2\pi, \ldots$ となるので，$\omega = \pm\omega_i$ となる．ここで ω_i は，

$$\omega_i = \frac{i\pi c}{l} = \frac{i\pi}{l}\sqrt{\frac{T}{\rho}} \qquad (i = 1, 2, \cdots) \tag{6.13}$$

である．この ω_i に対する $Y_i(x)$ の値は，

$$Y_i(x) = D\sin\frac{i\pi x}{l} \qquad (i = 1, 2, \cdots) \tag{6.14}$$

となり，この関数は多自由度系の固有ベクトルまたはモードベクトルに対応するもので，**固有関数** (eigen function) または**モード関数** (modal function) とよばれる．式 (6.14) の最初の 3 つ $(i = 1, 2, 3)$ のモード関数は図 6.3 の形となる．

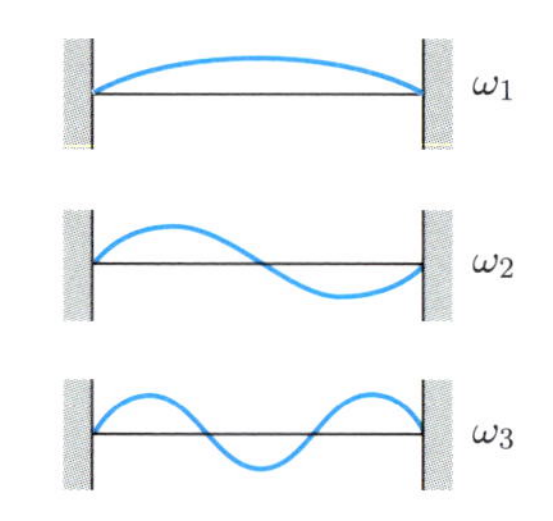

図 6.3　両端固定の弦のモード関数

弦の自由振動の解は，これらのモードの重ね合わせで表現できるから，

$$y = \sum_{i=1}^{\infty}\{A_i' Y_i(x)e^{j\omega_i t} + B_i' Y_i(x)e^{-j\omega_i t}\} \tag{6.15}$$

とおける．この式の任意定数 A_i', B_i' を共役な複素数とおくと，次式のような形の一般解とすることができる．

$$\begin{aligned} y(x,t) &= \sum_{i=1}^{\infty} Y_i(x)(A_i''\cos\omega_i t + B_i''\sin\omega_i t) \\ &= \sum_{i=1}^{\infty}\sin\frac{i\pi x}{l}(A_i\cos\omega_i t + B_i\sin\omega_i t) \end{aligned} \tag{6.16}$$

ここに，A_i, B_i は任意定数で初期条件より決定できる．初期条件を $t=0$ で，

$$y(x,0)=f(x), \quad \frac{\partial y(x,0)}{\partial t}=g(x) \tag{6.17}$$

とおけば，式 (6.16) より次式が得られる．

$$\left.\begin{aligned}\sum_{i=1}^{\infty} A_i \sin\frac{i\pi x}{l} = f(x) \\ \sum_{i=1}^{\infty} B_i\omega_i \sin\frac{i\pi x}{l} = g(x)\end{aligned}\right\} \tag{6.18}$$

これより，A_i, B_i は，2.4 節で述べたフーリエ級数を用いれば，つぎのように得られる．

$$\left.\begin{aligned}A_i &= \frac{2}{l}\int_0^l f(x)\sin\frac{i\pi x}{l}dx \qquad (i=1,2,\cdots) \\ B_i &= \frac{2}{l\omega_i}\int_0^l g(x)\sin\frac{i\pi x}{l}dx \quad (i=1,2,\cdots)\end{aligned}\right\} \tag{6.19}$$

例題 6.1 ピアノ線が図 6.1 に示すように両端固定されているとする．ピアノ線の長さは 0.5 m，単位長さあたりの質量は 0.08 kg/m とする．張力は 10×10^4 N とするとき，その 1 次の固有振動数を求めよ．

▶**解** 式 (6.13) より，固有円振動数 ω_1 は

$$\omega_1 = \frac{\pi}{l}\sqrt{\frac{T}{\rho}}$$

で与えられる．この式に $l=0.5$ m，$T=10\times10^4$ N，$\rho=0.08$ kg/m を代入すると，つぎのように 1 次の固有振動数が得られる．

$$\omega_1 = \frac{\pi}{0.5}\sqrt{\frac{10\times10^4}{0.08}} = 7025 \text{ rad/s}$$

$$f_1 = \frac{\omega_1}{2\pi} = 1118 \text{ Hz}$$

◁

■6.1.3 強制振動

つぎに，**弦に調和外力が作用する場合の強制振動**について考える．図 6.1 の弦に単位長さあたり分布調和外力 $f(x,t)$ が作用しているとして，図 **6.4** の力のつり合いを考えると，式 (6.1) より，

$$\rho\frac{\partial^2 y}{\partial t^2} = \frac{\partial}{\partial x}\left(T\frac{\partial y}{\partial x}\right) + f(x,t) \tag{6.20}$$

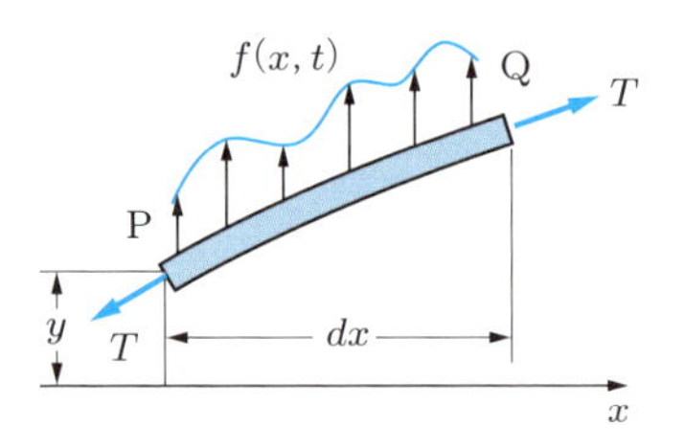

図 6.4 弦の強制振動

が得られる．この分布調和外力は，

$$f(x,t) = f(x)\cos\omega t \tag{6.21}$$

で与えられるとし，以下簡単化して考えることにする．ここに，$f(x)$ は x によって与えられる関数である．さらに，式 (6.21) を複素数を利用して一般化して解いておくことにする．すなわち，

$$f(x,t) = f(x)e^{j\omega t} \tag{6.22}$$

とさらにおき換える．式 (6.20)，(6.22) より，

$$\rho\frac{\partial^2 y}{\partial t^2} - T\frac{\partial^2 y}{\partial x^2} = f(x)e^{j\omega t} \tag{6.23}$$

となる．この解の実部が $f(x)\cos\omega t$ の調和外力に対する解となる．

式 (6.23) の解を，自由振動の解として求めた式 (6.14) で与えられるモード関数 $Y_i(x)$ を用いて，次式のように表す．

$$y = \sum_{i=1}^{\infty} Y_i(x)\xi_i(t) \tag{6.24}$$

ただし，$Y_i(x)$ は，式 (6.14) での係数 D は $\xi_i(t)$ に入れ込めるので，これを除去した値であり，$Y_i(x) = \sin(i\pi x/l)$ である．また，$\xi_i(t)$ は未知の時間関数である．式 (6.24) を式 (6.23) に代入すると，次式が得られる．

$$\rho\sum_{i=1}^{\infty} Y_i(x)\ddot{\xi}_i(t) - T\sum_{i=1}^{\infty}\frac{d^2Y_i(x)}{dx^2}\cdot\xi_i(t) = f(x)e^{j\omega t} \tag{6.25}$$

ここで，式 (6.13) などより，

$$\left.\begin{aligned} &\frac{d^2Y_i(x)}{dx^2} = -\left(\frac{i\pi}{l}\right)^2\sin\left(\frac{i\pi x}{l}\right) = -\left(\frac{i\pi}{l}\right)^2 Y_i(x) \\ &T\left(\frac{i\pi}{l}\right)^2 = \rho{\omega_i}^2 \end{aligned}\right\} \tag{6.26}$$

であるから，式 (6.25) は式 (6.26) を使うと，次式になる．

$$\sum_{i=1}^{\infty} Y_i(x)\ddot{\xi}_i(t) + \sum_{i=1}^{\infty} \omega_i{}^2 Y_i(x)\xi_i(t) = \frac{f(x)}{\rho} e^{j\omega t} \tag{6.27}$$

式 (6.27) の両辺に $Y_k(x) = \sin(k\pi x/l)$ をかけて，x について 0 から l まで積分すると，モード関数の直交性により左辺の各項は $i = k$ の項以外はすべて 0 になる．具体的に**三角関数の直交性**を用いて計算しても，このことはすぐ理解できる．すなわち，

$$\int_0^l Y_k{}^2(x)dx \cdot \ddot{\xi}_k(t) + \omega_k{}^2 \int_0^l Y_k{}^2(x)dx \cdot \xi_k(t) = \frac{1}{\rho} \int_0^l f(x)Y_k(x)dx \cdot e^{j\omega t} \tag{6.28}$$

が得られる．ここで，

$$\int_0^l Y_i(x)Y_k(x)dx = \int_0^l \sin\left(\frac{i\pi x}{l}\right)\sin\left(\frac{k\pi x}{l}\right)dx = \begin{cases} \dfrac{l}{2} & (i = k) \\ 0 & (i \neq k) \end{cases} \tag{6.29}$$

であり，

$$f_k = \int_0^l f(x)Y_k(x)dx = \int_0^l f(x)\sin\left(\frac{k\pi x}{l}\right)dx \tag{6.30}$$

とおくと，式 (6.28) は式 (6.29)，(6.30) よりつぎのようになる．

$$\ddot{\xi}_k(t) + \omega_k{}^2\xi_k(t) = \left(\frac{2}{l\rho}\right) f_k \cdot e^{j\omega t} \tag{6.31}$$

式 (6.31) は $k = 1, 2, \ldots, \infty$ に対して成り立ち，それぞれの形は 1 自由度系に調和外力が作用した場合の運動方程式と同じ形になっている k 次の振動モードの運動方程式である．したがって，この解は，

$$\xi_k(t) = \frac{2f_k}{l\rho(\omega_k{}^2 - \omega^2)} e^{j\omega t} \tag{6.32}$$

となる．式 (6.32) を式 (6.24) に代入し，添字をあらためて k から i にすると，

$$y = \sum_{i=1}^{\infty} \frac{2f_i}{l\rho(\omega_i{}^2 - \omega^2)} Y_i(x)e^{j\omega t} \tag{6.33}$$

となる．分布調和外力が，式 (6.21) で与えられるときは，式 (6.33) の実部をとれば解が得られる．自由振動も加えた一般解は，式 (6.32) の特解に自由振動の解を加え合わせ，これを式 (6.24) に代入すれば得られる．

例題 6.2　図 6.5 に示すように，長さ l で単位長さあたりの質量が ρ である水平に張られた弦があるとする．$x = l_1$ の点に $f_0 \sin \omega t$ なる調和外力が作用した場合の，弦の定常になったときの振動応答を求めよ．

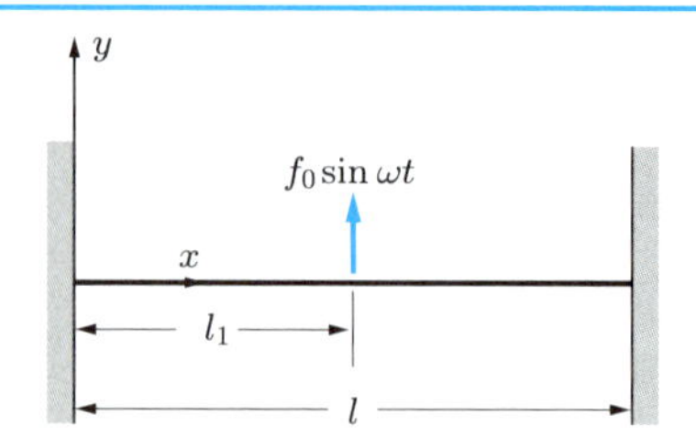

図 6.5　弦の 1 点に振動外力が作用するときの弦の振動

▶解　$x = l_1$ の点に点荷重が作用したときの分布荷重としての解析的表現は，

$$f(x,t) = (f_0 \sin \omega t) \cdot \delta(x - l_1)$$

である．ここで，$\delta(x)$ はデルタ関数であり，一般に，

$$\int_\alpha^\beta g(x)\delta(x - l_1)dx = g(l_1)$$

が成立する．ここで，$g(x)$ は任意の関数である．よって，本文の式 (6.27) の右辺において

$$f(x)e^{j\omega t} \quad \Rightarrow \quad f_0\,\delta(x - l_1)\sin \omega t$$

として，式 (6.28) の演算を行う．式 (6.30) の f_k は，

$$f_k = \int_0^l f_0\,\delta(x - l_1)Y_k(x)dx = f_0 Y_k(l_1)$$

となる．したがって，式 (6.31) より，

$$\ddot{\xi}_k(t) + {\omega_k}^2 \xi_k(t) = \left(\frac{2}{l\rho}\right) f_0 Y_k(l_1) \sin \omega t \quad (k = 1, 2, \cdots, \infty)$$

が得られる．この解は，

$$\xi_k(t) = \frac{2 f_0 Y_k(l_1)}{l\rho({\omega_k}^2 - \omega^2)} \sin \omega t$$

となる．よって，弦の振動応答 y は，式 (6.24) を用いて，

$$y = \sum_{i=1}^{\infty} \frac{2 f_0 Y_i(l_1)}{l\rho({\omega_i}^2 - \omega^2)} Y_i(x) \sin \omega t$$

となる．両端固定の弦の振動モード $Y_i(x)$ は，$Y_i(x) = \sin(i\pi x/l)$ であるので，これを上式に代入すると，次式が得られる．

$$y = \frac{2 f_0}{l\rho} \left\{ \sum_{i=1}^{\infty} \frac{\sin(i\pi l_1/l)}{({\omega_i}^2 - \omega^2)} \sin(i\pi x/l) \right\} \sin \omega t$$

◁

6.2 棒の縦振動

図 6.6 に示すように，断面積が A で縦弾性係数が E の**棒の縦振動** (longitudinal vibration of rods) について考える．棒に沿って x をとり，点 x の縦変位を $u(x,t)$ で示す．縦振動するとき，棒の断面 x は $x+u$ に進み，$x+dx$ は $(x+dx)+\left(u+\dfrac{\partial u}{\partial x}dx\right)$ に進む．微小部分 dx についての力のつり合いを考える．x 断面のひずみは $\partial u/\partial x$ であるから，dx の微小部分に対して，左から作用する力は，$-EA\dfrac{\partial u}{\partial x}$ である．一方，右から作用する力は $EA\dfrac{\partial u}{\partial x}+\dfrac{\partial}{\partial x}\left(EA\dfrac{\partial u}{\partial x}\right)dx$ となる．この微小部分の質量は，単位体積あたりの質量を ρ とすれば ρAdx となり，微小部分の運動方程式は，

$$\rho Adx\frac{\partial^2 u}{\partial t^2}=-EA\frac{\partial u}{\partial x}+EA\frac{\partial u}{\partial x}+\frac{\partial}{\partial x}\left(EA\frac{\partial u}{\partial x}\right)dx$$

となる．すなわち，

$$\rho Adx\frac{\partial^2 u}{\partial t^2}=\frac{\partial}{\partial x}\left(EA\frac{\partial u}{\partial x}\right)dx \tag{6.34}$$

となる．ここで，ρ，EA が一様であるときは，次式となる．

$$\frac{\partial^2 u}{\partial t^2}=c^2\frac{\partial^2 u}{\partial x^2} \tag{6.35}$$

となる．ここで，$c^2=E/\rho$ である．式 (6.35) は**棒の縦振動の運動方程式**であり，弦の運動方程式 (6.2) と同じ形になり，同様に自由振動，強制振動の解を得ることができる．

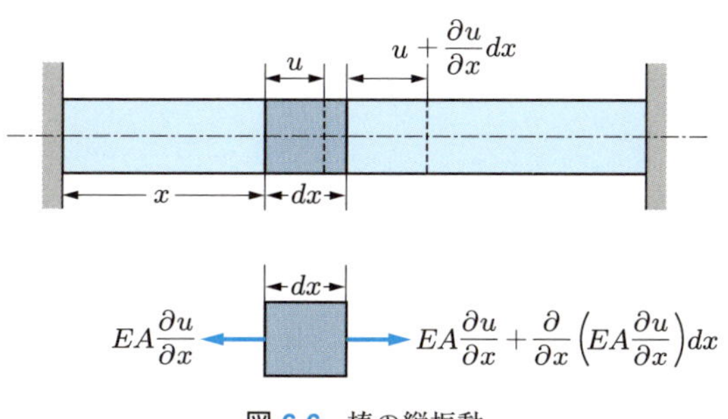

図 6.6　棒の縦振動

例題 6.3　一端固定，他端自由の片持の棒の縦振動の固有円振動数と固有関数を求めよ．はりの諸元は，図 6.6 と同じとする．

▶解　棒の縦方向の変位 $u(x,t)$ が $u(x,t)=U(x)e^{j\omega t}$ で表せるとき，式 (6.35) の解は，

$$U(x)=C\cos\frac{\omega x}{c}+D\sin\frac{\omega x}{c}$$

となる．解 u は境界条件を満たさなければならない．一端固定，他端自由より，次式が得られる．

$$x=0:U=0,\qquad x=l:\frac{dU}{dx}=0$$

これらの境界条件より，次式が得られる．

$$C=0,\quad -C\frac{\omega}{c}\sin\frac{\omega l}{c}+D\frac{\omega}{c}\cos\frac{\omega l}{c}=0$$

$D=0$ になると振動はまったく生じないことになるので，意味のある解をもつ条件は，

$$\cos\frac{\omega l}{c}=0$$

となる．これより固有円振動数はつぎのように得られる．

$$\omega_i=\frac{(2i-1)\pi c}{2l}\quad(i=1,2,\cdots)$$

この ω_i に対する固有関数は次式となる．

$$U(x)=D\sin\frac{(2i-1)\pi x}{2l}\quad(i=1,2,\cdots)$$

◁

例題 6.4　図 6.7 に示すように，長さ l，断面積 A，単位長さあたりの質量 ρ の棒が剛な天井から固定の条件でつり下げられている．また，棒の下端は剛性が k の弾性基礎で支持されている．この弾性支持された棒の縦振動の固有円振動数を求めよ．自重の影響は無視できるとする．

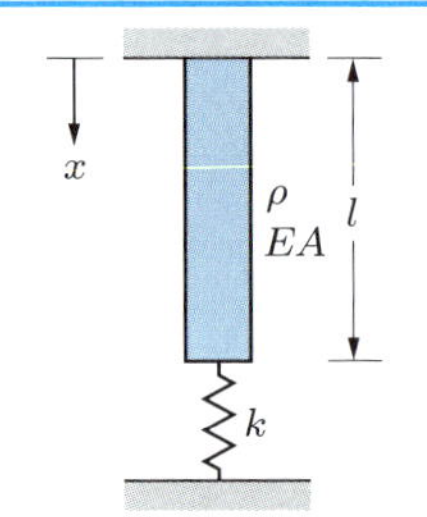

図 6.7　弾性支持された棒の縦振動

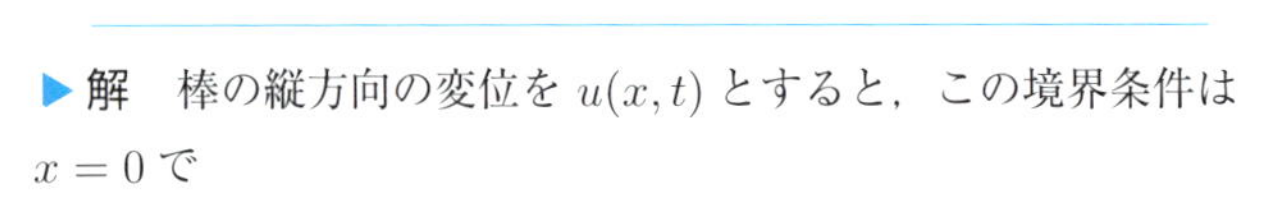

▶解　棒の縦方向の変位を $u(x,t)$ とすると，この境界条件は $x=0$ で

$$u(0,t)=0$$

である．また，$x=l$ で棒の軸力と弾性基礎による復元力とはつり合っているので，

$$EA\frac{\partial u(l,t)}{\partial x}+ku(l,t)=0$$

となる．本文の式 (6.35) の解を，

$$u(x,t)=\left(C\cos\frac{\omega}{c}x+D\sin\frac{\omega}{c}x\right)e^{j\omega t}$$

とすると，境界条件より次式が得られる．

$$C=0,\ \ EA\left(-C\frac{\omega}{c}\sin\frac{\omega l}{c}+D\frac{\omega}{c}\cos\frac{\omega l}{c}\right)+k\left(C\cos\frac{\omega l}{c}+D\sin\frac{\omega l}{c}\right)=0$$

$C = D = 0$ は自明な解となるので，意味のある解をもつためには，上式より，

$$EA\frac{\omega}{c}\cos\frac{\omega l}{c} + k\sin\frac{\omega l}{c} = 0$$

の条件が得られる．この条件を満足する解 ω_i は，

$$\frac{\tan\lambda_i}{\lambda_i} = -\frac{EA}{kl}$$

となる．ここで，$\lambda_i = \omega_i l/c$ である．これは，一般に $y = \tan\lambda$ と $y = a\lambda\ \bigl(a = -EA/(kl)\bigr)$ の交点として図式解法または数値解析により求められる解であり，図 6.8 で得られる．

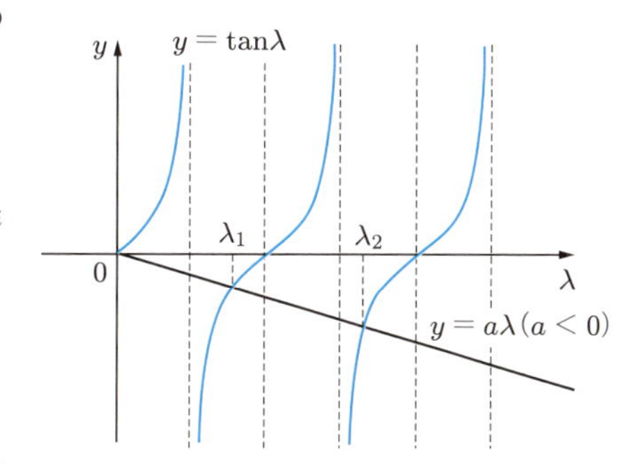

図 6.8 図式解法による解の求め方

◁

6.3 棒のねじり振動

図 6.9 に示すように，棒の断面の断面 2 次極モーメントが J_p で横弾性係数が G である**棒のねじり振動** (torsional vibration of shafts) について考える．棒に沿って x をとり，点 x の回転角を $\theta(x,t)$ で示す．ねじり振動するとき，棒の断面 x でのせん断ひずみは $\partial\theta/\partial x$ であるから，dx の微小部分に対して左から作用するモーメントは $-GJ_p\dfrac{\partial\theta}{\partial x}$ である．一方，右から作用する力は，$GJ_p\dfrac{\partial\theta}{\partial x} + \dfrac{\partial}{\partial x}\left(GJ_p\dfrac{\partial\theta}{\partial x}\right)dx$ となる．この微小部分の慣性モーメントは，単位体積あたりの質量を ρ とすれば $\rho J_p dx$ となり，微小部分の運動方程式は，次式のように得られる．

$$\rho J_p dx\frac{\partial^2\theta}{\partial t^2} = -GJ_p\frac{\partial\theta}{\partial x} + GJ_p\frac{\partial\theta}{\partial x} + \frac{\partial}{\partial x}\left(GJ_p\frac{\partial\theta}{\partial x}\right)dx$$

すなわち，

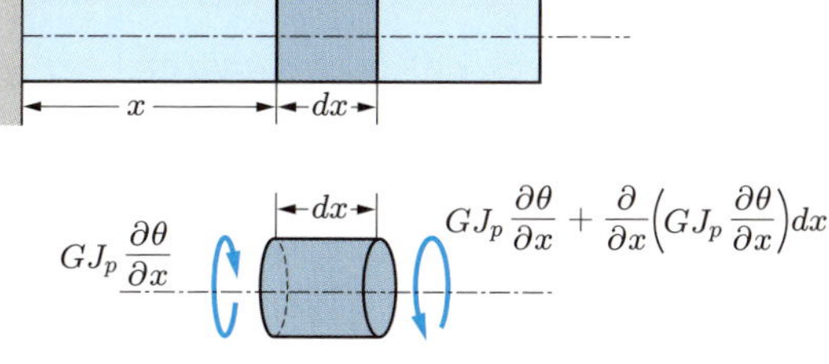

図 6.9 棒のねじり振動

$$\rho J_p \partial x \frac{\partial^2 \theta}{\partial t^2} = \frac{\partial}{\partial x}\left(GJ_p \frac{\partial \theta}{\partial x}\right) dx \tag{6.36}$$

となる．ここで，ρ, GJ_p が一様であるときは，つぎのようになる．

$$\frac{\partial^2 \theta}{\partial t^2} = c^2 \frac{\partial^2 \theta}{\partial x^2} \tag{6.37}$$

ここに，$c^2 = G/\rho$ である．式 (6.37) は**棒のねじり振動の運動方程式**であり，弦の振動や棒の縦振動の運動方程式と同じ形になることがわかる．

例題 6.5 図 6.10 に示すように，途中で直径が異なっている段付の円形軸がある．この軸のねじり固有円振動数を与える式を導け．ただし，太い径の一端は剛壁に固定されており，細い一端は自由であるとする．断面 2 次極モーメントを J_l, J_s，長さは l_l, l_s とし，単位長さあたりの質量と横弾性係数は両方の軸とも ρ および G とする．

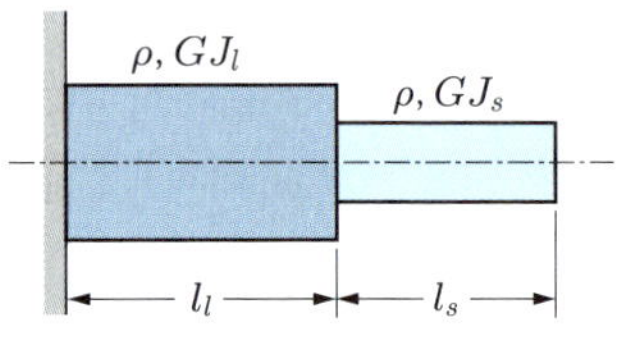

図 6.10 段付の円形軸

▶**解** 図 6.10 の左端を原点とし，太い軸のねじり角を $\theta_l(x,t)$ とし，細い軸もその左端を原点としてねじり角を $\theta_s(x,t)$ とする．ねじり振動の運動方程式は，

$$\frac{\partial^2 \theta_i}{\partial t^2} = c^2 \frac{\partial^2 \theta_i}{\partial x^2} \quad (i = l, s)$$

となる．この定常振動の解は，

$$\theta_i(x,t) = \Theta_i(x) e^{j\omega x} = \left(C_i \cos\frac{\omega x}{c} + D_i \sin\frac{\omega x}{c}\right)\sin\omega t \quad (i = l,\ s)$$

となる．

固定端と自由端の境界条件は，

$$\theta_l(0,t) = 0, \quad \frac{\partial\{\theta_s(l_s,t)\}}{\partial x} = 0$$

である．また，段付部の接合点では，ねじり角変位とねじりモーメントの連続条件より，次式が成り立つ．

$$\theta_l(l_l,t) = \theta_s(0,t), \quad GJ_l \frac{\partial \theta_l(l_l,t)}{\partial x} = GJ_s \frac{\partial \theta_s(0,t)}{\partial x}$$

固定端と自由端の関係より，次式が得られる．

$$C_l = 0, \quad -C_s \frac{\omega}{c}\sin\left(\frac{\omega l_s}{c}\right) + D_s \frac{\omega}{c}\cos\left(\frac{\omega l_s}{c}\right) = 0$$

また，段付部の接合点の関係より，次式が得られる．

$$D_l \sin\left(\frac{\omega l_l}{c}\right) = C_s, \quad GJ_l D_l \frac{\omega}{c}\cos\left(\frac{\omega l_l}{c}\right) = GJ_s D_s \frac{\omega}{c}$$

上式より，D_l を消去すると，

$$J_l \cot\left(\frac{\omega\, l_l}{c}\right) C_s - J_s D_s = 0$$

が得られる．これらの関係より，$C_s = D_s = 0$ の自明な解とならない条件は，

$$\begin{vmatrix} -\sin\left(\dfrac{\omega\, l_s}{c}\right) & \cos\left(\dfrac{\omega\, l_s}{c}\right) \\ J_l \cot\left(\dfrac{\omega\, l_l}{c}\right) & -J_s \end{vmatrix} = 0$$

となる．これを展開すると，

$$\tan\left(\frac{\omega\, l_l}{c}\right) \cdot \tan\left(\frac{\omega\, l_s}{c}\right) = \frac{J_l}{J_s}$$

となる．この式を満足する ω が段付円形軸の固有円振動数を与える． ◁

例題 6.6 図 6.11 に示すように，自由端に慣性モーメント J の円板が付着している棒がある．他端は固定されているとする．棒の断面 2 次極モーメントは J_p，横弾性係数は G，長さは l とする．

(1) 棒のねじり振動の固有円振動数を求める振動数方程式を求めよ．(2) 棒の直径は 10 mm，長さは 400 mm とし，自由端の円板の厚さは 10 mm，直径は 100 mm，密度 ρ は 7.8×10^3 kg/m^3，横弾性係数 G は 80 GPa とする．1 次のねじり固有円振動数を求めよ．

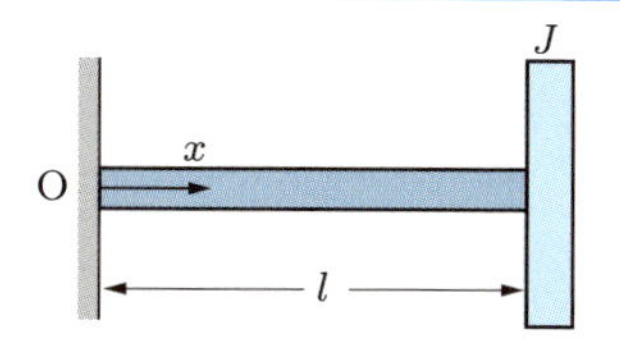

図 6.11 自由端に集中質量をもつ棒のねじり振動

▶ **解** (1) 棒のねじり角変位を $\theta(x,t)$ とすると，この境界条件は $x = 0$ で，

$$\theta(0,t) = 0$$

である．また $x = l$ で，棒のねじりモーメントは円板の慣性モーメントとつり合っているので，

$$GJ_p \frac{\partial \theta(l,t)}{\partial x} + J \frac{\partial^2 \theta(l,t)}{\partial t^2} = 0$$

となる．本文の式 (6.37) の解を，

$$\theta(x,t) = \left(C \cos \frac{\omega}{c} x + D \sin \frac{\omega}{c} x\right) e^{j\omega t}$$

とすると，境界条件より次式が得られる．

$$C = 0$$

$$GJ_p \left(-C \frac{\omega}{c} \sin \frac{\omega l}{c} + D \frac{\omega}{c} \cos \frac{\omega l}{c}\right) + J \left\{\left(C \cos \frac{\omega l}{c} + D \sin \frac{\omega l}{c}\right)(-\omega^2)\right\} = 0$$

$C = D = 0$ は自明な解となるので，意味のある解をもつためには，上式より，

$$GJ_p\frac{\omega}{c}\cos\frac{\omega l}{c} - J\omega^2\sin\frac{\omega l}{c} = 0$$

が得られる．ここで，$c^2 = G/\rho$ であり，棒のみの軸まわりの慣性モーメント J_0 は，$J_0 = \rho l J_p$ である．これらの関係を上式に適用すると，

$$\left(\frac{\omega l}{c}\right)\tan\frac{\omega l}{c} = \frac{J_0}{J}$$

となる振動数方程式が得られる．この条件を満足する解 ω_i は，$\lambda_i = \omega_i l/c$ とおくと，

$$\lambda_i \tan\lambda_i = \frac{J_0}{J}$$

と表現しなおすことができる．λ_i は，一般に $y = \tan\lambda$ と $y = a/\lambda$ (ただし，$a = J_0/J$) の交点として，図式解法または数値解析で求められる解である．

(2) 円板の直径 $D = 0.1$ m，厚さ $B = 0.01$ m であるから，

$$J = B \times \frac{\pi\rho D^4}{32} = 0.01 \times \frac{\pi \times 7.8 \times 10^3 \times 0.1^4}{32} = 7.66 \times 10^{-4}\ \mathrm{kg{\cdot}m^2}$$

となる．また，棒の J_0 は，$l = 0.4$ m, $d = 0.01$ m, $J_p = \pi d^4/32$ であるから，

$$J_0 = \rho l J_p = 7.8 \times 10^3 \times 0.4 \times \frac{\pi \times (0.01)^4}{32} = 3.06 \times 10^{-6}\ \mathrm{kg{\cdot}m^2}$$

となる．振動数方程式は，つぎのようになる．

$$\lambda_i \tan\lambda_i = \frac{J_0}{J} = \frac{3.06 \times 10^{-6}}{7.66 \times 10^{-4}} = 0.00399$$

数値計算により上式を満足する λ_i を求めると，

$$\lambda_1 = 0.06320, \quad \lambda_2 = 3.14287, \quad \lambda_3 = 6.28382$$

である．これより，

$$\omega_i = \lambda_i\frac{c}{l} = \frac{\lambda_i}{l}\sqrt{\frac{G}{\rho}} = \frac{1}{0.4}\sqrt{\frac{80 \times 10^9}{7.8 \times 10^3}}\lambda_i = 8.01 \times 10^3\lambda_i$$

の関係から次式となる．

$$\omega_1 = 5.06 \times 10^2\ \mathrm{rad/s}, \quad \omega_2 = 2.52 \times 10^4\ \mathrm{rad/s}, \quad \omega_3 = 5.03 \times 10^4\ \mathrm{rad/s}$$ ◁

6.4 流体柱の振動

図 6.12 に示すように，断面積が A，流体の**体積弾性率** (bulk modulus) が K の**流体柱の振動** (vibration of fluid column) について考える．この場合，弾性棒のかわりに流体柱が縦振動を行うことになる．体積弾性率は，

$$K = -\frac{dP}{dV/V} \tag{6.38}$$

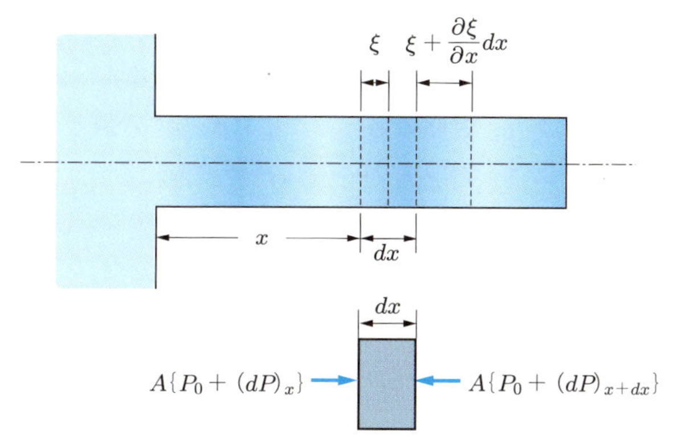

図 6.12 流体柱の振動

なる関係があり，dP は流体柱の圧力の増加分，dV/V は体積増加率である．dx の微小部分の x 断面における圧力は，

$$(P)_x = P_0 + (dP)_x = P_0 - K\left(\frac{dV}{V}\right)_x = P_0 - K\left(\frac{A\xi}{Ax}\right)_x = P_0 - K\frac{\partial\xi}{\partial x}$$

であり，ここに，P_0 は平均圧力である．また，ξ は流体の変位を示す．微小部分の $(x + dx)$ 断面における圧力は，

$$\begin{aligned}(P)_{x+dx} = P_0 + (dP)_{x+dx} &= P_0 - K\left(\frac{dV}{V}\right)_{x+dx} \\ &= P_0 - K\left\{\frac{\partial\xi}{\partial x} + \frac{\partial}{\partial x}\left(\frac{\partial\xi}{\partial x}\right)dx\right\}\end{aligned}$$

となる．微小部分に作用する力は，この圧力に断面積 A をかければ得られる．この微小部分の質量は，単位体積あたりの質量を ρ とすれば ρAdx となり，微小部分の運動方程式は，

$$\begin{aligned}\rho Adx\frac{\partial^2\xi}{\partial t^2} &= A\{P_0 + (dP)_x\} - A\{P_0 + (dP)_{x+dx}\} \\ &= AK\left\{-\frac{\partial\xi}{\partial x} + \frac{\partial\xi}{\partial x} + \frac{\partial}{\partial x}\left(\frac{\partial\xi}{\partial x}\right)dx\right\}\end{aligned}$$

となる．すなわち，

$$\rho Adx\frac{\partial^2\xi}{\partial t^2} = AK\frac{\partial}{\partial x}\left(\frac{\partial\xi}{\partial x}\right)dx \tag{6.39}$$

が得られる．ここで，ρ，K が一様であるときは，つぎのようになる．

$$\frac{\partial^2\xi}{\partial t^2} = c^2\frac{\partial^2\xi}{\partial x^2} \tag{6.40}$$

ここで，$c^2 = K/\rho$ である．式 (6.40) は**流体柱の振動の運動方程式**であり，**弦の振動**，**棒の縦振動**および**棒のねじり振動**の運動方程式と同じ形になる．ただし，**体積弾性率** K は流体が**液体**の場合であり，**気体**の場合は，K に相当する値として，断熱変化のときの気体の比熱比 κ とそのときの圧力 P の積 κP で表される．

以上をまとめると，

$$\left.\begin{aligned}&\text{弦の振動} &&: \quad c^2 = \frac{T}{\rho}\\ &\text{棒の縦振動} &&: \quad c^2 = \frac{E}{\rho}\\ &\text{棒のねじり振動} &&: \quad c^2 = \frac{G}{\rho}\\ &\text{流体柱の振動} &&: \quad c^2 = \frac{K}{\rho}\end{aligned}\right\} \tag{6.41}$$

となり，すべて波動方程式となり，共通の運動方程式を解いて，それぞれの場合について物理的な考察をすればよい．

例題 6.7　図 6.13 に示すように内径 10 mm，長さ 1 m のパイプがある．一端が閉じられ，もう一端は開口している．開口端に唇を近づけ，パイプの軸方向に対しておおよそ直角方向に息を吹きかけると，共鳴音が得られることがある．このパイプの固有モードが励起されたためである．

このパイプの流体柱の固有振動数，固有モードを求めよ．ただし，空気の密度 ρ は 1.22 kg/m^3，体積弾性率 K に相当する値として 1.41×10^5 N/m^2 を用いよ．

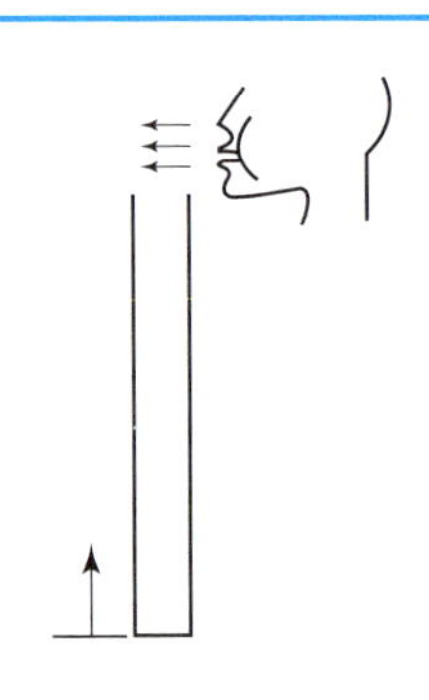

図 6.13　パイプの共鳴図

▶**解**　本文の式 (6.40) の解を，$\xi = \bar{\xi}(x)e^{j\omega t}$ とし，これを式 (6.40) に代入すると，

$$\frac{d^2\bar{\xi}}{dx^2} + \frac{\omega^2}{c^2}\bar{\xi} = 0$$

となり，一般解，

$$\bar{\xi}(x) = C\cos\frac{\omega x}{c} + D\sin\frac{\omega x}{c}$$

が得られる．境界条件は $\bar{\xi}$ が流体の粒子の変位であるので，つぎのようになる．

$$x = 0 : \bar{\xi}(x) = 0, \quad x = l : \frac{d\bar{\xi}(x)}{dx} = 0$$

これより，次式が得られる．

$$C = 0, \quad -C\frac{\omega}{c}\sin\frac{\omega l}{c} + D\frac{\omega}{c}\cos\frac{\omega l}{c} = 0$$

$C = D = 0$ は自明な解となるから，意味のある解をもつ条件は，

$$\cos\frac{\omega\, l}{c} = 0$$

となる．この式の解は，$\dfrac{\omega l}{c} = \pm\dfrac{\pi}{2},\ \pm\dfrac{3}{2}\pi,\ \cdots$ となるので，

$$\omega_i = \frac{(2i-1)\pi}{2l}\sqrt{\frac{K}{\rho}} \qquad (i = 1, 2, \cdots)$$

が得られる．この ω_i は固有円振動数である．また，固有振動数 f_i は，

$$f_i = \frac{\omega_i}{2\pi} = \frac{2i-1}{4l}\sqrt{\frac{K}{\rho}} = \frac{2i-1}{4\times 1}\sqrt{\frac{1.41\times 10^5}{1.22}} = (2i-1)\times 85$$

となり，1 次，2 次，3 次モードはそれぞれ 85 Hz, 255 Hz, 425 Hz となる．固有モードは，

$$\xi(x,t) = \bar{\xi}(x)e^{j\omega_i t} = D\sin\left\{\frac{(2i-1)\pi}{2l}x\right\}e^{j\omega_i t} \quad (i = 1, 2, 3)$$

なので，図 **6.14** のようになる． ◁

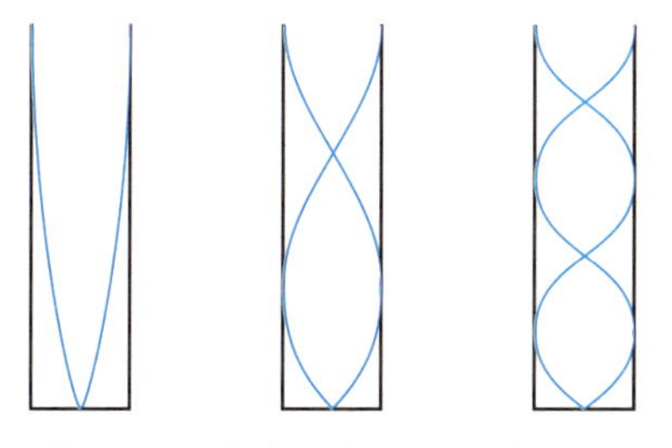

（a）1 次モード （b）2 次モード （c）3 次モード

図 **6.14** 流体柱の振動モード

6.5 はりの曲げ振動

■6.5.1 運動方程式

はりの曲げ振動 (bending vibration of beam) は，断面寸法が長さに比べて小さいときは曲げによる変形だけを考えて，せん断による変形や回転慣性の影響を無視して運動方程式を求めてもよい．このように扱ったはりを**オイラー・ベルヌーイはり** (Euler–Bernoulli beam) とよぶ．また，両者の影響を考慮したはりを**チモシェンコはり** (Timoshenko beam) とよぶ．ここでは，曲げによる変形だけを考えることにする．

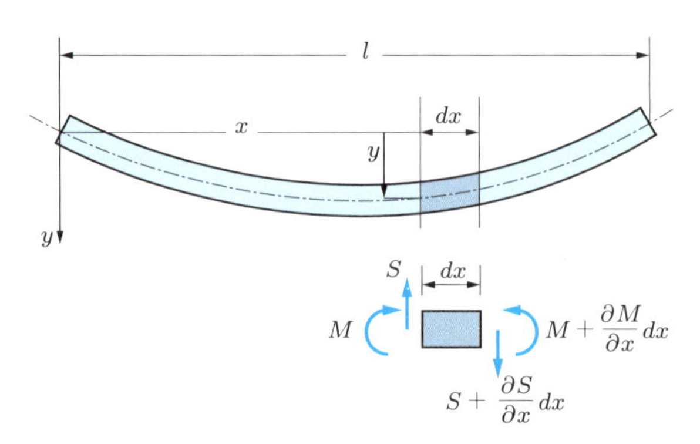

図 6.15　はりの曲げ振動

図 6.15 に示すように，はりの軸方向に座標 x をとり，はりの曲げの方向に y をとる．x の点におけるはりのたわみを $y(x,t)$ とし，断面積を A，断面 2 次モーメントを I，はりの材料の縦弾性係数を E，単位体積あたりの質量を ρ とする．はりを図に示すように軸方向に対して横方向にたわませると，曲げ抵抗によって復元力を生じる．いま，微小部分の左から作用する曲げモーメントとせん断力は，**材料力学のはり理論**より，

$$\left.\begin{aligned} M &= -EI\frac{\partial^2 y}{\partial x^2} \\ S &= \frac{\partial M}{\partial x} = -\frac{\partial}{\partial x}\left(EI\frac{\partial^2 y}{\partial x^2}\right) \end{aligned}\right\} \tag{6.42}$$

である．一方，微小部分の右から作用する曲げモーメントとせん断力は，

$$\left.\begin{aligned} M + \frac{\partial M}{\partial x}dx &= -EI\frac{\partial^2 y}{\partial x^2} - \frac{\partial}{\partial x}\left(EI\frac{\partial^2 y}{\partial x^2}\right)dx \\ S + \frac{\partial S}{\partial x}dx &= -\frac{\partial}{\partial x}\left(EI\frac{\partial^2 y}{\partial x^2}\right) - \frac{\partial^2}{\partial x^2}\left(EI\frac{\partial^2 y}{\partial x^2}\right)dx \end{aligned}\right\} \tag{6.43}$$

である．微小部分の質量は $\rho A dx$ であるから，微小部分の運動方程式は，はりの軸線に対し横方向のせん断力のみを使って，つぎのように求められる．

$$\rho A dx\frac{\partial^2 y}{\partial t^2} = -S + S + \frac{\partial S}{\partial x}dx$$

$$\therefore\ \rho A dx\frac{\partial^2 y}{\partial t^2} = \frac{\partial S}{\partial x}dx = -\frac{\partial^2}{\partial x^2}\left(EI\frac{\partial^2 y}{\partial x^2}\right)dx \tag{6.44}$$

はりは均一で，EI は一様であるときは，つぎのようになる．

$$\frac{\partial^2 y}{\partial t^2} = -\frac{EI}{\rho A}\frac{\partial^4 y}{\partial x^4} \tag{6.45}$$

この式 (6.45) が，**はりの曲げ振動** (bending vibration) を表す運動方程式である．この**曲げ振動**は**横振動** (lateral vibration) ともよばれる．また，この振動ははりの軸直角方向の並進運動のみを考えているが，回転運動も考えて運動方程式を求めるときは，式 (6.42)，(6.43) の曲げモーメントも使わなければならない．ただし，このような場合は**チモシェンコはり** (文献 [9]) となり，ここでは省略する．

6.5.2 自由振動

式 (6.45) は，強制振動を起こさせる外力を考えていない式で，自由振動を支配する運動方程式である．この解を調和振動として，

$$y = Y(x)e^{j\omega t} \tag{6.46}$$

とおいて，式 (6.45) に代入すると，

$$-\omega^2 Y e^{j\omega t} = -\frac{EI}{\rho A}\frac{d^4Y}{dx^4}e^{j\omega t}$$

が得られる．すなわち，

$$\frac{d^4Y}{dx^4} - \kappa^4 Y = 0 \tag{6.47}$$

ここに，$\kappa^4 = \dfrac{\rho A}{EI}\omega^2$ である．式 (6.47) の解を $Y = e^{\lambda x}$ とおき，式 (6.47) に代入すると，

$$(\lambda^4 - \kappa^4)Y = (\lambda - j\kappa)(\lambda + j\kappa)(\lambda - \kappa)(\lambda + \kappa)Y = 0$$

となるから，λ として $j\kappa$，$-j\kappa$，κ，$-\kappa$ が得られる．したがって，

$$Y_1 = e^{j\kappa x},\ Y_2 = e^{-j\kappa x},\ Y_3 = e^{\kappa x},\ Y_4 = e^{-\kappa x}$$

はそれぞれ，式 (6.47) を満足する解であるから，一般解は，任意定数 C_1～C_4, C'_1～C'_4 を用いて表すとつぎのようになる．

$$Y(x) = C'_1 e^{j\kappa x} + C'_2 e^{-j\kappa x} + C'_3 e^{\kappa x} + C'_4 e^{-\kappa x}$$

この式の指数関数を三角関数と双曲線関数に変換して，

$$Y(x) = C_1 \cos\kappa x + C_2 \sin\kappa x + C_3 \cosh\kappa x + C_4 \sinh\kappa x \tag{6.48}$$

となる．C_1～C_4 と κ は境界条件によって決められる．

はりの曲げ振動の代表的な境界条件は，図 **6.16** に示すように固定端，単純支持端，自由端が普通用いられる．

これらの条件を式で示せば，

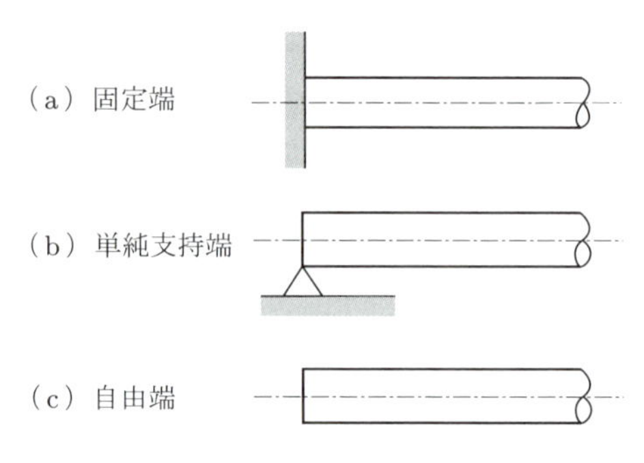

図 6.16　はりの境界条件

(a)　固定端では変位と勾配が 0 となるので，$y = \partial y/\partial x = 0$ となる．

(b)　単純支持端では変位と曲げモーメントが 0 となるので，$y = \partial^2 y/\partial x^2 = 0$ となる．

(c)　自由端では曲げモーメントとせん断力が0となるので，$\partial^2 y/\partial x^2 = \partial^3 y/\partial x^3 = 0$ となる．

(1)　両端が単純支持の場合

境界条件式は，両端を $x = 0, l$ で表示すると，

$$x = 0,\ l : y = \frac{\partial^2 y}{\partial x^2} = 0$$

であるから，

$$x = 0,\ l : Y(0) = \left.\frac{d^2 Y}{dx^2}\right|_{x=0} = Y(l) = \left.\frac{d^2 Y}{dx^2}\right|_{x=l} = 0 \tag{6.49}$$

となる．式 (6.48) を x で 2 階微分すると，

$$\frac{d^2 Y}{dx^2} = -C_1\kappa^2 \cos\kappa x - C_2\kappa^2 \sin\kappa x + C_3\kappa^2 \cosh\kappa x + C_4\kappa^2 \sinh\kappa x \tag{6.50}$$

となるから，式 (6.48) と式 (6.50) に境界条件式 (6.49) を適用すると次式が得られる．

$$\left.\begin{aligned} &C_1 + C_3 = 0 \\ &-C_1 + C_3 = 0 \\ &C_1 \cos\kappa l + C_2 \sin\kappa l + C_3 \cosh\kappa l + C_4 \sinh\kappa l = 0 \\ &-C_1 \cos\kappa l - C_2 \sin\kappa l + C_3 \cosh\kappa l + C_4 \sinh\kappa l = 0 \end{aligned}\right\} \tag{6.51}$$

式 $(6.51)_1$，$(6.51)_2$ より $C_1 = C_3 = 0$ となる．式 $(6.51)_3$ と式 $(6.51)_4$ を加算し，$C_3 = 0$ を適用すると $C_4 \sinh\kappa l = 0$ となり，$\sinh\kappa l > 0$ であるから，$C_4 = 0$ となる．$C_2 = 0$

となればはりが静止してしまう物理的に意味のない自明な解となるので，$C_2 \neq 0$ でなければならない．

すなわち，自明でない解をもつための条件は，

$$\left.\begin{aligned} &C_1 = C_3 = C_4 = 0 \\ &\sin \kappa l = 0 \end{aligned}\right\} \tag{6.52}$$

である．式 $(6.52)_2$ は**両端単純支持はりの振動数方程式**であり，これを満足する κ は

$$\kappa_i = \frac{i\pi}{l} \quad (i = 1, 2, \cdots) \tag{6.53}$$

となる．また，固有円振動数は，${\kappa_i}^4 = (\rho A/EI){\omega_i}^2$ の関係から，

$$\omega_i = \left(\frac{i\pi}{l}\right)^2 \sqrt{\frac{EI}{\rho A}} \quad (i = 1, 2, \cdots) \tag{6.54}$$

となる．モード関数は式 (6.48) より，

$$Y_i = C_2 \sin\left(\frac{i\pi x}{l}\right) \quad (i = 1, 2, \cdots) \tag{6.55}$$

となる．$i = 1, 2, 3$ に対する固有円振動数とモード関数の形状を，**表 6.1** に示す．固有円振動数は，次数が高くなるにしたがい，1 倍，4 倍，9 倍，$\cdots$ で増加する．

表 6.1　両端単純支持のはりの固有円振動数とモード関数

i	固有円振動数 ω_i	モード関数
1	$\pi^2 \Omega$	l
2	$4\pi^2 \Omega$	$\frac{l}{2}$
3	$9\pi^2 \Omega$	$\frac{1}{3}l$, $\frac{2}{3}l$

$$\Omega = \frac{1}{l^2}\sqrt{\frac{EI}{\rho A}}$$

(2) 一端固定で他端単純支持の場合

境界条件式は，$x = 0, l$ で

$$Y(0) = \left.\frac{dY}{dx}\right|_{x=0} = Y(l) = \left.\frac{d^2Y}{dx^2}\right|_{x=l} = 0 \tag{6.56}$$

となる．式 (6.48) を x で 1 階微分すると，

$$\frac{dY}{dx} = -C_1\kappa \sin \kappa x + C_2\kappa \cos \kappa x + C_3\kappa \sinh \kappa x + C_4\kappa \cosh \kappa x \tag{6.57}$$

となるから，式 (6.48)，(6.50) および式 (6.57) に境界条件式 (6.56) を適用すると，

$$\left.\begin{aligned}&C_1 + C_3 = 0\\&C_2 + C_4 = 0\\&C_1\cos\kappa l + C_2\sin\kappa l + C_3\cosh\kappa l + C_4\sinh\kappa l = 0\\&-C_1\cos\kappa l - C_2\sin\kappa l + C_3\cosh\kappa l + C_4\sinh\kappa l = 0\end{aligned}\right\} \tag{6.58}$$

が得られる．式 $(6.58)_1$，$(6.58)_2$ より $C_3 = -C_1, C_4 = -C_2$ となる．これを式 $(6.58)_3$，$(6.58)_4$ に代入すると，

$$\left.\begin{aligned}&(\cos\kappa l - \cosh\kappa l)C_1 + (\sin\kappa l - \sinh\kappa l)C_2 = 0\\&-(\cos\kappa l + \cosh\kappa l)C_1 - (\sin\kappa l + \sinh\kappa l)C_2 = 0\end{aligned}\right\} \tag{6.59}$$

となり，自明でない解をもつためには C_1, C_2 が 0 以外の値にならなければならない．すなわち，式 (6.59) の係数行列式が 0 でなくてはならない．これより，つぎの条件式を得る．

$$\tan\kappa l - \tanh\kappa l = 0 \tag{6.60}$$

これは**一端固定・他端単純支持はりの振動数方程式**であり，この式を満足する κ は，

$$\kappa_1 = \frac{3.927}{l},\quad \kappa_2 = \frac{7.069}{l},\quad \kappa_3 = \frac{10.210}{l},\quad \cdots \tag{6.61}$$

となるので，${\kappa_i}^4 = (\rho A/EI){\omega_i}^2$ より固有円振動数は，

$$\omega_1 = \left(\frac{3.927}{l}\right)^2\sqrt{\frac{EI}{\rho A}},\quad \omega_2 = \left(\frac{7.069}{l}\right)^2\sqrt{\frac{EI}{\rho A}},\quad \omega_3 = \left(\frac{10.210}{l}\right)^2\sqrt{\frac{EI}{\rho A}},\quad \cdots \tag{6.62}$$

となる．モード関数は，

$$C_2 = -\left(\frac{\cos\kappa l + \cosh\kappa l}{\sin\kappa l + \sinh\kappa l}\right)C_1$$

を使うと，式 (6.48) より，

$$\begin{aligned}Y_i = C_1\Biggl\{&\cos\kappa_i x - \left(\frac{\cos\kappa_i l + \cosh\kappa_i l}{\sin\kappa_i l + \sinh\kappa_i l}\right)\sin\kappa_i x\\&-\cosh\kappa_i x + \left(\frac{\cos\kappa_i l + \cosh\kappa_i l}{\sin\kappa_i l + \sinh\kappa_i l}\right)\sinh\kappa_i x\Biggr\}\end{aligned} \tag{6.63}$$

となる．$i = 1, 2, 3$ に対する固有円振動数とモード関数の形状を，**表 6.2** に示す．

同様に両端固定，両端自由，固定－自由の場合について，**表 6.3** に固有円振動数とモード関数を示す．

表 6.2 一端固定，他端単純支持のはりの固有円振動数とモード関数

i	固有円振動数 ω_i	モード関数
1	$(3.927)^2\Omega$	
2	$(7.069)^2\Omega$	$0.560\,l$
3	$(10.210)^2\Omega$	$0.384\,l$, $0.692\,l$

$$\Omega = \frac{1}{l^2}\sqrt{\frac{EI}{\rho A}}$$

表 6.3 両端固定，両端自由，固定–自由のはりの固有円振動数とモード関数

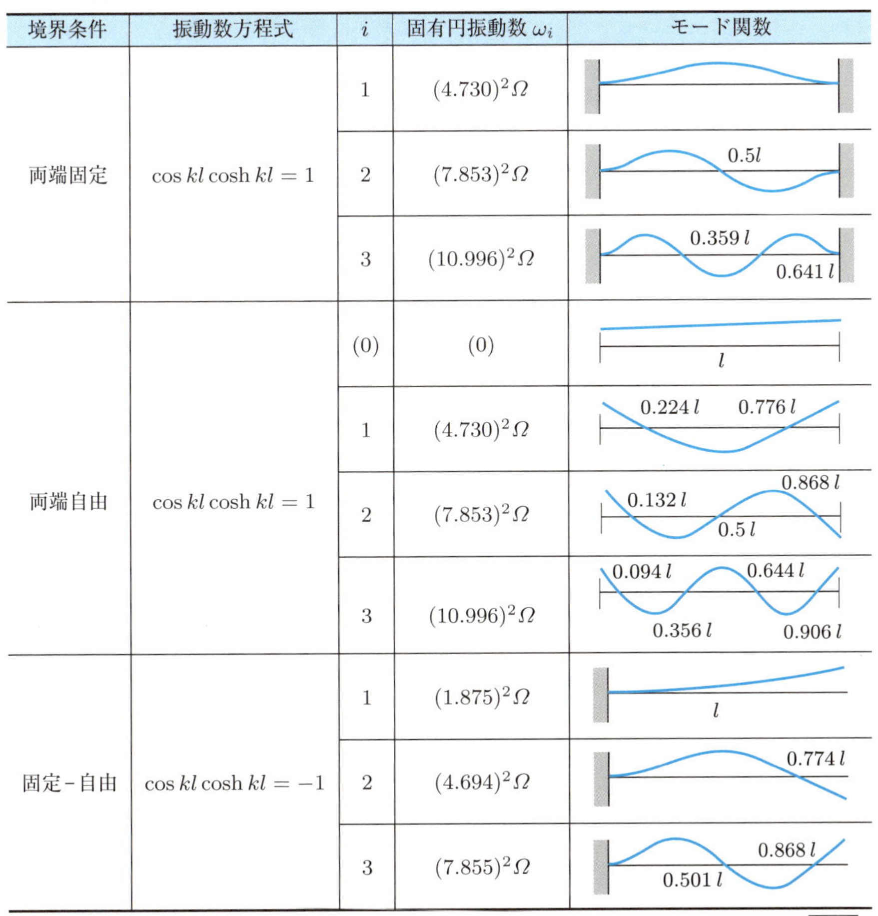

境界条件	振動数方程式	i	固有円振動数 ω_i	モード関数
両端固定	$\cos kl \cosh kl = 1$	1	$(4.730)^2\Omega$	
		2	$(7.853)^2\Omega$	$0.5l$
		3	$(10.996)^2\Omega$	$0.359\,l$, $0.641\,l$
両端自由	$\cos kl \cosh kl = 1$	(0)	(0)	l
		1	$(4.730)^2\Omega$	$0.224\,l$, $0.776\,l$
		2	$(7.853)^2\Omega$	$0.132\,l$, $0.5\,l$, $0.868\,l$
		3	$(10.996)^2\Omega$	$0.094\,l$, $0.356\,l$, $0.644\,l$, $0.906\,l$
固定–自由	$\cos kl \cosh kl = -1$	1	$(1.875)^2\Omega$	l
		2	$(4.694)^2\Omega$	$0.774\,l$
		3	$(7.855)^2\Omega$	$0.501\,l$, $0.868\,l$

$$\Omega = \frac{1}{l^2}\sqrt{\frac{EI}{\rho A}}$$

例題 6.8 図 6.17 に示すように，一端が固定され，他端が自由のはりがある．この自由端に質量 m の集中質量が取り付けられているとする．曲げ振動についての固有円振動数を求める振動数方程式を求めよ．

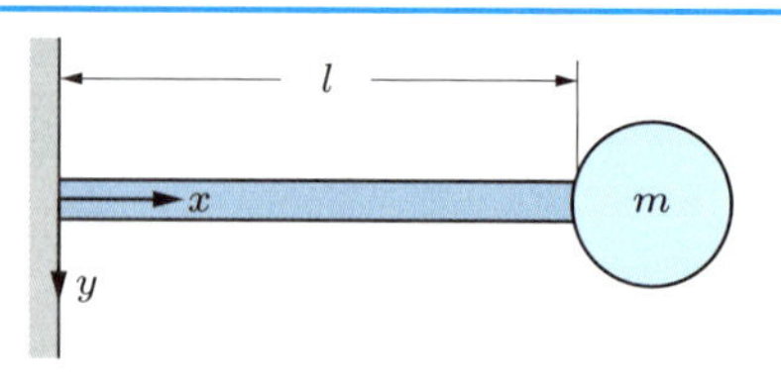

図 6.17 自由端に集中質量をもつ片持はりの曲げ振動

▶解 本文の式 (6.48) において，$x=0, x=l$ での境界条件を適用すると，次式が得られる．

$x=0$ では，$y=\partial y/\partial x=0$ であるから，

$$C_1+C_3=0, \quad C_2+C_4=0$$

となる．$x=l$ では，曲げモーメントは 0 で，せん断力は集中質量の慣性力とつり合うから，

$$\frac{\partial^2 y}{\partial x^2}=0, \quad EI\frac{\partial^3 y}{\partial x^3}=m\frac{\partial^2 y}{\partial t^2}$$

である．これより，

$$\left.\begin{aligned}&-C_1\cos\kappa l-C_2\sin\kappa l+C_3\cosh\kappa l+C_4\sinh\kappa l=0\\&EI\kappa^3(C_1\sin\kappa l-C_2\cos\kappa l+C_3\sinh\kappa l+C_4\cosh\kappa l)\\&\quad=-m\omega^2(C_1\cos\kappa l+C_2\sin\kappa l+C_3\cosh\kappa l+C_4\sinh\kappa l)\end{aligned}\right\}$$

が得られる．上式に $C_3=-C_1$, $C_4=-C_2$ を代入し，$\kappa^4=\dfrac{\rho A}{EI}\omega^2$ を使うと，

$$\left.\begin{aligned}&(\cos\kappa l+\cosh\kappa l)C_1+(\sin\kappa l+\sinh\kappa l)C_2=0\\&C_1\big\{(\sin\kappa l-\sinh\kappa l)+\mu\kappa l(\cos\kappa l-\cosh\kappa l)\big\}\\&\quad+C_2\big\{(-\cos\kappa l-\cosh\kappa l)+\mu\kappa l(\sin\kappa l-\sinh\kappa l)\big\}=0\end{aligned}\right\}$$

となる．ここで，$\mu=m/m_0=m/\rho Al$ である．$C_1=C_2=0$ の自明な解とならない条件は，

$$\begin{vmatrix}\cos\kappa l+\cosh\kappa l & \sin\kappa l+\sinh\kappa l\\(\sin\kappa l-\sinh\kappa l)+\mu\kappa l(\cos\kappa l-\cosh\kappa l) & (-\cos\kappa l-\cosh\kappa l)+\mu\kappa l(\sin\kappa l-\sinh\kappa l)\end{vmatrix}=0$$

である．上式を展開すると，

$$1+\cos\kappa l\cosh\kappa l+\mu\kappa l(\cos\kappa l\sinh\kappa l-\sin\kappa l\cosh\kappa l)=0$$

となる．これが，振動数方程式となる．$\mu=0$ にして，先端の質量を 0 にするときは，上式は第 3 項が 0 になって表 6.3 の固定–自由のはりの振動数方程式になることがわかる．また，μ を無限大にするときは，上式は第 3 項目が支配的となり，本文の式 (6.60) と同じ振動数方程式になり，固定–単純支持のはりになる． ◁

■6.5.3　モード関数の直交性

はりの曲げ振動の解は，境界条件の組み合わせによってモード関数が異なった形になることがわかった．ここでは，これらの**モード関数の直交性**について調べる．

相異なる ω_i, ω_k に対応するモード関数を Y_i, Y_k とすれば，式 (6.47) より，

$$\left.\begin{aligned} \frac{d^4Y_i}{dx^4} - {\kappa_i}^4 Y_i = 0 \\ \frac{d^4Y_k}{dx^4} - {\kappa_k}^4 Y_k = 0 \end{aligned}\right\} \tag{6.64}$$

が成り立つ．式 $(6.64)_1$ に Y_k を，式 $(6.64)_2$ に Y_i をかけて 0 から l まで積分し，両者の差をとると，

$$\begin{aligned} ({\kappa_i}^4 - {\kappa_k}^4)\int_0^l Y_iY_k dx &= \int_0^l \left(\frac{d^4Y_i}{dx^4}Y_k - Y_i\frac{d^4Y_k}{dx^4}\right)dx \\ &= \left|\frac{d^3Y_i}{dx^3}Y_k - Y_i\frac{d^3Y_k}{dx^3}\right|_0^l - \int_0^l\left(\frac{d^3Y_i}{dx^3}\frac{dY_k}{dx} - \frac{dY_i}{dx}\frac{d^3Y_k}{dx^3}\right)dx \\ &= \left|\frac{d^3Y_i}{dx^3}Y_k - Y_i\frac{d^3Y_k}{dx^3}\right|_0^l - \left|\frac{d^2Y_i}{dx^2}\frac{dY_k}{dx} - \frac{dY_i}{dx}\frac{d^2Y_k}{dx^2}\right|_0^l \\ &\quad + \int_0^l\left(\frac{d^2Y_i}{dx^2}\frac{d^2Y_k}{dx^2} - \frac{d^2Y_i}{dx^2}\frac{d^2Y_k}{dx^2}\right)dx \end{aligned} \tag{6.65}$$

となり，式 $(6.65)_{3,4}$ の右辺の第 1，2 項は，図 6.16 のいずれの境界条件の組み合わせに対しても，つねに 0 となる．さらに右辺の第 3 項は 0 となることは明らかであり，$i \neq k$ のとき $\kappa_i \neq \kappa_k$ であるから

$$\int_0^l Y_iY_k dx = \begin{cases} 0 & (i \neq k) \\ \text{一定} & (i = k) \end{cases} \tag{6.66}$$

となる．これを**モード関数間の直交性**という．

■6.5.4　過渡振動

はりの曲げ振動の一般解は，式 (6.46) を用い，固有円振動数とモード関数の各次数の位相差 ϕ_i を考慮した重ね合わせによって，

$$\begin{aligned} y(x,t) &= \sum_{i=1}^{\infty} Y_i(x)e^{j(\omega_i t + \phi_i)} \\ &= \sum_{i=1}^{\infty} Y_i(x)(A_i\cos\omega_i t + B_i\sin\omega_i t) \end{aligned} \tag{6.67}$$

で表せる．ここで，A_i, B_i は初期条件によって決定でき，$t = 0$ で，

$$y(x,0)=f(x),\quad \left.\frac{\partial y}{\partial t}\right|_{t=0}=g(x)$$

とすると，

$$\sum_{i=1}^{\infty}A_iY_i(x)=f(x),\quad \sum_{i=1}^{\infty}B_i\omega_iY_i(x)=g(x)$$

であり，これより A_i, B_i は

$$\left.\begin{aligned} A_i&=\frac{\displaystyle\int_0^l f(x)Y_i(x)dx}{\displaystyle\int_0^l {Y_i}^2(x)dx}\\ B_i&=\frac{\displaystyle\int_0^l g(x)Y_i(x)dx}{\displaystyle\omega_i\int_0^l {Y_i}^2(x)dx}\end{aligned}\right\}\quad (i=1,2,\cdots) \tag{6.68}$$

として求まり，これを式 (6.67) に代入すると，はりの曲げ振動の**過渡応答** (transient response) が得られる．

6.5.5 強制振動

図 6.18 のように単位長さあたり $F(x,t)$ の強制振動させる外力がはりに作用して，はりの曲げ振動を生じる場合について述べる．

強制振動をさせる外力が作用するときのはりの運動方程式は，

$$\rho A\frac{\partial^2 y}{\partial t^2}+EI\frac{\partial^4 y}{\partial x^4}=F(x,t) \tag{6.69}$$

となる．はりの強制振動の解を境界条件に対するモード関数を用いて，

$$y(x,t)=\sum_{k=1}^{\infty}Y_k(x)q_k(t) \tag{6.70}$$

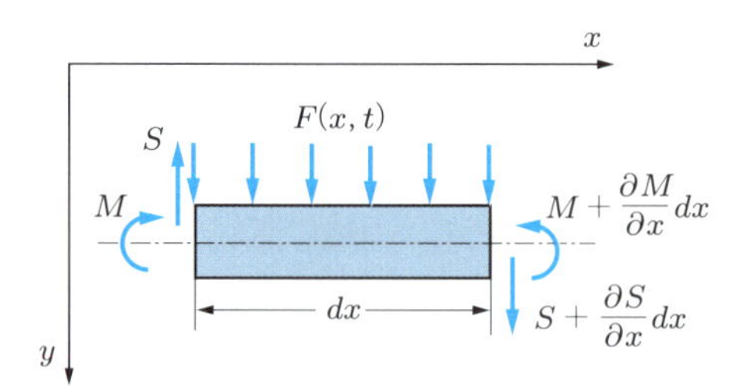

図 6.18 強制振動外力を受けるはりの微小部分

と仮定する．式 (6.70) を式 (6.69) に代入し，その両辺に $Y_i(x)$ をかけて積分すると，

$$\sum_{k=1}^{\infty} \ddot{q}_k(t) \int_0^l Y_k(x) Y_i(x) dx + \frac{EI}{\rho A} \sum_{k=1}^{\infty} q_k(t) \int_0^l \frac{d^4 Y_k(x)}{dx^4} Y_i(x) dx$$
$$= \frac{1}{\rho A} \int_0^l F(x,t) Y_i(x) dx \tag{6.71}$$

となる．式 (6.47) より，$d^4Y_k(x)/dx^4 = \kappa_k{}^4 Y_k(x)$ であり，式 (6.66) のモード関数 $Y_i(x)$ の直交性より，$k = i$ 以外の項はすべて消えるから，上式を整理し，$\kappa_i{}^4 = (\rho A/EI)\omega_i{}^2$ を使えば，

$$\ddot{q}_i(t) + \omega_i{}^2 q_i(t) = \frac{\displaystyle\int_0^l F(x,t) Y_i(x) dx}{\rho A \displaystyle\int_0^l Y_i{}^2(x) dx} \tag{6.72}$$

となる．この方程式を解いて時間関数 $q_i(t)$ が求められる．$q_i(t)$ の添字 i を k におき換えて式 (6.70) に代入すると $y(x,t)$ が決定できる．

例題 6.9 図 **6.19** に示すように，両端支持されたはりの中央にアンバランスのある回転体が取り付けられているとする．このアンバランスによる力は，$f_0 \cos \omega t$ で表されるとする．このときのはりの強制振動応答を求めよ．はりの曲げ剛性は EI，単位長さあたりの密度は ρ，長さは l とする．

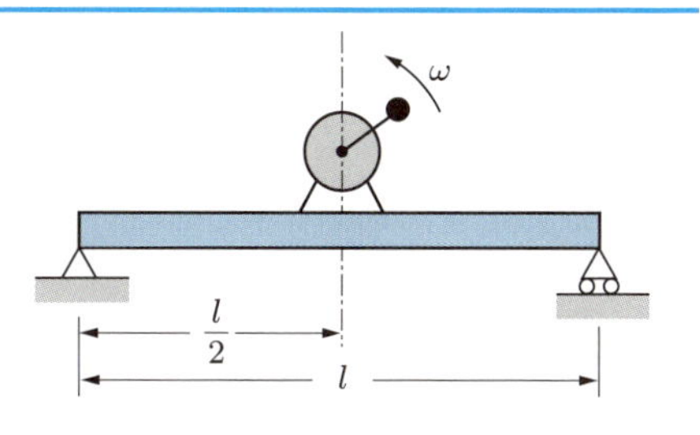

図 **6.19** 回転体によるはりの強制振動

▶**解** デルタ関数を用いて分布荷重のかわりに点荷重を表現すると，本文の式 (6.69) はつぎのように書き換えられる．

$$\rho A \frac{\partial^2 y}{\partial t^2} + EI \frac{\partial^4 y}{\partial x^4} = f_0 \cos \omega t \cdot \delta \left(x - \frac{l}{2} \right)$$

上式に，$y(x,t) = \displaystyle\sum_{k=1}^{\infty} Y_k(x) q_k(t)$ を代入し，モード関数 $Y_i(x)$ の直交条件を使うと，次式が得られる．

$$\ddot{q}_i(t) + \omega_i{}^2 q_i(t) = \frac{f_0 Y_i(l/2)}{\rho A \displaystyle\int_0^l Y_i{}^2(x) dx} \cos \omega t$$

上式の解は，

$$q_i(t) = \frac{f_0 Y_i(l/2)}{({\omega_i}^2 - \omega^2)\rho A \int_0^l {Y_i}^2(x)dx} \cos\omega t$$

となり，はりの曲げ振動応答は，添字 i を k におき換えて次式で与えられる．

$$y = \sum_{k=1}^{\infty} \frac{f_0 Y_k(l/2) Y_k(x)}{({\omega_k}^2 - \omega^2)\rho A \int_0^l {Y_k}^2(x)dx} \cos\omega t$$

◁

演習問題

6.1 連続体の振動として，具体的にはどのような構造体の振動が考えられるか，3 種類以上列挙せよ．

6.2 棒の縦振動について考察する．本文の図 6.6 の細い棒において，単位体積あたりの質量を ρ，縦弾性係数を E，断面積を A とする．また，棒の全長を l とする．つぎの問いに答えよ．

(1) 微小部分 dx について，x での変位を u，$x + dx$ での変位を $u + (\partial u/\partial x)dx$ とすると，dx の左右の面にはたらく力はそれぞれいくらか．また，dx の部分の慣性力を示せ．(2) EA を一定として，運動方程式を求めよ．(3) 上式の運動方程式の解を $u(x,\ t) = U(x)(C\cos\omega t + D\sin\omega t)$ とおいて $U(x)$ の一般解を求めよ．(4) 両端が固定の境界条件の場合について，固有円振動数 ω_i を求めよ．(5) ω_i に対するモード関数を示せ．

6.3 両端単純支持された鋼製のはりの曲げ振動を考える．長さ $l = 1$ m で，直径 $d = 4$ mm とする．ただし，はりの縦弾性係数 $E = 206$ GPa，単位体積あたりの質量 $\rho = 7.8 \times 10^3$ kg/m^3 とする．また，断面 2 次モーメント I は，$I = \pi d^4/64$ で与えられる．つぎの問いに答えよ．

(1) 運動方程式を導け．(2) 曲げ振動の固有振動数を 2 次まで求めよ．

6.4 ピアノ線が一定の張力 T で張られているとする．この 1 次の固有振動数は 200 Hz であるとき，張力に操作を加えて 250 Hz にしたい．どのようにすればよいか．

6.5 長さ $l = 1$ m の一端固定，他端自由の丸棒の縦振動およびねじり振動の 1 次の固有振動数を求めよ．ただし，縦弾性係数 E は 206 GPa，横弾性係数 G は 80 GPa，単位体積あたりの質量 ρ は 7.8×10^3 kg/m^3 とする．

第7章 振動計測とデータ処理

振動現象の解明には，振動計測が欠かせない．また，計測データは適切なデータ処理をすることによって，振動挙動の物理的意味を把握でき，動的設計に役立たせることができる．この章では，振動計測法とデータ処理の考え方について述べる．

7.1 振動計測法とその原理

振動計測 (vibration measurement) の方法は，2 通りに大別することができる．図 7.1 に示すように，空間に静止していると見なせる絶対的な点を基準として振動を計測する方法と，振動物体に振動計を直接取り付けて，1 自由度ばね–質量系の振動応答を利用する場合である．前者は通常静止点と振動物体との間の相対振動変位を計測することになり，図 7.1 (a) に示す機械的な**接触型**で計測できるが，最近では電気式や光学式の**非接触型**で計測する場合のほうが多い．

一方，地震動や走行中の車両や飛行中の航空機などでは，振動計測の基準がうまく得られない場合が多いが，このような場合には，後者の**サイズモ振動計** (seismic instrument) のように振動物体に振動計を取り付けて，この振動計の固有振動数や減衰比を適切に選択することで加速度，速度，変位の計測を行うことができる．

以下，このサイズモ振動計の原理を説明する．サイズモ振動計は，図 7.1(b) に示すように，基礎わくに取り付けられたばね，減衰要素および質量からなり，計測対象に固定し計測を行う．この質量についての運動方程式を考える．計測対象物の振動変位

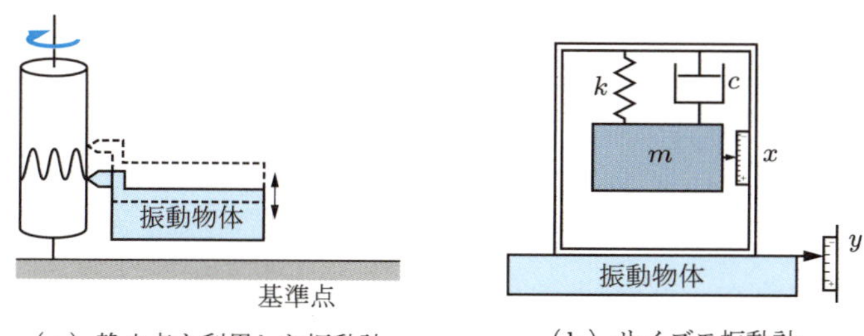

（a）静止点を利用した振動計　（b）サイズモ振動計

図 7.1　振動計測の基本原理

y と質量 m の相対変位が x であるので，次式が得られる．

$$m(\ddot{x}+\ddot{y})+c\dot{x}+kx=0 \tag{7.1}$$

いま，計測対象物が，$y=Y\sin\omega t$ のように振動しているとすれば，$\ddot{y}=-\omega^2 Y\sin\omega t$ であるから，式 (7.1) に代入すると，

$$m\ddot{x}+c\dot{x}+kx=m\omega^2 Y\sin\omega t \tag{7.2}$$

となる．これを m で割って整理すると，つぎのようになる．

$$\ddot{x}+2\zeta\omega_n\dot{x}+{\omega_n}^2 x=\omega^2 Y\sin\omega t \tag{7.3}$$

式 (7.3) の強制振動を第3章を参考にして求めると，

$$\left.\begin{aligned} x&=X\sin(\omega t-\phi)\\ &=\frac{\left(\dfrac{\omega}{\omega_n}\right)^2}{\sqrt{\left\{1-\left(\dfrac{\omega}{\omega_n}\right)^2\right\}^2+\left\{2\zeta\left(\dfrac{\omega}{\omega_n}\right)\right\}^2}}Y\sin(\omega t-\phi)\\ \phi&=\tan^{-1}\frac{2\zeta\left(\dfrac{\omega}{\omega_n}\right)}{1-\left(\dfrac{\omega}{\omega_n}\right)^2} \end{aligned}\right\} \tag{7.4}$$

となるので，この式を変形すると次式が得られる．

$$X=\frac{Y}{\sqrt{\left\{1-\dfrac{1}{(\omega/\omega_n)^2}\right\}^2+\left\{2\zeta\dfrac{1}{(\omega/\omega_n)}\right\}^2}} \tag{7.5}$$

ここで，$\omega/\omega_n \gg 1$ では，$X\cong Y$ または $X/Y\cong 1$, $\phi\cong 180^\circ$ となることがわかるので，式 (7.4) より，

$$x\cong -Y\sin\omega t=-y \tag{7.6}$$

と近似することができる．このことは，相対変位 x を計測すれば**計測対象物の変位 y がわかる**ことを示している．

例題 7.1 10 Hz で振動している大型機械がある．この振動の変位を振動計を用いて計測することにする．手近にあった振動計は，振動計自身の固有振動数が 5 Hz で減衰比が 0.7 であった．振動計の読み値は 2.00 cm を示した．実際の機械の振幅はいくらになるか．

▶**解**　本文の式 (7.5) において，実際の機械の振幅は Y である．X は振動計の読み値であり，$X = 2.00$ cm である．$\omega/\omega_n = 10/5 = 2$ となる．また，$\zeta = 0.7$ である．よって，式 (7.5) より，

$$
\begin{aligned}
Y &= \sqrt{\left\{1 - \frac{1}{(\omega/\omega_n)^2}\right\}^2 + \left\{2\zeta\frac{1}{(\omega/\omega_n)}\right\}^2} X \\
&= \sqrt{\left(1 - \frac{1}{4}\right)^2 + (0.7)^2} \times 2.00 = 2.05 \text{ cm}
\end{aligned}
$$

となり，実際の機械は 2.05 cm の変位で振動しており，2.44%の計測誤差があることがわかる．固有振動数がより低い振動計を用いれば，誤差を小さくすることができる．◁

$\ddot{y}$ の加速度を計測するときは，式 (7.4) より，

$$
\begin{aligned}
x &= \left[-\frac{1}{{\omega_n}^2\sqrt{\left\{1 - \left(\frac{\omega}{\omega_n}\right)^2\right\}^2 + \left\{2\zeta\left(\frac{\omega}{\omega_n}\right)\right\}^2}} \right] \cdot (-\omega^2) Y \sin(\omega t - \phi) \\
&= \left[-\frac{1}{{\omega_n}^2\sqrt{\left\{1 - \left(\frac{\omega}{\omega_n}\right)^2\right\}^2 + \left\{2\zeta\left(\frac{\omega}{\omega_n}\right)\right\}^2}} \right] \ddot{y} \qquad (7.7)
\end{aligned}
$$

となる．ここで，$\omega/\omega_n \ll 1$ では [ ] のなかは $-1/{\omega_n}^2$，また $\phi \cong 0°$ となるから，式 (7.7) は，

$$
x \cong -\frac{\ddot{y}}{{\omega_n}^2} \qquad (7.8)
$$

となる．このことは，x を測定して ${\omega_n}^2$ 倍すると**計測対象物の加速度** $\ddot{y}$ **がわかる**ことを示している．

式 (7.7) において 3.5 節の式 (3.90) の振幅倍率，

$$
M = \frac{1}{\sqrt{\left\{1 - \left(\frac{\omega}{\omega_n}\right)^2\right\}^2 + \left\{2\zeta\left(\frac{\omega}{\omega_n}\right)\right\}^2}}
$$

を使って書きなおすと，

$$
x = -M\frac{\ddot{y}}{{\omega_n}^2} \qquad (7.9)
$$

となる．この M の特性は，すでに図 3.22 で示したが，さらに，減衰比 ζ をこまかく

パラメータにとって，$\omega/\omega_n \ll 1$ の領域を拡大して示すと図7.2になる．減衰比 ζ を約0.7に設定すると，$\omega/\omega_n < 0.3$ の範囲で，$M \cong 1$ となり，式(7.8)の関係が理解できる．

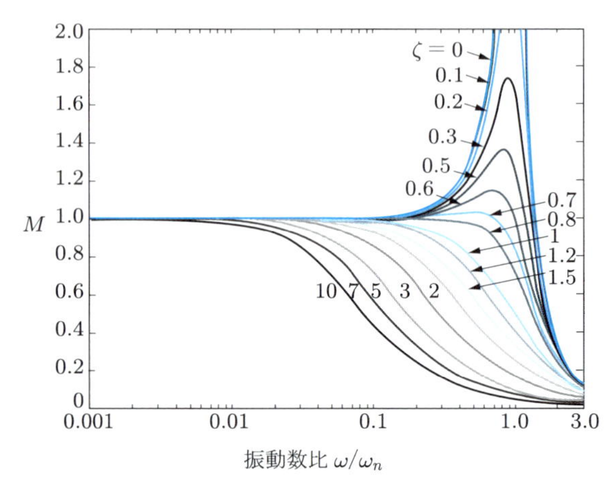

図7.2　振動計の増幅率

例題 7.2　1000 Hz の振動を発生している回転機械がある．この振動の加速度を加速度計で計測することにする．加速度計の固有振動数2000 Hzで減衰比0.7であった．加速度計の読み値は $0.100\ \mathrm{m/s^2}$ を示した．実際の回転機械の加速度はいくらか．

▶**解**　本文の式(7.9)より，

$$|\ddot{y}| = \sqrt{\left\{1 - \left(\frac{\omega}{\omega_n}\right)^2\right\}^2 + \left\{2\zeta\left(\frac{\omega}{\omega_n}\right)\right\}^2}\,\left|x{\omega_n}^2\right|$$

である．この式に $\omega/\omega_n = 1000/2000 = 1/2,\ \zeta = 0.7,\ \left|x{\omega_n}^2\right| = 0.100\ \mathrm{m/s^2}$ を代入すると

$$|\ddot{y}| = \sqrt{\left\{1 - \left(\frac{1}{2}\right)^2\right\}^2 + (0.7)^2} \times 0.100 = 0.1026\ \mathrm{m/s^2}$$

となる．実際の機械は $0.1026\ \mathrm{m/s^2}$ の加速度で振動しており，2.53%計測誤差があることがわかる．固有振動数がより高い加速度計で振動を測れば誤差を小さくすることができる．◁

よく使用される**振動検出器** (vibration sensors) は，**加速度検出器**として**ひずみゲージ型**，**圧電型**と**サーボ型**がある．**速度検出器**としては磁界中の導体の振動による起電力を利用した**動電型**やレーザ光の振動体からの反射を利用した**レーザドップラー型**がある．また，**変位検出器**としては**渦電流型**や**可変抵抗型**がある．さらに，**荷重検出**

器および圧力検出器としてはひずみゲージ型や圧電型があるが，ここではこれらの名称の列挙だけにとどめる．

7.2 データ処理

われわれの身のまわりには，振動を起こさせるさまざまな事象と，それにともなう振動現象が存在する．いままで調和振動や，あるいは自由振動，強制振動について学んできたが，これらの振動現象の変位，速度，加速度を具体的に振動している弾性体に関して計測したとき，記録された生の振動波形を見て，含まれている振動数はいくらか，またその大きさはどのくらいか，さらにその振動は時間とともに変化しているのかどうかなどの振動特性を解明することは，困難である場合が多い．そのため生の記録波形になんらかの**データ処理** (data treatment) を施す必要がある．

最近は，エレクトロニクス機器の発達のお陰で，高速フーリエ解析機器などにより**フーリエ分析**，**フーリエ変換**，**スペクトル解析**などが簡単にできる．たとえば，図 7.3 は代表的な振動計測データを示すが，図 7.3 (a) は第 1，2 章で説明した調和振動の計測データであり，図 7.3 (b) は多くの振動数が含まれると考えられる不規則な振動の計測データである．

図 7.3 (a)，(b) は極端な例を 2 つ示したが，実際の計測データはこれら両者の中間的な振動波形であることが多い．このような時刻歴振動波形は簡単に余弦関数や正弦関数で表現できないので，まず計測データをフィルターなどでアナログ処理するか，サ

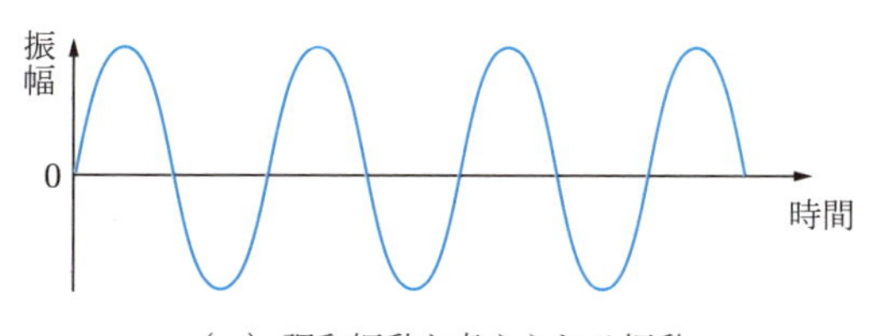

（a）調和振動と考えられる振動

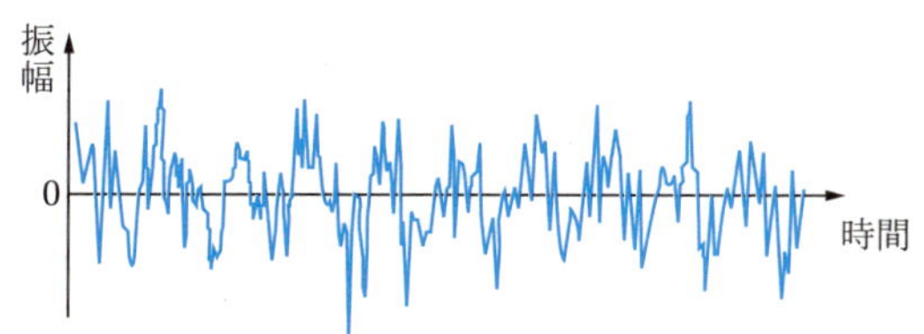

（b）不規則な振動と考えられる振動

図 7.3 代表的な振動計測データ

ンプリングにより離散化してディジタル処理をするかである．最近では，後者のディジタル処理をすることが圧倒的に多い．

■7.2.1　サンプリングの周波数とサンプリング定理

振動検出器によって計測された振動波形は連続量である．これをアナログデータからディジタルデータに変換するとき，図 7.4 に示すようにサンプリング周期が，分析しようとする真の波形の周期に比べて大きすぎるとき，破線で示すような架空の波形が存在すると判断してしまうことになる．このような間違った計測結果を出力することを，**エリアシング** (aliasing) という．

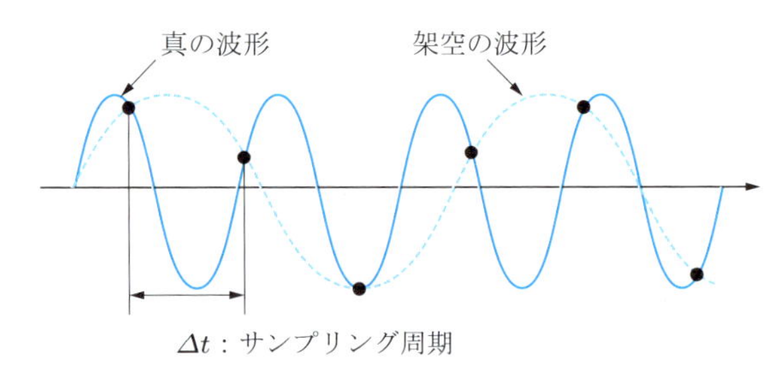

図 7.4　サンプリング周期とエリアシング

サンプリング定理 (sampling theorem) によると，分析しようとする最高振動数 $f_{\max}$ とサンプリング周期 Δt との間には，つぎの関係がある．

$$f_{\max} \leqq \frac{1}{2\Delta t} \tag{7.10}$$

この $f_{\max}$ を**ナイキスト振動数** (Nyquist frequency)，または**折りたたみ振動数** (folding frequency) とよぶ．このようにエリアシングを避けるためには，サンプリング周期はできるだけ小さくするほうが望ましい．ただし，小さくするとデータ数が多くなることと，振動数の高い領域に含まれやすい雑音の影響を受けやすくなるという実用上の問題もある．

例題 7.3　60 Hz の振動を $\Delta t = 0.01$ s でサンプリングすると，何 Hz にエリアシングが生じるか．また，この対策はどうすればよいか．

▶**解**　60 Hz の振動波形を $\Delta t = 0.01$ s でサンプリングすると，図 7.5 からわかるように 60 Hz の成分が 40 Hz で折り返され，$100 - 60 = 40$ Hz の位置に架空の波形の成分が生じることになる．この対策として，計測した信号をディジタル信号化する前にローパスフィルターで，ナイキスト振動数より高い振動数を除去すればよい．◁

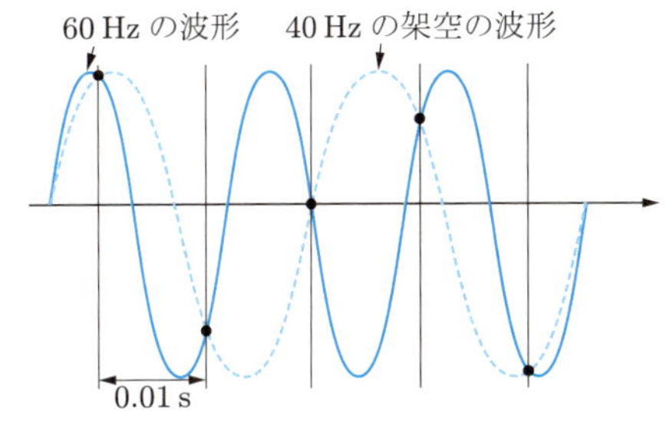

（a）振動の時刻歴波形

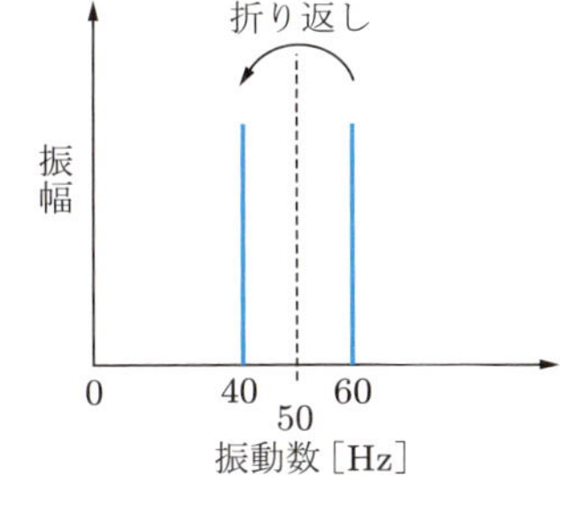

（b）周波数スペクトル

図 7.5　60 Hz のエリアシング

7.2.2　パワースペクトル密度と自己相関関数

第 2 章で説明したように，周期振動であればフーリエ級数に展開でき，調和振動の和に分解できる．そして，フーリエ係数の 2 乗和を振動数に対して描けば，離散的なスペクトルが得られる．一方，風の変動や地震動は明確な周期がなく，非周期振動であり，**不規則振動**とよばれる．不規則振動の扱いは，近似的に確定論的な取り扱いをすることもあるが，厳密には統計学的な取り扱いが必要である．このような不規則振動の振動成分を観察するとき，第 2 章の調和分析すなわちフーリエ分析のかわりにフーリエ変換を用いて，**時間領域** (time domain) **のデータ** $x(t)$ を**振動数領域** (frequency domain) **のデータ**に変換しなければならない．すなわち，次式のような関数，

$$x_T(t) = \begin{cases} x(t) & \left(-\dfrac{T}{2} \leqq t \leqq \dfrac{T}{2}\right) \\ 0 & \left(t < -\dfrac{T}{2},\ \dfrac{T}{2} < t\right) \end{cases} \tag{7.11}$$

を導入すると，

$$\int_{-\infty}^{\infty} |x_T(t)|\, dt < \infty \tag{7.12}$$

となり，**フーリエ積分**できる．ここで，$T \to \infty$ で $x_T(t) \to x(t)$ と考えられる．このような $x_T(t)$ の**フーリエ変換** $X_T(\omega)$ は次式のフーリエ積分の形で与えられる．

$$X_T(\omega) = \int_{-\infty}^{\infty} x_T(t) e^{-j\omega t} dt \tag{7.13}$$

これを使うと，$x_T(t)$ は正弦関数または余弦関数の連続的な重ね合わせとして，次式のような**逆フーリエ変換**に基づくフーリエ積分，

$$x_T(t) = \frac{1}{2\pi} \int_{-\infty}^{\infty} X_T(\omega) e^{j\omega t} d\omega \tag{7.14}$$

で表される．

ここで，時間差 τ で隔たった $x_T(t)$ と $x_T(t+\tau)$ の積の時間平均で定義される**自己相関関数** (autocorrelation function) $R_x(\tau)$ を導入すると，次式が得られる．

$$R_x(\tau) = \lim_{T\to\infty} \frac{1}{T} \int_{-\infty}^{\infty} x_T(t) x_T(t+\tau)\, dt \tag{7.15}$$

上式の $x_T(t+\tau)$ に式 (7.14) の関係を適用すると，

$$R_x(\tau) = \lim_{T\to\infty} \frac{1}{T} \int_{-\infty}^{\infty} x_T(t) \left\{ \frac{1}{2\pi} \int_{-\infty}^{\infty} X_T(\omega)\, e^{j\omega(t+\tau)}\, d\omega \right\} dt \tag{7.16}$$

となる．さらに，上式に積分の順序を変更して式 (7.13) の共役の関係にある $X(-\omega)$ を使えば，次式となる．

$$\begin{aligned} R_x(\tau) &= \lim_{T\to\infty} \frac{1}{2\pi T} \int_{-\infty}^{\infty} X_T(\omega)\, e^{j\omega\tau} \left\{ \int_{-\infty}^{\infty} x_T(t) e^{j\omega t} dt \right\} d\omega \\ &= \lim_{T\to\infty} \frac{1}{2\pi T} \int_{-\infty}^{\infty} X_T(\omega) X_T(-\omega) e^{j\omega\tau}\, d\omega \\ &= \int_{-\infty}^{\infty} \left\{ \lim_{T\to\infty} \frac{1}{2\pi T} \left| X_T(\omega) \right|^2 \right\} e^{j\omega\tau} d\omega \end{aligned} \tag{7.17}$$

ここで，

$$S_x(\omega) = \lim_{T\to\infty} \frac{1}{2\pi T} \left| X_T(\omega) \right|^2 \tag{7.18}$$

とおく．この $S_x(\omega)$ は**パワースペクトル密度** (power spectral density) とよばれる．式 (7.17)，(7.18) より，次式が得られる．

$$R_x(\tau) = \int_{-\infty}^{\infty} S_x(\omega)\, e^{j\omega\tau} d\omega \tag{7.19}$$

すなわち，$R_x(\tau)$ は $S_x(\omega)$ の逆フーリエ変換に等しい．したがって，$S_x(\omega)$ は $R_x(\tau)$ のフーリエ変換に等しく，

$$S_x(\omega) = \frac{1}{2\pi} \int_{-\infty}^{\infty} R_x(\tau)\, e^{-j\omega\tau} d\tau \tag{7.20}$$

となる．式 (7.19)，(7.20) の関係を**ウィーナー・ヒンチン** (Wiener–Khintchine) **の式**という．この関係を図 7.6 のようになる．

パワースペクトル密度の物理的意味は，各振動数における振幅の 2 乗に相当し，どのような振動数成分がどのような強度で分布するかを示すものである．したがって調和振動のように，振動エネルギーが離散的に集中して存在し，それ以外のところでは存在しないのに対して，連続的な振動数をもつ不規則振動が観察された場合，パワー

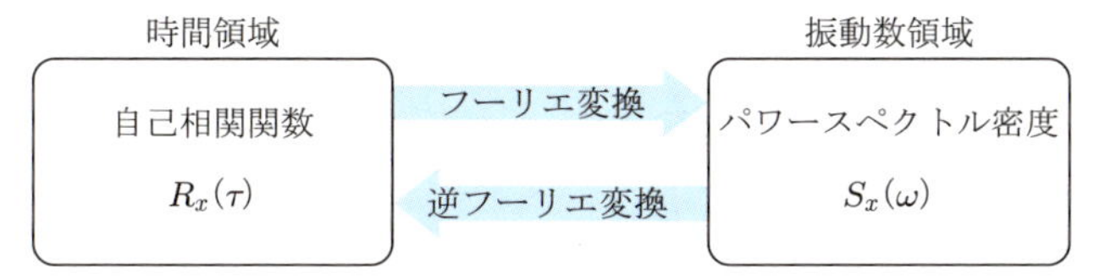

図 7.6　自己相関関数とパワースペクトル密度の関係

スペクトル密度を求めると，その振動の性質やその原因を追究するのに役に立つ．

このように図 7.3 に示す不規則振動のような時刻歴の振動波形を観察しただけでは，その振動がどのような特性をもっているかわからないものも，時間領域で表現された振動波形を振動数領域に変換するデータ処理によって特性を明らかにできる．

7.2.3　クロススペクトル密度と相互相関関数

パワースペクトル密度の場合と同様，$-T/2 \leqq t \leqq T/2$ の区間で与えられた $x_T(t)$, $y_T(t)$ のフーリエ変換は，式 (7.13) と同様に $X_T(\omega)$, $Y_T(\omega)$ とする．これらを使うと，フーリエ積分により式 (7.14) と同様に $x_T(x)$，$y_T(x)$ は次式で表される．

$$\left.\begin{aligned} x_T(t) &= \frac{1}{2\pi}\int_{-\infty}^{\infty} X_T(\omega)\, e^{j\omega\tau} d\omega \\ y_T(t) &= \frac{1}{2\pi}\int_{-\infty}^{\infty} Y_T(\omega)\, e^{j\omega\tau} d\omega \end{aligned}\right\} \tag{7.21}$$

時間差 τ で隔たった $x_T(t)$ と $y_T(t+\tau)$ の積の時間平均で定義される**相互相関関数** (cross-correlation function) は，次式で表される．

$$R_{xy}(\tau) = \lim_{T\to\infty} \frac{1}{T}\int_{-\infty}^{\infty} x_T(t)\, y_T(t+\tau)\, dt \tag{7.22}$$

上式に，式 (7.13)，(7.21) を適用すると

$$\begin{aligned} R_{xy}(\tau) &= \lim_{T\to\infty} \frac{1}{T}\int_{-\infty}^{\infty} x_T(t)\left\{\frac{1}{2\pi}\int_{-\infty}^{\infty} Y_T(\omega)\, e^{j\omega(t+\tau)} d\omega\right\} dt \\ &= \lim_{T\to\infty} \frac{1}{2\pi T}\int_{-\infty}^{\infty} Y_T(\omega)\, e^{j\omega\tau}\left\{\int_{-\infty}^{\infty} x_T(t) e^{j\omega t} dt\right\} d\omega \\ &= \lim_{T\to\infty} \frac{1}{2\pi T}\int_{-\infty}^{\infty} Y_T(\omega)\, X_T(-\omega)\, e^{j\omega\tau} d\omega \\ &= \int_{-\infty}^{\infty}\left\{\lim_{T\to\infty} \frac{1}{2\pi T} X_T(-\omega)\, Y_T(\omega)\right\} e^{j\omega\tau} d\omega \end{aligned} \tag{7.23}$$

となる．ここで，

$$S_{xy}(\omega) = \lim_{T\to\infty} \frac{1}{2\pi T} X_T(-\omega)\, Y_T(\omega) \tag{7.24}$$

とおく．この $S_{xy}(\omega)$ は，**クロススペクトル密度** (cross-spectral density) とよばれる．式 (7.23)，(7.24) より，次式が得られる．

$$R_{xy}(\tau) = \int_{-\infty}^{\infty} S_{xy}(\omega)\, e^{j\omega\tau}\, d\omega \tag{7.25}$$

すなわち，$R_{xy}(\tau)$ は $S_{xy}(\omega)$ の逆フーリエ変換である．したがって，$S_{xy}(\omega)$ は $R_{xy}(\tau)$ のフーリエ変換に等しく，式 (7.20) と同様に，

$$S_{xy}(\omega) = \frac{1}{2\pi} \int_{-\infty}^{\infty} R_{xy}(\tau)\, e^{-j\omega\tau}\, d\tau \tag{7.26}$$

となる．同様にこれらの関係を示すと図 7.7 になる．

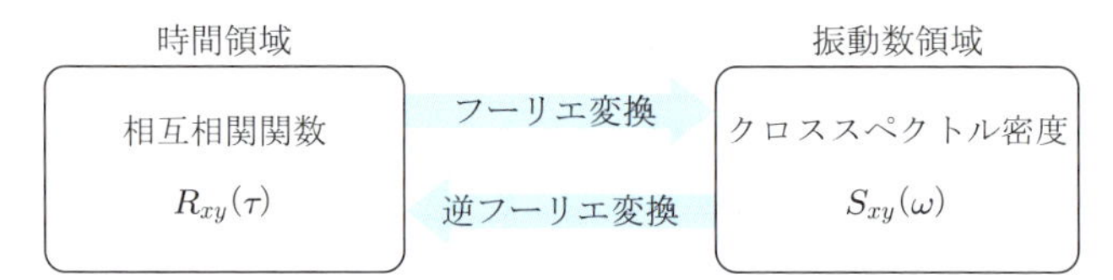

図 7.7　相互相関関数とクロススペクトル密度の関係

7.2.4　コヒーレンス

クロススペクトル密度の物理的意味を考える．振動している弾性体の 2 点で観測される不規則な振動を $x(t)$, $y(t)$ とする．ある距離だけ離れた 2 点での振動波形は，含まれる振動数等は同じであるので同一の傾向を示すが，振動モードなどの影響のため，詳細な振動はたがいに異なっている．また，振動の波動が伝播する場合には，振動に時間的なずれが生じる．このような場合，クロススペクトル密度のもっている性質を利用して，クロススペクトル密度が一般的に複素数であるので，その実部と虚部とに分けることにより，2 点の振動の位相差を求めることができる．

$x(t)$ と $y(t)$ の位相差 $\theta_{xy}(\omega)$ は，$S_{xy}(\omega)$ の実部を $K_{xy}(\omega)$ 虚部を $Q_{xy}(\omega)$ とすると，次式で与えられる．

$$\theta_{xy}(\omega) = \tan^{-1}\left\{\frac{Q_{xy}(\omega)}{K_{xy}(\omega)}\right\} \tag{7.27}$$

さらに，パワースペクトル密度とクロススペクトル密度を利用して 2 点の振動の相関度を知ることができる．相関度を示す尺度は**コヒーレンス** (cohelence) とよばれ，次式で与えられる．

$$\gamma_{xy}{}^2(\omega) = \frac{|S_{xy}(\omega)|^2}{S_x(\omega)S_y(\omega)} \tag{7.28}$$

ここで，$S_y(\omega)$ は $y(t)$ のパワースペクトル密度である．${\gamma_{xy}}^2(\omega)$ は $0 \leqq {\gamma_{xy}}^2(\omega) \leqq 1$ の値をとり，1 に近づくほど 2 点の振動がたがいに相関度が大きいことになる．

例題 7.4 図 7.8 に示す周期的な矩形の波をスペクトル解析せよ．

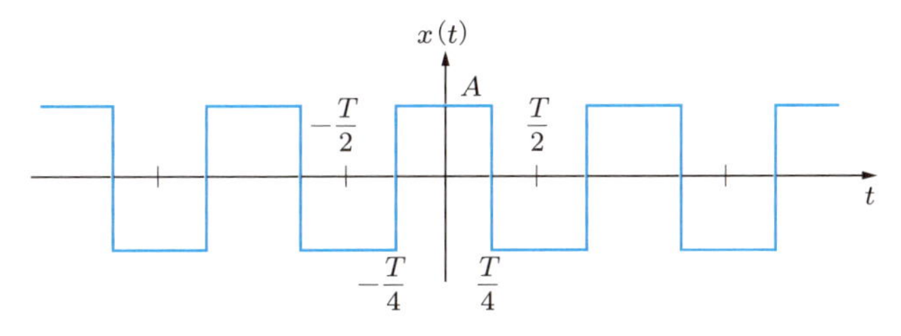

図 7.8 周期的な矩形波形

▶**解** 図 7.8 の矩形波形をフーリエ級数で表すとする．すでに第 2 章の式 (2.17) で示した三角関数による級数表示を，三角関数と指数関数の関係，

$$\left.\begin{aligned} \cos n\omega t &= \frac{e^{jn\omega t} + e^{-jn\omega t}}{2} \\ \sin n\omega t &= \frac{-j(e^{jn\omega t} - e^{-jn\omega t})}{2} \end{aligned}\right\}$$

を用いて，式 (2.17) に代入すると，$f(\omega t)$ を $x(t)$ として次式が得られる．

$$x(t) = a_0 + \sum_{n=1}^{\infty} \left(A_n e^{jn\omega t} + B_n e^{-jn\omega t} \right)$$

ここで，$A_n = \dfrac{a_n - jb_n}{2}$，$B_n = \dfrac{a_n + jb_n}{2}$ である．さらに $A_0 + B_0 = a_0$ として，$n \leqq -1$ に対して B_n の n の値を $-n$ とおき換えて，A_n と B_n を合体して C_n とおき換えると，式 (2.17) は指数フーリエ級数の形に表示できる．

$$x(t) = \sum_{-\infty}^{\infty} C_n \, e^{jn\omega t}$$

この式のフーリエ係数 C_n は，

$$C_n = \frac{1}{T} \int_{-T/2}^{T/2} x(t) \, e^{-jn\omega t} dt$$

となる．この式を具体的に解くと，$\omega = 2\pi/T$ であるからつぎのようになる．

$$\begin{aligned} C_n &= \frac{1}{T} \int_{-T/2}^{-T/4} (-A) \, e^{-j\frac{2n\pi t}{T}} dt + \frac{1}{T} \int_{-T/4}^{T/4} A \, e^{-j\frac{2n\pi t}{T}} dt + \frac{1}{T} \int_{T/4}^{T/2} (-A) \, e^{-j\frac{2n\pi t}{T}} dt \\ &= \frac{2A}{n\pi} \sin\left(\frac{n\pi}{2}\right) = \begin{cases} \dfrac{2A}{n\pi} (-1)^{(n-1)/2} & (n：奇数) \\ 0 & (n：偶数) \end{cases} \end{aligned}$$

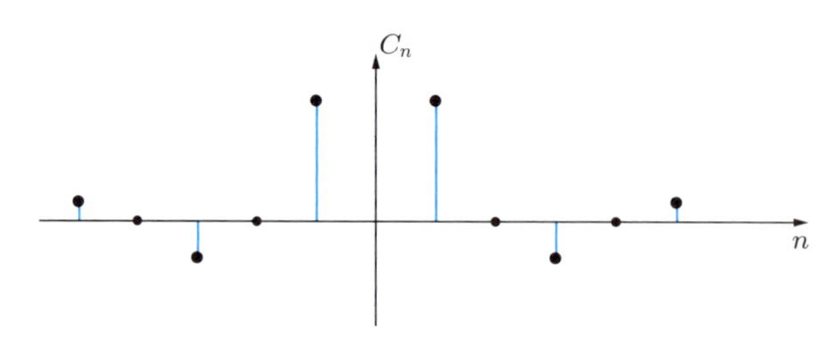

図 7.9　周期的な矩形波の線スペクトル

上式の値を描くと図 7.9 のようになり，図 7.8 のような周期的な矩形波は離散的な**線スペクトル**となる.　◁

例題 7.5　図 7.10 に示すような振幅 A で区間 T の矩形パルスについて，スペクトル解析を行え.

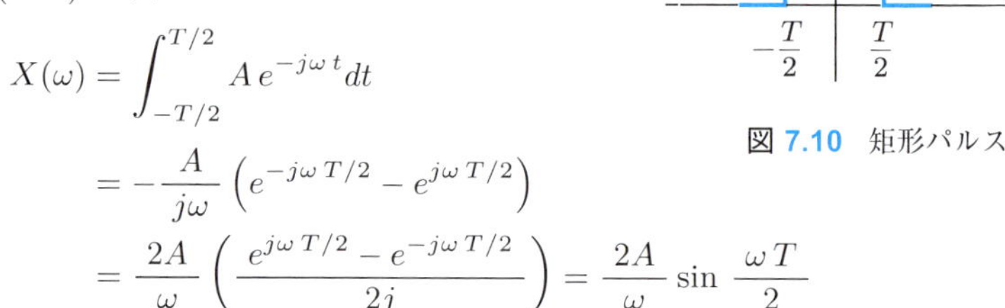

図 7.10　矩形パルス

▶**解**　式 (7.13) より，

$$
\begin{aligned}
X(\omega) &= \int_{-T/2}^{T/2} A\,e^{-j\omega t}dt \\
&= -\frac{A}{j\omega}\left(e^{-j\omega T/2} - e^{j\omega T/2}\right) \\
&= \frac{2A}{\omega}\left(\frac{e^{j\omega T/2} - e^{-j\omega T/2}}{2j}\right) = \frac{2A}{\omega}\sin\frac{\omega T}{2}
\end{aligned}
$$

となる．ここで，次式が成立する.

$$
\lim_{\omega\to 0} X(\omega) = AT \lim_{\omega\to 0}\frac{\sin(\omega T/2)}{\omega T/2} = AT
$$

上式の値を描くと，図 7.11 のようになり，図 7.10 のような非周期関数は**連続スペクトル**となる.

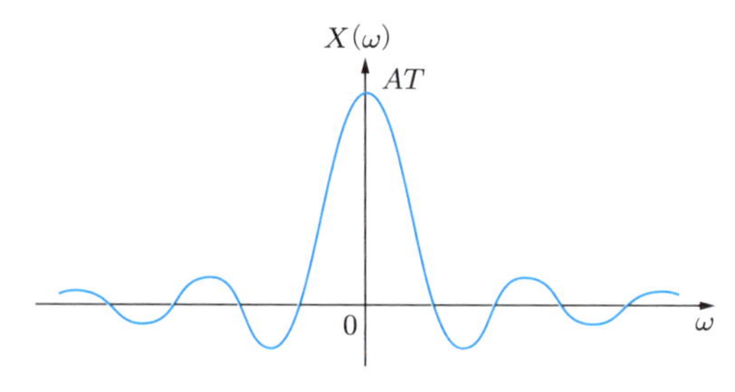

図 7.11　矩形パルスの連続スペクトル

演習問題

7.1 ある振動波形を，サンプリング周期 Δt でディジタル化した．$\Delta t = 0.01$ s とするとサンプリング定理により $f_{\max} = 50$ Hz となるが，85 Hz の振動数成分があるとき 50 Hz 以下に本来存在しない架空の振動数成分が出てくる．何 Hz に出てくるか述べよ．また，この現象を何というか．

7.2 計測した 2 点の振動がたがいに相関があるかどうか知るためには，どのようなデータ処理をすればよいか．

第8章 振動制御

振動制御は，大別すると振動の**受動制御** (passive control) と**能動制御** (active control) になる．

振動の受動制御の場合の受動装置は，1つは**減衰器** (damper) である．ほかの1つは**動吸振器** (dynamic absorber) である．これらについては，すでに3.2節，3.5節，3.6節で減衰器を含んだ1自由度系の振動挙動について述べた．また，第4章の2自由度系の振動で，2自由度の1つを動吸振器の質量としてとらえることを示した．

受動制御はパワー源も必要でなく単純で明快であるが，いったん装置の諸元を決めてしまうと，そのシステムで制振力は決定されてしまい，調節することは不可能である．このような受動制御の不足を補うものとして能動制御がある．センサ伝達装置，パワー源があれば，振動系の応答を自由自在にコントロールすることができ，振動系の望む位置に，また望む振動モードに対して，望む振動応答に制御することができる．

この章では受動制御と能動制御の特長と相違について述べ，とくに能動制御の基本原理について説明する．

8.1 振動の受動制御

振動の受動制御として，好ましくない振動を低減する最も効果的な方法は，**振動遮断** (vibration isolation) することである．これは，振動源と装置の間に，剛性と減衰を変化させることのできるばね，ダンパを用いることによって達成できる．ゴム (rubber) のような高減衰材料を用いることも容易に達成する方法の1つである．

図**8.1**は3.9節で述べたことをまとめた図である．図8.1 (a) は振動源の機械が振動遮断装置上に搭載された場合である．一方，図8.1 (b) は振動源が基礎自身であり，機器が振動遮断装置を介して基礎上に取り付けられている場合である．振動遮断の問題は，すでに説明したように**力伝達率** (force transmissibility) と**変位伝達率** (displacement transmissibility) が重要な評価因子となる．なお，すでに3.9節の式 (3.128)，(3.131) で述べたように，これらはすべて式 (3.101) の振幅倍率 M と同じ式になる．

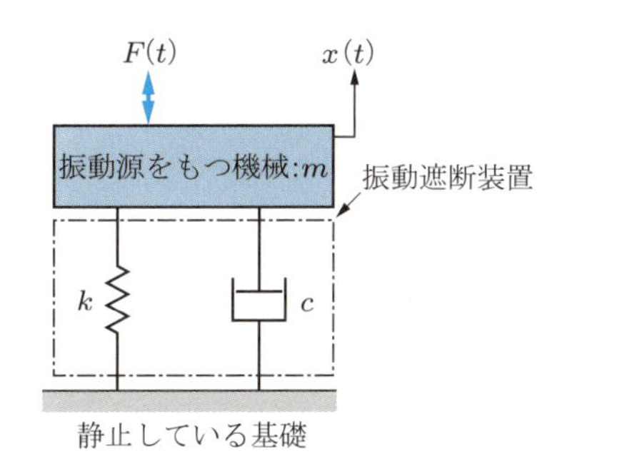

（a）振動遮断装置上に搭載された振動源をもつ機械

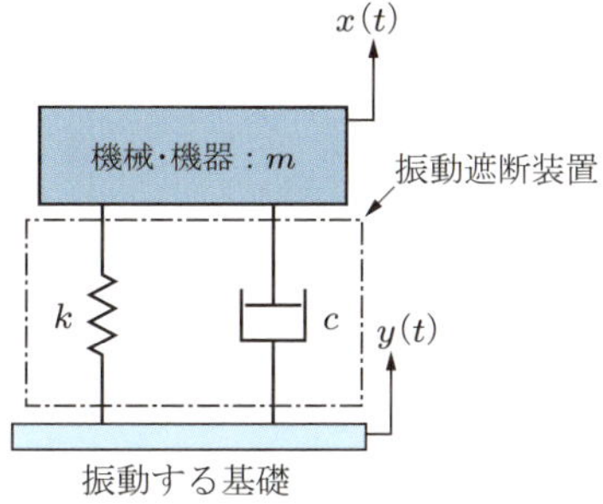

（b）振動する基礎上に振動遮断装置を介して搭載された機械・機器

図 8.1　受動制御による振動遮断の概念

8.2　振動の能動制御

能動制御とは，機械や構造物の振動特性を変化させるために**アクチュエータ** (actuator) とよばれる油圧ピストン，圧電素子や電気モータのような外部能動制御装置を用いて振動制御を行うものである．

図 8.2 はフィードバック制御による能動制御を表し，質量 m の速度や変位をセンサである振動検出器を用いて求める．加速度 $\ddot{x}$ が測定される場合が多いが，これを積分して速度や変位を得ることができる．コントローラは，測定された速度と変位に比例した制御信号をアクチュエータに送るように設計されている．

アクチュエータはつぎのような制御力 u を質量 m に加える．

$$u = -g_c\dot{x} - g_k x \tag{8.1}$$

ここで，ゲインである g_c, g_k は，それぞれ位置と速度のフィードバックゲインであり，

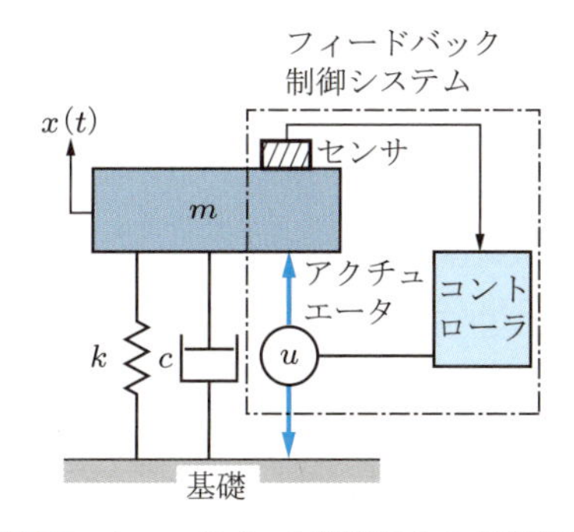

図 8.2　フィードバック制御による能動制御

センサ，アクチュエータの特性および設計者の制御則の選択によって，実質的に決定される．図 8.2 に示すように，式 (8.1) が 1 自由度の振動系に加わったときの運動方程式は，

$$m\ddot{x} + (c + g_c)\dot{x} + (k + g_k)x = 0 \tag{8.2}$$

となる．式 (8.2) は，受動制御の場合に比べて，g_c, g_k の 2 つの余分なパラメータをもつことになる．この 2 つのパラメータによって振動の応答を望む形に調節することができる．図 8.2 で，図 8.1 (a) に示すように，質量 m に振動源 $F(t)$ がある場合は，次式の運動方程式が得られる．

$$m\ddot{x} + (c + g_c)\dot{x} + (k + g_k)x = F(t) \tag{8.3}$$

一方，図 8.1 (b) の基礎自身が $y(t)$ で振動している場合に能動制御すると，

$$m\ddot{x} + (c + g_c)(\dot{x} - \dot{y}) + (k + g_k)(x - y) = 0 \tag{8.4}$$

という運動方程式が得られる．

例題 8.1　質量 $m = 10$ kg の 1 自由度系と考えられる機械がある．この機械は固有円振動数 $\omega = 100$ rad/s となるばねで支えられているとする．この振動系が減衰比 $\zeta = 0.5$ をもつようにしたい．手元に，最高出力 $c_{\max} = 600$ N·s/m の能力が出せる減衰器がある．これを用いたとき受動制御として，$\zeta = 0.5$ が達成できるか検討せよ．また，達成できないときは，図 8.2 の能動制御によっていかに実現するか示せ．

▶ **解**　$m = 10$ kg, $\omega = 100$ rad/s より，ばね定数 k は次式となる．

$$k = \omega^2 m = 10^4 \times 10 \text{ kg/s}^2 = 10^5 \text{ N/m}$$

減衰比は $\zeta = c/(2\sqrt{mk})$ で与えられるので，$\zeta = 0.5$ のときの必要な減衰係数 c は，

$$c = 0.5 \times 2\sqrt{mk} = \sqrt{mk} = \sqrt{10 \times 10^5} \text{ kg/s}^2 = 10^3 \text{ N·s/m}$$

となる．この値は，減衰器の能力 600 N·s/m を超えているので，さらに能動制御が必要である．

式 (8.2) において $g_k = 0$ とすると，

$$m\ddot{x} + (c_{\max} + g_c)\dot{x} + kx = 0$$

が得られる．ここで，$c_{\max}$ は減衰器の最大能力を示し，$c_{\max} + g_c = 10^3$ N·s/m とならなければならない．$c_{\max} = 600$ N·s/m を代入すると，

$$g_c = 10^3 - c_{\max} = 400 \text{ N·s/m}$$

となり，$g_c = 400$ N·s/m のゲインを与えれば，減衰比 0.5 が達成できる．◁

例題 8.2 図 8.3 は，常時微動する床に置かれた電子機器の組立定盤または路面の凹凸を走行する自動車についての能動制御を示す．振動による誤製作や騒音を抑えるため，能動制御により図に示すような $u = -g_c\dot{x}$ の制御力を発生させ制振することにする．このときの振幅倍率を求めよ．また，単に受動制御として減衰係数 c をかわりに入れた場合の振幅倍率と比較し，長所・短所を述べよ．

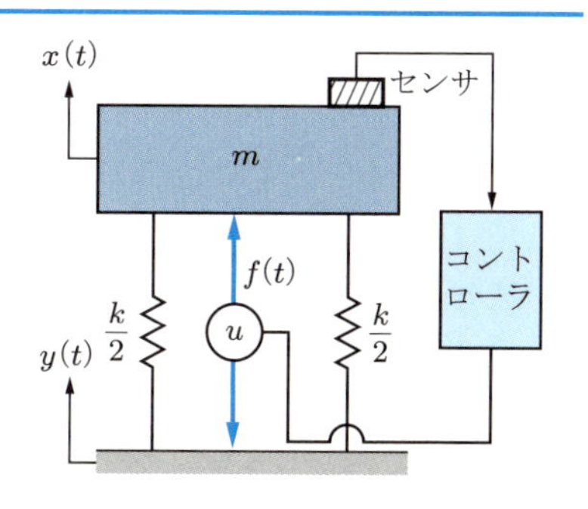

図 8.3 能動制御による制振

▶解 図 8.3 の運動方程式は，

$$m\ddot{x} + k(x - y) = u$$

となる．上式に $u = -g_c\dot{x}$ を代入し，これを m で割り，整理すると

$$\ddot{x} + 2\zeta_a\omega_n\dot{x} + {\omega_n}^2 x = {\omega_n}^2 y$$

となる．ここで，$\omega_n = \sqrt{k/m}$，$\zeta_a = g_c/(2\sqrt{mk})$ である．この式は図 8.4 に示すように振動する基礎とは異なる別の固定された基礎に取り付けられたダンパモデルに相当するので，**スカイフックダンパ**ともよばれる．

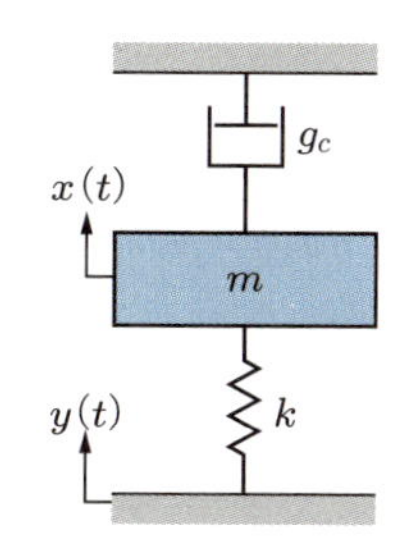

図 8.4 スカイフックダンパ

上式の強制振動の解は，$y = Y\sin\omega t$ とすると，式 (3.75)，(3.79) と同じ形の式になり，

$$x = \frac{Y}{\sqrt{\{1-(\omega/\omega_n)^2\} + \{2\zeta_a(\omega/\omega_n)\}^2}}\sin(\omega t - \phi)$$

となる．Y に対する x の振幅比率は，

$$M = \frac{1}{\sqrt{\{1-(\omega/\omega_n)^2\}^2 + \{2\zeta_a(\omega/\omega_n)\}^2}}$$

となる．これを，ω/ω_n を横軸にとって図示すれば図 8.5 (a) となる．なお，対象とする強制振動の構成は異なるが，図 3.22 と同じ形になっている．

一方，受動制御として，能動制御 u のかわりに減衰係数 c の減衰器を用いた場合は，3.6 節の式 (3.94) の運動方程式が得られる．このときの変位 x の振幅の振動倍率は式 (3.101) で得られる．これは図 3.25 のようになるが，比較のため，図 8.5 (b) に同時に示す．

図 8.5 の (a) と (b) を比較すると，受動制御の場合は $\omega/\omega_n = \sqrt{2}$ を境界にして，$\omega/\omega_n < \sqrt{2}$ のときは減衰比 ζ の値を大きくすれば，振幅倍率 M は小さくできることがわかる．さらに $\omega/\omega_n \ll 1$ とすれば，M はさらに小さくできることがわかる．一方，$\omega/\omega_n > \sqrt{2}$ では，減衰比 ζ を大きくすれば，逆に振幅倍率 M が大きくなり，振動制御に対して，逆効果になることがわかる．強度や乗心地などに影響する低い共振振動数領域を低減させるため減衰比を大

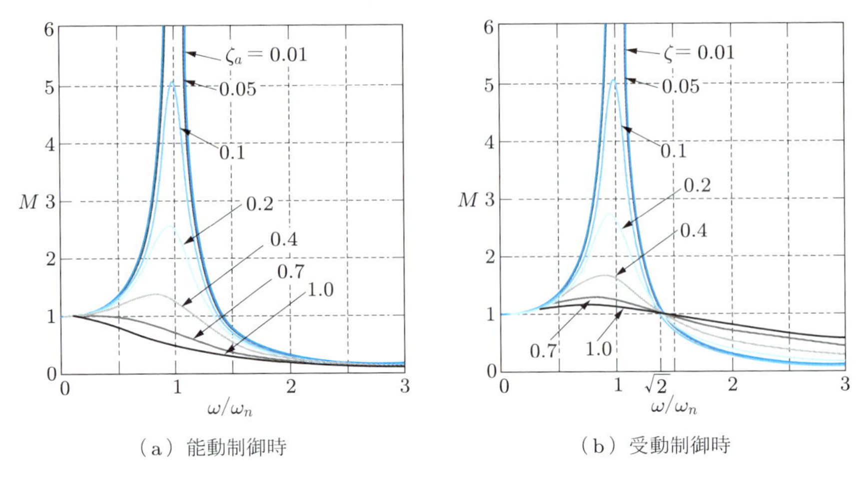

（a）能動制御時　　（b）受動制御時

図 8.5　振幅倍率の比較

きくすると，高い振動数領域の振動伝達を高めてしまい，騒音などを大きくしてしまうことになる．

一方，能動制御は，図 8.5 (a) からわかるように ω/ω_n の低い値から高い値まで，減衰比 ζ_a を大きくすると振幅倍率は一様に低減することがわかる．したがって，能動制御は，受動制御のような $\omega/\omega_n = \sqrt{2}$ の大小によるジレンマに陥ることなく，強制振動数 ω に対して，適切な固有円振動数と，減衰比を選べば振動を大幅に低減できる．◁

8.3　能動制御のための状態方程式

能動制御のために各種の制御則を適用する場合，対象の振動系を**状態方程式** (state equation) で表現すると便利である．

第 5 章の式 (5.8) で示したように，減衰のある多自由度の振動系の質量・減衰・ばねモデルの運動方程式は，

$$[M]\{\ddot{x}(t)\} + [C]\{\dot{x}(t)\} + [K]\{x(t)\} = \{f(t)\} \tag{8.5}$$

となる．ここで $[M]$, $[C]$, $[K]$ はそれぞれ質量，減衰，剛性行列であり，$\{x(t)\}$, $\{f(t)\}$ は変位および外力ベクトルである．

状態方程式はつぎのように導ける．式 (8.5) で，**状態変数ベクトル** (state variable vector) $\{y(t)\}$ および**制御ベクトル** (control vector) $\{u(t)\}$ は，つぎのように定義できる (以下，時間関数の表示を省略する)．

$$\{y\} = [x \ \ \dot{x}]^T,\ \ \{u\} = \{f\} \tag{8.6}$$

式 (8.5) はつぎのように書きなおすことができる．

$$\{\ddot{x}\} = -[M]^{-1}[K]\{x\} - [M]^{-1}[C]\{\dot{x}\} + [M]^{-1}\{f\} \tag{8.7}$$

したがって，次式のような状態方程式が得られる．

$$\{\dot{y}\} = \begin{bmatrix} [0] & [I] \\ -[M]^{-1}[K] & -[M]^{-1}[C] \end{bmatrix} \{y\} + \begin{bmatrix} [0] \\ [M]^{-1} \end{bmatrix} \{u\} \tag{8.8}$$

式 (8.8) は次式のような状態方程式の一般式となる．

$$\{\dot{y}\} = [A]\{y\} + [B]\{u\} \tag{8.9}$$

この式の $[A]$ は，減衰のない振動系では $\pm j\omega_i$，減衰のある振動系では $\left(-\zeta_i \pm j\sqrt{1-\zeta_i{}^2}\right)\omega_i$ の複素共役の固有値をもつ．すなわち，式 (8.5) での自由振動の特性方程式と等しいことになる．

8.4　最適レギュレータによる能動制御

式 (8.9) によって表される振動系に，**最適レギュレータ** (optimal regulator) を適用する．

いま，一定ゲインの状態フィードバック制御則を，

$$\{u\} = -[G]\{y\} \tag{8.10}$$

で表せるとする．ここで，$[G]$ はフィードバックゲイン行列 (feedback gain matrix) である．式 (8.10) を式 (8.9) に代入すると，

$$\{\dot{y}\} = ([A] - [B][G])\{y\} \tag{8.11}$$

となる．フィードバックゲイン行列 $[G]$ を決定するために，つぎのような **2 次形式の評価関数** (performance function) J を導入する．

$$J = \int_0^\infty \left[\{y\}^T[Q]\{y\} + \{u\}^T[R]\{u\}\right] dt \tag{8.12}$$

ここで，$[Q]$, $[R]$ はそれぞれ重み行列 (weighting matrix) とよばれる．最適レギュレータは，この評価関数 J を最小にする $[G]$ を決定する問題であり，次式が与えられる．

$$[G] = -[R]^{-1}[B][G_R] \tag{8.13}$$

ここで，$[G_R]$ は次式に示す**リカッチ方程式** (Riccati equation) の**正定解** (positive-define solution) として得られる．

$$[G_R][A]+[A]^T[G_R]-[G_R][B][R]^{-1}[B]^T[G_R]+[Q]=[0] \tag{8.14}$$

さらに，式 (8.12) の評価関数の最小最適値は次式で与えられる．

$$J_{\min}=\frac{1}{2}\{y\}^T[G_R]\{y\} \tag{8.15}$$

例題 8.3　図 8.6 に示すように，質量 m_2 の機械が質量 m_1 の支持架台に据え付けられているとする．強制振動させる外力 $f_1(t)$, $f_2(t)$ がそれぞれ質量 m_1, m_2 に作用するとして，この振動系の状態方程式を求めよ．

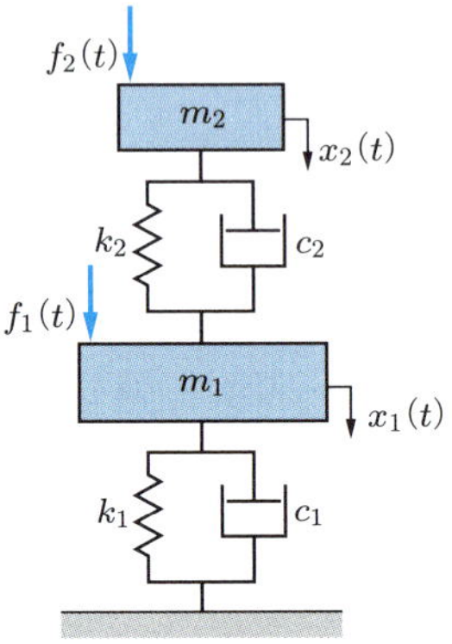

図 8.6　支持架台に据え付けられた機械のモデル

▶**解**　すべての変位は静的平衡位置から定義されているとする．ニュートンの第 2 法則により運動方程式は，次式で与えられる．

$$\left.\begin{aligned}m_1\ddot{x}_1&=-k_1x_1-k_2(x_1-x_2)-c_1\dot{x}_1-c_2(\dot{x}_1-\dot{x}_2)+f_1\\ m_2\ddot{x}_2&=-k_2(x_2-x_1)-c_2(\dot{x}_2-\dot{x}_1)+f_2\end{aligned}\right\}$$

状態ベクトルとして，つぎのように定義する．

$$\left.\begin{aligned}\{y\}&=[y_1\ \ y_2\ \ y_3\ \ y_4]^T=[x_1\ \ \dot{x}_1\ \ x_2\ \ \dot{x}_2]^T\\ \{u\}&=[f_1\ \ f_2]^T,\ \ \{x\}=[x_1\ \ x_2]^T\end{aligned}\right\}$$

上式を用いると，運動方程式よりつぎの関係式が得られる．

$$\left.\begin{aligned}\dot{y}_1&=y_2\\ m_1\dot{y}_2&=-k_1y_1-k_2(y_1-y_3)-c_1y_2-c_2(y_2-y_4)+f_1\\ \dot{y}_3&=y_4\\ m_2\dot{y}_4&=-k_2(y_3-y_1)-c_2(y_4-y_2)+f_2\end{aligned}\right\}$$

上式を整理すると，式 (8.8)，(8.9) により状態方程式，

$$\{\dot{y}\}=[A]\{y\}+[B]\{u\}$$

が得られる．ここで，

$$[A]=\begin{bmatrix}0&1&0&0\\ -\dfrac{k_1+k_2}{m_1}&-\dfrac{c_1+c_2}{m_1}&\dfrac{k_2}{m_1}&\dfrac{c_2}{m_1}\\ 0&0&0&1\\ \dfrac{k_2}{m_2}&\dfrac{c_2}{m_2}&-\dfrac{k_2}{m_2}&-\dfrac{c_2}{m_2}\end{bmatrix},\quad [B]=\begin{bmatrix}0&0\\ \dfrac{1}{m_1}&0\\ 0&0\\ 0&\dfrac{1}{m_2}\end{bmatrix}$$

である．また，**出力方程式** (output equation) は，

$$\{x\}=[C_G]\{y\}+[D_G]\{u\}$$

となる．ここに，$\{x\}$ は振動系の変位ベクトルであるが，出力ベクトル (output vector) でもある．また，観測ゲイン行列 (measurement gain matrix) $[C_G]$ とフィードフォワード行列 (feed-forward gain matrix) $[D_G]$ は，つぎのようになる．

$$[C_G] = \begin{bmatrix} 1 & 0 & 0 & 0 \\ 0 & 0 & 1 & 0 \end{bmatrix}, \qquad [D_G] = 0$$

この $[A]$ より，$\det(\lambda[I] - [A]) = 0$，すなわち，次式が得られる．

$$\begin{vmatrix} \lambda & -1 & 0 & 0 \\ \dfrac{k_1 + k_2}{m_1} & \lambda + \dfrac{c_1 + c_2}{m_1} & -\dfrac{k_2}{m_1} & -\dfrac{c_2}{m_1} \\ 0 & 0 & \lambda & -1 \\ -\dfrac{k_2}{m_2} & -\dfrac{c_2}{m_2} & \dfrac{k_2}{m_2} & \lambda + \dfrac{c_2}{m_2} \end{vmatrix} = 0$$

上式を λ に関して解けば振動系の固有値が得られる．一方，ニュートンの第 2 法則で得た運動方程式を整理すると，これまで学んできた行列の形式での 2 階の微分方程式がつぎのように得られる．

$$\begin{bmatrix} m_1 & 0 \\ 0 & m_2 \end{bmatrix} \{\ddot{x}\} + \begin{bmatrix} c_1 + c_2 & -c_2 \\ -c_2 & c_2 \end{bmatrix} \{\dot{x}\} + \begin{bmatrix} k_1 + k_2 & -k_2 \\ -k_2 & k_2 \end{bmatrix} \{x\} = \{u\}$$

また，固有値問題として，上式の外力ベクトルを 0 とする．上式の解を $\{x\} = \{x\}\, e^{\lambda t}$ として，上式に代入すると次式の振動数方程式が得られる．

$$\begin{vmatrix} m_1\lambda^2 + (c_1 + c_2)\lambda + (k_1 + k_2) & -c_2\lambda - k_2 \\ -c_2\lambda - k_2 & m_2\lambda^2 + c_2\lambda + k_2 \end{vmatrix} = 0$$

上式を展開して得られる式は，状態方程式から得られた行列式を展開すれば同じ式になる． ◁

例題 8.4 例題 8.2 の図 8.3 を最適レギュレータによって安定化せよ．ただし，簡単化のため $y(t) = 0$ とする．

▶解 図 8.3 の運動方程式はつぎのようになる．

$$m\ddot{x}(t) + kx(t) = f(t)$$

状態量は，時間関数の表示を省略して，次式となる．

$$\{y\} = [y_1 \quad y_2]^T = [x \quad \dot{x}]^T, \qquad u = f$$

運動方程式を書きなおして，

$$\ddot{x} = -\frac{k}{m}x + \frac{1}{m}f$$

とし，さらに上述の状態量を使って次式のように表示する．

$$\dot{y}_1 = y_2, \quad \dot{y}_2 = -\frac{k}{m}y_1 + \frac{1}{m}u$$

上式を整理すると，式 (8.8)，(8.9) により状態方程式は，

$$\{\dot{y}\} = [A]\{y\} + \{B\}u, \quad [A] = \begin{bmatrix} 0 & 1 \\ -\dfrac{k}{m} & 0 \end{bmatrix}, \quad \{B\} = \begin{Bmatrix} 0 \\ \dfrac{1}{m} \end{Bmatrix}$$

となる．

いま，例題 8.2 では $u = -g_c\dot{x}$ であり，ベクトル表示すると，

$$u = [0 \quad -g_c]\{y\}$$

となる．

一方，最適レギュレータを適用するときは，

$$u = -[G]\{y\}$$

という状態フィードバックが施されるとする．ただし，$[G]$ は状態フィードバックゲイン行列であり，ここでは行ベクトルである．この $[G]$ は式 (8.12) の 2 次形式の評価関数 J を最小にする値である．式 (8.14) のリカッチ方程式の正定解 $[G_R]$ を求め，式 (8.13) を使って $[G]$ を定めればよい．リカッチ方程式の解は，振動系が複雑になると，ほとんどの場合，数値計算による解析に頼らなければならない．詳細は制御工学の専門書によるとして省略する．◁

演習問題

8.1　受動制御をするときによく使われる装置は何か．また，能動制御をするときは，どのような装置がよく使われるか．

8.2　本文の図 8.5 の振幅倍率の比較を見て，能動制御が受動制御に対して優れている点を箇条書きで述べよ．

第9章 振動のコンピュータ解析

複雑な機械や構造物になってくると，簡単には，固有振動数や振動モードを知ることができない．解析的に扱って解が得られるのは，非常に限られた範囲である．実物の動的設計をするには，ほとんどの場合，数値解析に頼らなければならない．この章では，歴史を経て開発されてきた近似計算法，有限要素法，および数値積分法などについて述べる．

9.1 固有振動数の近似計算

9.1.1 レイリー (Rayleigh) の方法

振動中の機械や構造物において，摩擦や熱発生などのエネルギー損失を無視すると振動エネルギーは保存される．いま，運動エネルギーを T，ポテンシャルエネルギーを U とすると，全エネルギー E は，第3章でも述べたように，

$$E = T + U = \text{一定} \tag{9.1}$$

となる．T, U の最大値は，運動エネルギーとポテンシャルエネルギーは交互に最大となって，エネルギーが保存されるので，

$$T_{\max} = U_{\max} \tag{9.2}$$

の関係がある．この関係より固有振動数を求めることができる．

1自由度系の振動においては，質量 m，ばね定数 k をもつばねの自由振動は $x = A\sin\omega_n t$ の形で表されるから，

$$\left.\begin{aligned} T &= \frac{1}{2}m\dot{x}^2 = \frac{1}{2}m{\omega_n}^2A^2\cos^2\omega_n t \\ U &= \frac{1}{2}kx^2 = \frac{1}{2}kA^2\sin^2\omega_n t \end{aligned}\right\} \tag{9.3}$$

となり，最大値は，

$$\left.\begin{aligned} T_{\max} &= \frac{1}{2}m{\omega_n}^2A^2 \\ U_{\max} &= \frac{1}{2}kA^2 \end{aligned}\right\} \tag{9.4}$$

となり，式 (9.2) を使うと，

$$\frac{1}{2}m{\omega_n}^2A^2 = \frac{1}{2}kA^2$$

より，

$$\omega_n = \sqrt{\frac{k}{m}} \tag{9.5}$$

が得られ，固有円振動数 ω_n が求められる．これは 3.1 節で求めた値と同じになる．

また，はりの曲げ振動のような連続体の振動においては，6.5 節に述べたように，はりのたわみを $y(x,t)$，断面積を A，断面 2 次モーメントを I，はりの材料の縦弾性係数を E，単位体積あたりの質量を ρ，はりの長さを l とすると，はりの自由振動は i 次モードだけに着目して $y_i(x,t) = Y_i(x)\sin\omega_i t$ となる．このときのはりの運動エネルギー T_i，ポテンシャルエネルギー U_i は，

$$\left.\begin{aligned} T_i &= \frac{1}{2}\int_0^l \rho A\left(\frac{\partial y_i}{\partial t}\right)^2 dx \\ U_i &= \frac{1}{2}\int_0^l \frac{M^2}{EI}dx = \frac{1}{2}\int_0^l EI\left(\frac{\partial^2 y_i}{\partial x^2}\right)^2 dx \end{aligned}\right\} \tag{9.6}$$

であるから，はりのたわみ y_i を代入すると，

$$\left.\begin{aligned} T_i &= \frac{1}{2}\rho A{\omega_i}^2\int_0^l {Y_i}^2(x)dx\cdot\cos^2\omega_i t \\ U_i &= \frac{1}{2}EI\int_0^l \left\{\frac{d^2Y_i(x)}{dx^2}\right\}^2 dx\cdot\sin^2\omega_i t \end{aligned}\right\} \tag{9.7}$$

となる．両者の最大値を等置すると，

$${\omega_i}^2 = \frac{\dfrac{EI}{\rho A}\displaystyle\int_0^l \left\{\frac{d^2Y_i(x)}{dx^2}\right\}^2 dx}{\displaystyle\int_0^l {Y_i}^2(x)dx} \tag{9.8}$$

が得られ，固有関数すなわちモード関数 $Y_i(x)$ がわかれば，式 (9.8) より固有円振動数が得られる．これは，**エネルギー法による固有振動数の求め方**である．

このモード関数 $Y_i(x)$ のかわりに類似の関数 $f(x)$ を仮定し，式 (9.8) に代入しても固有振動数を近似的に求めることができる．このような固有振動数の算出方法を**レイリー** (Rayleigh) **の方法**という．この方法によって得られる固有振動数は真の値より高めに出るが，類似の関数 $f(x)$ の精度がかなり粗くてもきわめてよい近似値が得られる．

例題 9.1　6.5 節のはりの曲げ振動において，はりが両端支持されている場合を考える．このはりの固有振動数を，レイリーの方法を使って求めよ．ただし，本文の式 (9.8) のモード関数は，式 (6.55) の解析解を用いた場合と，静たわみ曲線 $x(x^3-2lx^2+l^3)$ を用いた場合について示せ．

▶**解**　$Y_i(x)=\sin(i\pi x/l)$ $(i=1,2,\dots)$ とした場合，本文の式 (9.8) において，

$$\int_0^l {Y_i}^2(x)dx=\int_0^l \sin^2\left(\frac{i\pi x}{l}\right)dx=\frac{l}{2}$$

$$\int_0^l \left\{\frac{d^2Y_i(x)}{dx^2}\right\}^2 dx=\left(\frac{i\pi}{l}\right)^4\int_0^l \sin^2\left(\frac{i\pi x}{l}\right)dx=\left(\frac{i\pi}{l}\right)^4\cdot\frac{l}{2}$$

となり，本文の式 (9.8) の ${\omega_i}^2$ の値は，

$${\omega_i}^2=\frac{EI}{\rho A}\cdot\left(\frac{i\pi}{l}\right)^4\cdot\frac{l}{2}\Big/\frac{l}{2}=\left(\frac{i\pi}{l}\right)^4\frac{EI}{\rho A}$$

となり，

$$\omega_i=\left(\frac{i\pi}{l}\right)^2\sqrt{\frac{EI}{\rho A}}\quad(i=1,2,\dots)$$

が得られる．これは，本文の式 (6.54) に一致する．これは，エネルギー法によって解いたことになる．

つぎに，$Y_i(x)=x(x^3-2lx^2+l^3)$ とすると，

$$\int_0^l {Y_i}^2(x)\,dx=\int_0^l x^2(x^6+4l^2x^4+l^6-4lx^5+2l^3x^3-4l^4x^2)\,dx=\frac{31}{630}l^9$$

となり，また，

$$\frac{d^2Y_i}{dx^2}=12x^2-12lx=12(x^2-lx)$$

であるから，

$$\int_0^l \left\{\frac{d^2Y_i}{dx^2}\right\}^2 dx=144\int_0^l (x^4-2lx^3+l^2x^2)\,dx=\frac{24}{5}l^5$$

である．本文の式 (9.8) の ${\omega_i}^2$ の値は，

$${\omega_i}^2=\frac{EI}{\rho A}\cdot\frac{24}{5}l^5\Big/\frac{31}{630}l^9=\frac{24\times126}{31}\cdot\frac{1}{l^4}\frac{EI}{\rho A}$$

となり，

$$\omega_i=\frac{9.87666}{l^2}\sqrt{\frac{EI}{\rho A}}$$

が得られる．厳密な値の $\pi^2=9.86960$ に対して 9.87666 であるから，誤差はわずかに 0.07% である．◁

9.1.2 リッツ (Ritz) の方法

レイリーの方法では，正解値より高い値が得られる．さらによい近似値を得る方法として，類似の関数 $f(x)$ が，境界条件を満足する関数 $f_i(x)$ を数個選び，それらに重み値 c_i をかけてそれらの和をとって表されるとし，

$$f(x) = c_1 f_1(x) + c_2 f_2(x) + \cdots + c_n f_n(x) = \sum_{i=1}^{n} c_i f_i(x) \tag{9.9}$$

とおく．これをモード関数 $Y_i(x)$ の近似関数とする．

式 (9.9) を式 (9.8) の Y_i のかわりに使うと，

$$\omega^2 = \frac{\dfrac{EI}{\rho A}\displaystyle\int_0^l \left\{\sum_{i=1}^{n} c_i \frac{d^2 f_i(x)}{dx^2}\right\}^2 dx}{\displaystyle\int_0^l \left\{\sum_{i=1}^{n} c_i f_i(x)\right\}^2 dx} \tag{9.10}$$

となる．ω^2 の最小値を，

$$\frac{\partial \omega^2}{\partial c_i} = 0 \quad (i = 1, 2, \ldots, n) \tag{9.11}$$

から定めるとすると，つぎの式が得られる．

$$\left[-\omega^2 \begin{bmatrix} m_{11} & m_{12} & \cdots & m_{1n} \\ m_{21} & m_{22} & \cdots & \vdots \\ \vdots & \vdots & \ddots & \vdots \\ m_{n1} & \cdots & \cdots & m_{nn} \end{bmatrix} + \begin{bmatrix} k_{11} & k_{12} & \cdots & k_{1n} \\ k_{21} & k_{22} & \cdots & \vdots \\ \vdots & \vdots & \ddots & \vdots \\ k_{n1} & \cdots & \cdots & k_{nn} \end{bmatrix}\right] \begin{Bmatrix} c_1 \\ c_2 \\ \vdots \\ c_n \end{Bmatrix} = \{0\} \tag{9.12}$$

ここで，

$$m_{ij} = \rho A \int_0^l f_i(x) f_j(x) dx, \qquad k_{ij} = EI \int_0^l \frac{d^2 f_i(x)}{dx^2} \cdot \frac{d^2 f_j(x)}{dx^2} dx$$

であり，式 (9.12) の固有値問題を解くことになる．このような固有振動数の計算方法を**リッツ** (Ritz) **の方法**という．

この方法も**エネルギー法**にもとづいて固有振動数を近似的に求める方法であるが，レイリーの方法が原則として基本次の固有振動数だけに適用されるのに対し，式 (9.9) の項数に応じて高次の固有振動数の計算にも適用できる利点がある．

9.1.3 ガレルキン (Galerkin) の方法

いま，一般に運動方程式が $L[y(x,t)]=0$ の形で与えられていて，またその解が変数分離で与えられ，$L[Y(x)]=0$ となるとき，モード関数 $Y(x)$ に対して近似する関数 $f(x)$ をリッツの方法と同様に式 (9.9) のように仮定し，各項の $f_i(x)$ は運動方程式の境界条件をそれぞれが満足する関数として選ぶ．$f_i(x)$ が正解なら

$$L[f(x)] = L\left[\sum_{i=1}^{n} c_i f_i(x)\right] = 0 \tag{9.13}$$

である．しかし，境界条件を満足する近似解であれば，式 (9.13) の右辺は 0 とならず誤差が出る．これを小さくするため，誤差と近似した関数 $f_i(x)$ の積を全長にわたって積分した値を，$i=1,2,\ldots,n$ のすべての $f_i(x)$ に対して 0 にするための $c_1, c_2, \ldots, c_n$ 値を求める．すなわち，

$$\int_0^l L[f(x)]f_i(x)dx = 0 \quad (i=1,2,\ldots,n) \tag{9.14}$$

が条件式となる．

たとえば，はりの曲げ振動の場合，

$$\left.\begin{aligned} L[y(x,t)] &\equiv \rho A\frac{\partial^2 y}{\partial t^2} + EI\frac{\partial^4 y}{\partial x^4} = 0 \\ L[Y(x)] &\equiv EI\frac{d^4 Y(x)}{dx^4} - \omega^2 \rho A Y(x) = 0 \end{aligned}\right\} \tag{9.15}$$

であり，式 (9.14)，$(9.15)_2$ より

$$\int_0^l \left[EI\frac{d^4 f(x)}{dx^4} - \omega^2 \rho A f(x)\right] f_i(x)dx = 0 \quad (i=1,2,\ldots,n) \tag{9.16}$$

が得られる．式 (9.16) は式 (9.9) の重み値である c_i $(i=1,2,\ldots,n)$ を決定する同次方程式であるので，c_i の係数行列式が 0 になる特性方程式が得られ，これを解けば ω^2 が求められる．すなわち，近似した関数の数だけ，固有振動数を基本次から高次まで求めることができる．

このほか，**ダンカレー** (Dunkerley) **の方法**，反復法である**ストドラ** (Stodola) **の方法**やねじり振動系に有効な**ホルツァー** (Holzer) **法**があるが，ここでは，名称だけの列挙にとどめ，説明は割愛する．

9.2 伝達マトリックス法による振動解析

断面寸法に対して比較的細長い構造物には，**伝達マトリックス法** (transfer matrix method) とよばれる振動解析法が用いられる．また，配管内の管路における流体の脈動の振動解析にも，伝達マトリックス法が有効である．この方法はタービンの低圧部分のブレードの振動解析によく使われた**マイクロスタッド** (Myklestad) **法**を実用的に形式化したものである．

ここでは，はりの曲げ振動解析の例で解法の説明をする．

図 9.1 に示す長さ l のはり要素を考え，M, S は曲げモーメントおよびせん断力を示し，添字の $i-1$ と i は左端および右端を意味する．また，y と $\theta = \partial y/\partial x$ はたわみおよびたわみ角を示す．このとき，つぎの関係が成立する．

$$
\begin{Bmatrix} y \\ \theta \\ M \\ S \end{Bmatrix}_i = \begin{bmatrix} 1 & l & -\dfrac{l^2}{2EI} & \dfrac{l^3}{6EI} \\ 0 & 1 & -\dfrac{l}{EI} & \dfrac{l^2}{2EI} \\ 0 & 0 & -1 & l \\ 0 & 0 & 0 & -1 \end{bmatrix} \begin{Bmatrix} y \\ \theta \\ M \\ S \end{Bmatrix}_{i-1} \tag{9.17}
$$

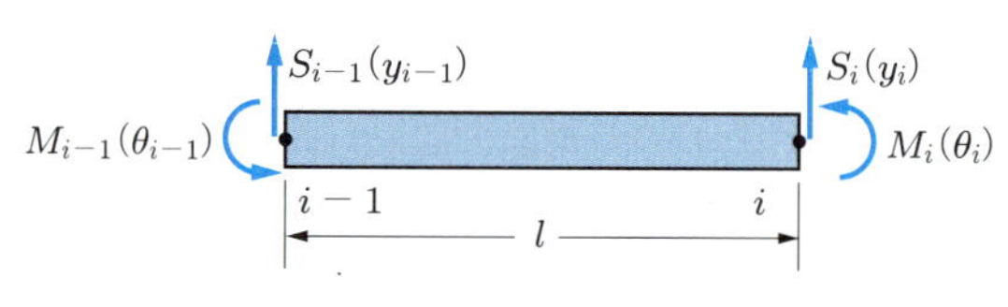

図 9.1　l の長さのはり要素

ここで，E ははりの縦弾性係数，I は断面 2 次モーメントである．$[y \quad \theta \quad M \quad S]^T$ は，はりの両端における状態を表すので，**状態ベクトル** (state vector) とよばれる．また，式 (9.17) は**剛性に関する伝達マトリックス**という．一方，質量については図 9.2 に示す集中質量で表すと，つぎの**質量に関する伝達マトリックス**が得られる．

$$
\begin{Bmatrix} y_R \\ \theta_R \\ M_R \\ S_R \end{Bmatrix}_i = \begin{bmatrix} 1 & 0 & 0 & 0 \\ 0 & 1 & 0 & 0 \\ 0 & 0 & -1 & 0 \\ m_i\omega^2 & 0 & 0 & -1 \end{bmatrix} \begin{Bmatrix} y_L \\ \theta_L \\ M_L \\ S_L \end{Bmatrix}_i \tag{9.18}
$$

ここでは，はりは ω の円振動数で振動するとしている．

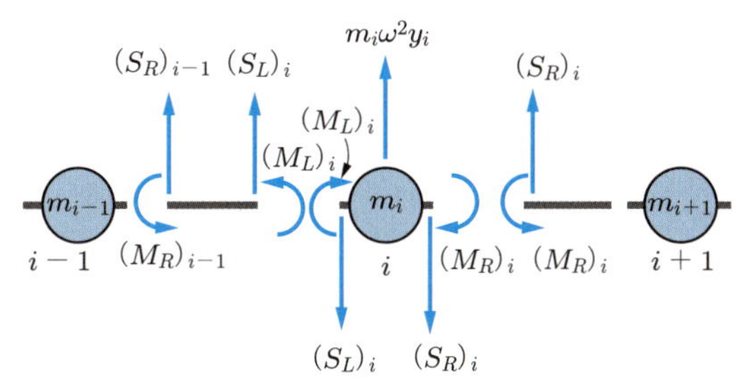

図 9.2　質点 m_i まわりの力のつり合い

式 (9.17) の関係を，図 9.2 の質点 m_i の左側のはり要素に適用する場合，このはり要素を i 要素とし，その長さを l_i とすると，

$$\begin{Bmatrix} y_L \\ \theta_L \\ M_L \\ S_L \end{Bmatrix}_i = [F_i] \begin{Bmatrix} y_R \\ \theta_R \\ M_R \\ S_R \end{Bmatrix}_{i-1} \tag{9.19}$$

となる．ここに，剛性に関する伝達マトリックス $[F_i]$ は，

$$[F_i] = \begin{bmatrix} 1 & l_i & -\dfrac{{l_i}^2}{2EI} & \dfrac{{l_i}^3}{6EI} \\ 0 & 1 & -\dfrac{l_i}{EI} & \dfrac{{l_i}^2}{2EI} \\ 0 & 0 & -1 & l_i \\ 0 & 0 & 0 & -1 \end{bmatrix} \tag{9.20}$$

である．これを，式 (9.18) に代入し，状態ベクトルおよび質量に関する伝達マトリックスを，

$$\left.\begin{aligned} &\{Z\} = [y \quad \theta \quad M \quad S]^T \\ &[P_i] = \begin{bmatrix} 1 & 0 & 0 & 0 \\ 0 & 1 & 0 & 0 \\ 0 & 0 & -1 & 0 \\ m_i\omega^2 & 0 & 0 & -1 \end{bmatrix} \end{aligned}\right\} \tag{9.21}$$

とすると，

$$\{Z_R\}_i = [P_i]\,[F_i]\,\{Z_R\}_{i-1} \tag{9.22}$$

が得られる．この i 要素，i 質点での関係をはりの始点から終点まで適用して，始点と

終点の境界条件を入れて，ω に関して解けば固有値が得られ，さらに固有ベクトルが得られる．

例題 9.2 図 9.3 に示す固定－支持のはりについて，固有値 ω を求める振動数方程式を導け．

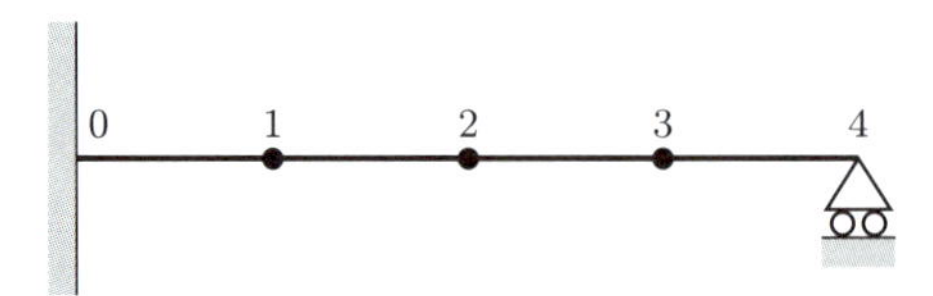

図 9.3 固定－支持のはり

▶**解** 始点の状態ベクトルは $\{Z_R\}_0 = \begin{bmatrix} y_R & \theta_R & M_R & S_R \end{bmatrix}_0^T$ とし，終点の状態ベクトルは $\{Z_L\}_4 = \begin{bmatrix} y_L & \theta_L & M_L & S_L \end{bmatrix}_4^T$ とすると，式 (9.19)〜(9.22) より，

$$\{Z_L\}_4 = [F_4]\,[P_3]\,[F_3]\,[P_2]\,[F_2]\,[P_1]\,[F_1]\,\{Z_R\}_0$$

となる．これを整理して，

$$\{Z_L\}_4 = [T]\,\{Z_R\}_0$$

と書きなおすと次式のように $[T]$ は 4×4 の要素の行列となる．

$$T = \begin{bmatrix} T_{11} & T_{12} & T_{13} & T_{14} \\ T_{21} & T_{22} & T_{23} & T_{24} \\ T_{31} & T_{32} & T_{33} & T_{34} \\ T_{41} & T_{42} & T_{43} & T_{44} \end{bmatrix}$$

境界条件は，はりの左端は固定端，右端は単純支持端であるから，

$$(y_R)_0 = (\theta_R)_0 = 0, \quad (y_L)_4 = (M_L)_4 = 0$$

となる．上式を始点から終点までの伝達マトリックスの関係式に代入すると，

$$\begin{Bmatrix} 0 \\ 0 \end{Bmatrix}_4 = \begin{bmatrix} T_{13} & T_{14} \\ T_{33} & T_{34} \end{bmatrix} \begin{Bmatrix} M_R \\ S_R \end{Bmatrix}_0$$

が得られる．したがって，$[M_R \quad S_R]_0^T$ が有意な解をもつためには，

$$\begin{vmatrix} T_{13} & T_{14} \\ T_{33} & T_{34} \end{vmatrix} = 0$$

が成り立つ．この式は ω を含んでおり，振動数方程式となる． ◁

9.3 モード解析法による振動解析

多自由度系の振動についての**モード解析** (modal analysis) により，n 自由度系については n 個の固有円振動数と固有モードが得られることを第 5 章で述べた．また，固有モードの直交性より，等価な 1 自由度系に分解でき，全体の応答は，これらの等価な 1 自由度系の**モード合成** (modal synthesis) で得られることを述べた．

モード解析は，とくに有限要素法を用いて振動解析するときに非常に有効である．また，モード解析は構造物の固有振動数や振動モードさらに減衰比を実験的に求めようとするときに有効である．これは**実験モード解析**とよばれる．以下に，これらについて述べる．

9.3.1 有限要素法による質量，剛性および減衰行列

機械や構造物をモード解析するとき，第 5 章で述べたように多質点系としての質量，ばねさらに減衰が与えられているときには，容易に多自由度系の運動方程式を導くことができる．しかし，実際は第 6 章の連続体で述べたように，機械や構造物は，はり，板および殻などの複合構造体で構成されていることが多く，形状も一様でなく複雑であり，連続体解析で導かれるような偏微分方程式を直接解くことで解を得ることは不可能なことが多い．したがって，**連続系を離散系**に変換する必要がある．

これに対応するものとして**有限要素法** (finite element method) が開発された．これは FEM とよばれることが多い．有限要素法を用いて第 5 章に述べたモード解析の考えを適用すると，複雑な構造物も容易にかつ精度よく振動解析ができる．

第 6 章で述べた棒の縦振動について考える．図 9.4 に示すように，連続体の棒の要素 (長さ l_i) を切り出してみる．

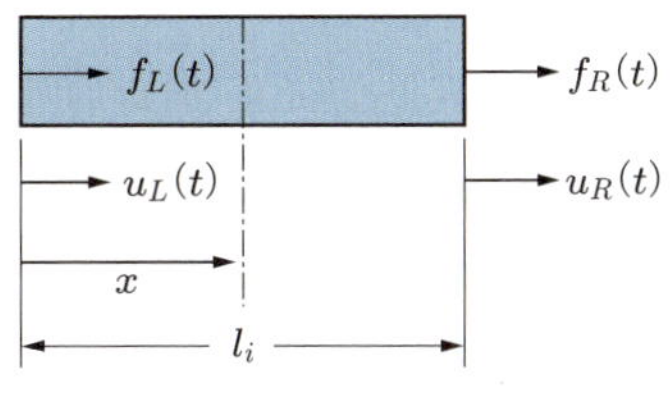

図 9.4　棒の要素

ここで，$f_L(t)$ と $f_R(t)$ は左端と右端の節点の力，$u_L(t)$ と $u_R(t)$ はこれらの力にそれぞれ対応した節点の変位とする．

節点変位 (modal displacement) **ベクトル** $\{u(t)\}$ と**節点力** (modal force) **ベクトル**

$\{f(t)\}$ は，つぎのように定義できる．

$$\{u(t)\} = [u_L(t) \quad u_R(t)]^T, \qquad \{f(t)\} = [f_L(t) \quad f_R(t)]^T \tag{9.23}$$

$\{u(t)\}$ と $\{f(t)\}$ を関係づける剛性行列 $[k]$ は，

$$\{f(t)\} = [k]\{u(t)\} \tag{9.24}$$

として定義できる．この $[k]$ を求めるために，変位 $u(x,t)$ を関数近似することにする．$u(x,t)$ は，式 (9.23) からわかるように 2 成分から構成されており，棒の要素は 2 自由度をもっていると考えられるので，最も簡単な近似として，

$$u(x,t) = a_0(t) + a_1(t)x \tag{9.25}$$

と表せる．長さ l_i の棒の要素の両端の節点の変位を使って，式 (9.25) の係数 $a_0(t)$，$a_1(t)$ を求める．

$$u(0,t) = u_L(t), \qquad u(l_i,t) = u_R(t) \tag{9.26}$$

であるから，

$$a_0(t) = u_L(t), \qquad a_1(t) = \frac{u_R(t) - u_L(t)}{l_i} \tag{9.27}$$

となる．式 (9.27) を式 (9.25) に代入すると，

$$u(x,t) = u_L(t) + \frac{u_R(t) - u_L(t)}{l_i}x \tag{9.28}$$

となり，これを整理すると，

$$u(x,t) = \{d(x)\}^T\{u(t)\} \tag{9.29}$$

となる．ここで，

$$\{d(x)\}^T = \left[1 - \frac{x}{l_i} \quad \frac{x}{l_i}\right] \tag{9.30}$$

である．この $d(x)$ は**形状関数** (shape function)，または**内挿関数** (interporation function) とよばれる．

以下，変数の表示に関して，たとえば $u(x,t)$ は関数表示を省略して u と表示する場合もあることに注意する．棒の縦振動の理論によって，棒の両端の変位と力の関係は

$$f_L = -EA_i\frac{\partial u}{\partial x} \quad (x=0), \qquad f_R = EA_i\frac{\partial u}{\partial x} \quad (x=l_i) \tag{9.31}$$

であるので，

$$\frac{\partial u}{\partial x} = \frac{u_R - u_L}{l_i} = \left[-\frac{1}{l_i} \quad \frac{1}{l_i}\right]\{u\} \tag{9.32}$$

であるから，式 (9.32) を式 (9.31) に代入すると，

$$\{f\} = [f_L \quad f_R]^T = \frac{EA_i}{l_i} \begin{bmatrix} 1 & -1 \\ -1 & 1 \end{bmatrix} \{u\} \tag{9.33}$$

となり，式 (9.24) の剛性行列は，

$$[k] = \frac{EA_i}{l_i} \begin{bmatrix} 1 & -1 \\ -1 & 1 \end{bmatrix} \tag{9.34}$$

となる．これを棒の全要素に適用して，第 5 章の式 (5.8) に示すように全体の剛性行列 $[K]$ を構成すればよい．すなわち，変位と力で表される伝達マトリックスの変数ベクトルとは異なり，すべて変位ベクトルで表現されるので，要素の剛性行列を変位の対応する全体の剛性の位置に加えていけばよい．なお，詳細は，有限要素法の専門書によるとして省略する．

また，ここでは縦振動に関する剛性行列だけ述べたが，実用的には，さらにねじり，曲げも含めた剛性行列を求めなければならない．複雑になるが，板や殻についても同じ考えを適用すれば剛性行列が得られる．有限要素法では，形状関数が，要素の数とともに解の精度を左右する．

つぎに，質量行列を求める．棒の要素の運動エネルギー (kinetic energy) とポテンシャルエネルギー (potential energy) は，$\{u\}$ によって表現できる．棒要素の運動エネルギーは，次式で表される．

$$T = \frac{1}{2} \int_0^{l_i} \rho_i A_i \left\{ \frac{\partial u(x,t)}{\partial t} \right\}^2 dx \tag{9.35}$$

ここで，$\rho(x)$ は単位長さあたりの質量密度である．式 (9.35) に式 (9.29) を代入すると，

$$\begin{aligned} T &= \frac{1}{2} \int_0^{l_i} \rho_i A_i \{\dot{u}(t)\}^T \{d(x)\}\{d(x)\}^T \{\dot{u}(t)\} dx \\ &= \frac{1}{2} \{\dot{u}(t)\}^T [m] \{\dot{u}(t)\} \end{aligned} \tag{9.36}$$

と表現することができる．ここで，$[m]$ は**分布質量行列** (consistent mass matrix) とよばれ，次式で与えられる．

$$\begin{aligned} [m] &= \int_0^{l_i} \rho_i A_i \{d(x)\}\{d(x)\}^T dx \\ &= \int_0^{l_i} \rho_i A_i \left[1 - \frac{x}{l_i} \quad \frac{x}{l_i} \right]^T \left[1 - \frac{x}{l_i} \quad \frac{x}{l_i} \right] dx \end{aligned}$$

$$= \rho_i A_i \int_0^{l_i} \begin{bmatrix} \left(1-\dfrac{x}{l_i}\right)^2 & \left(1-\dfrac{x}{l_i}\right)\dfrac{x}{l_i} \\ \left(1-\dfrac{x}{l_i}\right)\dfrac{x}{l_i} & \left(\dfrac{x}{l_i}\right)^2 \end{bmatrix} dx = \rho_i A_i l_i \begin{bmatrix} \dfrac{1}{3} & \dfrac{1}{6} \\ \dfrac{1}{6} & \dfrac{1}{3} \end{bmatrix} \tag{9.37}$$

なお，式 (9.37) は，式 (9.35) をつぎのように表現しても同様に得られる．

$$\begin{aligned} T &= \frac{1}{2}\rho_i A_i \int_0^{l_i} \left\{\left(1-\frac{x}{l_i}\right)\dot{u}_L + \frac{x}{l_i}\dot{u}_R\right\}^2 dx \\ &= \frac{1}{2}\rho_i A_i \int_0^{l_i} \left\{\left(1-\frac{x}{l_i}\right)^2 \dot{u}_L{}^2 + 2\left(1-\frac{x}{l_i}\right)\frac{x}{l_i}\dot{u}_L\dot{u}_R + \frac{x^2}{l_i{}^2}\dot{u}_R{}^2\right\} dx \\ &= \frac{1}{2}\rho_i A_i \int_0^{l_i} \begin{Bmatrix} \dot{u}_L \\ \dot{u}_R \end{Bmatrix}^T \begin{bmatrix} \left(1-\dfrac{x}{l_i}\right)^2 & \left(1-\dfrac{x}{l_i}\right)\dfrac{x}{l_i} \\ \left(1-\dfrac{x}{l_i}\right)\dfrac{x}{l_i} & \dfrac{x^2}{l_i{}^2} \end{bmatrix} \begin{Bmatrix} \dot{u}_L \\ \dot{u}_R \end{Bmatrix} dx \\ &= \frac{1}{2}\{\dot{u}(t)\}^T[m]\{\dot{u}(t)\} \end{aligned}$$

また，上式の分布質量行列のほかに，節点に質量を集中させる**集中質量行列** (lumped mass matrix) を用いる方法もある．剛性行列と同様，この要素質量行列を要素に適用して，式 (5.8) に示す全体の質量行列 $[M]$ を構成すればよい．

すでに，剛性行列は式 (9.34) で求めたが，ポテンシャルエネルギーは棒の要素が断面一様であるとき，

$$U = \iiint \frac{1}{2}E\varepsilon^2 dxdydz = \frac{1}{2}EA_i \int_0^{l_i} \varepsilon^2 dx \tag{9.38}$$

である．ここで，A_i は i 要素の断面積である．また，ε は縦ひずみであり，次式で与えられる．

$$\varepsilon = \frac{\partial u(x,t)}{\partial x} = \left\{\frac{d(d(x))}{dx}\right\}^T \{u(t)\} = \left[-\frac{1}{l_i} \quad \frac{1}{l_i}\right]\{u(t)\} \tag{9.39}$$

よって，

$$\begin{aligned} U &= \frac{1}{2}EA_i \int_0^{l_i} \{u(t)\}^T \left[-\frac{1}{l_i} \quad \frac{1}{l_i}\right]^T \left[-\frac{1}{l_i} \quad \frac{1}{l_i}\right]\{u(t)\}dx \\ &= \frac{EA_i}{2}\int_0^{l_i} \{u(t)\}^T \begin{bmatrix} \dfrac{1}{l_i{}^2} & -\dfrac{1}{l_i{}^2} \\ -\dfrac{1}{l_i{}^2} & \dfrac{1}{l_i{}^2} \end{bmatrix} \{u(t)\}dx = \frac{1}{2}\{u(t)\}^T[k]\{u(t)\} \end{aligned} \tag{9.40}$$

となる．ここで，

$$[k] = \frac{EA_i}{l_i}\begin{bmatrix} 1 & -1 \\ -1 & 1 \end{bmatrix}$$

であり，すでに求めた，式 (9.34) と一致する．

減衰行列は，多自由度の振動系の運動方程式として，5.1 節の式 (5.8) の

$$[M]\{\ddot{x}\} + [C]\{\dot{x}\} + [K]\{x\} = \{f\}$$

における $[C]$ として表現される．多自由度系が離散的に多数の質量，減衰器，ばねで構成される場合，式 (5.9) の $[C]$ の決定は容易であるが，これ以外は大きさを決定するのは難しい．実用的には，減衰のない多自由度系のモード解析を行い，5.5 節で述べたように，モード分解された各モードごとの振動系の減衰比に実験値を反映したり，工学的判断を入れた値として与えればよいことが多い．なお，必要なときは，第 5 章で述べた**レイリー減衰**としての $[C] = a[M] + b[K]$ が使える．

9.3.2　実験モード解析

第 5 章の多自由度系の振動や第 6 章の連続体の振動において，解析的にあるいは数値解析的に運動方程式を求め，固有モードの直交性を適用して各モードごとに**モード特性** (modal parameter) とよばれる固有値，固有モード，モード質量，およびモード剛性が求められることを示した．しかし，これらの値の信頼性向上や，さらに前節でも述べたようにモード減衰は理論的に同定するのが難しいので，優れた振動モデルを構築するため，**実験同定**が重要である．とくに，実験同定をモード解析の理論にもとづいて行われるとき，これを**実験モード解析** (experimental modal analysis) とよぶ．

多自由度系と考えられる機械や構造物に，図 9.5 (a) に示すように 1 点または多点から加振入力を与える**加振試験** (excitation testing) とよばれる**正弦波掃引試験**を行い，振動応答を求める．これは電磁加振機により，正弦波状の**加振力** (exciting force) の振

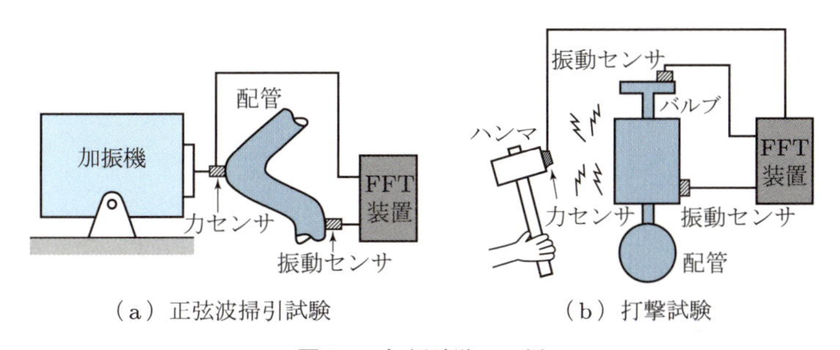

（a）正弦波掃引試験　　（b）打撃試験

図 9.5　加振試験の一例

動数をゆっくり変化させて対象物を加振する方法である．

また，図 9.5 (b) に示すように，対象物の一部に力センサつきハンマで打撃を加える**打撃試験**により振動応答を求める方法もある．これらの振動応答は，第 3 章で説明したように，周波数応答関数の形になる．**機械インピーダンス**や**モビリティ**として，図 **9.6** に示すように求められる．何回か時間をおいて計測を繰り返すと，図に示すように少しバラツキを示す．図 9.6 に得られた測定データの曲線適合を行うことによって実験同定できる．

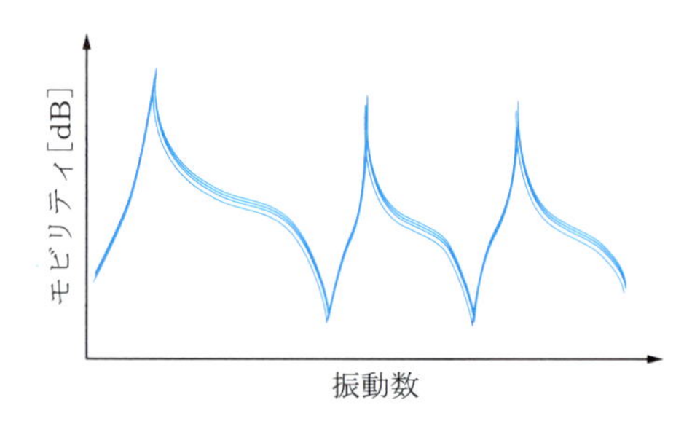

図 **9.6** 加振試験による機械や構造物の振動応答

この同定方法を大別すると，振動応答の曲線の任意の 1 つのピーク近傍に着目して，それを近似的に 1 自由度と見なして同定する場合と，振動モード間のたがいの影響を考慮して，第 5 章で述べた各モードの重ね合わせの考えに従って，各ピークの特性を同時に決定する多自由度による同定方法がある．ここでは簡単のため，1 自由度による同定方法についてのみ説明する．

たとえば，多自由度系のある振動モードの振動応答が，図 **9.7** に示すようにモビリティで表示されたときは，式 (3.175) を考察中の振動モードにあてはめて，ω を

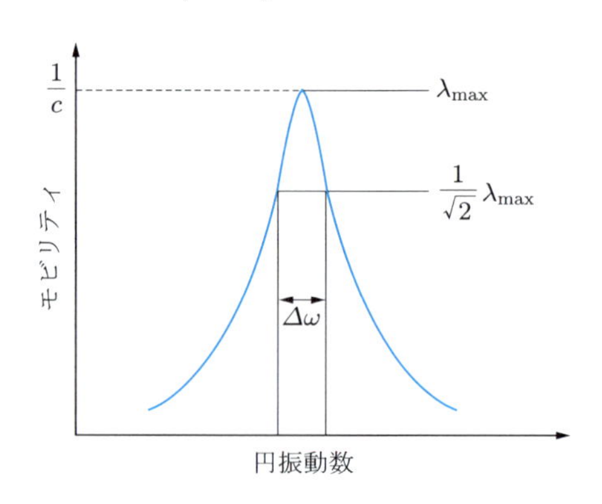

図 **9.7** 実験同定

$\omega_n = \sqrt{k/m}$ に等しくすると，

$$(\lambda)_{\omega=\omega_n} = \left(\frac{j\omega}{-m\omega^2 + j\omega c + k} \right)_{\omega=\omega_n} = \frac{1}{c} \tag{9.41}$$

となる．これより，減衰比 $\zeta = c/(2\omega_n m) = c\omega_n/(2k)$ は，ω_n が容易に同定できるので，これに加えて**モード質量**または**モード剛性**が同定できれば計算できることになる．さらに，図 9.7 に 3.7 節で説明した**ハーフパワー法**を適用しても**減衰比** ζ が同定できる．

9.3.3 固有値問題としての解法

n 次の正方行列 $[A]$ に対し，

$$[A]\{X\} = \lambda\{X\} \tag{9.42}$$

を満足する λ および $\{X\}$ を求める問題を**標準固有値問題**という．5.3 節の式 (5.34) で λ^2 を $-\lambda$ におき換えて表示すると，

$$[K]\{X\} = \lambda[M]\{X\} \tag{9.43}$$

となり，**一般固有値問題**になる．式 (9.42) が**標準型**とよばれるのに対し，式 (9.43) は **MK 型**とよばれる．式 (9.43) を式 (9.42) に変換するには，$[M]$ は対称な正定値の行列であるので，

$$[M] = [L]\,[L]^T \tag{9.44}$$

と分解できる．これを**コレスキー** (Choleski) **分解**という．ここで，$[L]$ は下三角行列で，主対角項より下の要素のみ有意な値をもつが，ほかは 0 となる．これを利用すると，式 (9.43) は，

$$[K]\{X\} = \lambda[L]\,[L]^T\{X\} \tag{9.45}$$

あるいは，

$$[L]^{-1}[K]\{X\} = \lambda[L]^T\{X\} \tag{9.46}$$

となる．新たな変数 $\{Y\} = [L]^T\{X\}$ を導入すると，$\{X\} = \left([L]^T\right)^{-1}\{Y\}$ であり，$\left([L]^T\right)^{-1} = \left([L]^{-1}\right)^T$ となることから，式 (9.46) は，

$$[L]^{-1}[K]\left([L]^{-1}\right)^T\{Y\} = \lambda\{Y\} \tag{9.47}$$

となり，式 (9.47) で，

$$[L]^{-1}[K]\left([L]^{-1}\right)^T = [A] \tag{9.48}$$

とすれば，$[A]$ は対称行列であり，**一般固有値問題**の式 (9.43) は**標準固有値問題**の式 (9.42) に変換できることがわかる．

（1） デターミナント・サーチ法 (determinant search method)

この方法は固有値を先に求める方法である．特性方程式 $\det|[A]-\lambda[I]|$ を展開し，**ダニレフスキー** (Danilevskii) **変換**といわれる方法によって多項代数方程式の形に変換して解く方法であるが，多項式に展開すると誤差が入るので，$\det|[A]-\lambda[I]|$ が 0 になる点を求め，そのときの λ を固有値とする．具体的には，固有値の範囲を決めておき，λ を変化させて行列式の値が異符号になる λ を求める．行列式が 0 に近くなる範囲では，λ の変化の度合をこまかくして精度をあげればよい．

（2） ベクトル反復法 (vector iteration method)

この方法は固有ベクトルを先に求める方法である．**べき乗法** (power method)，**逆反復法**，**サブスペース法** (subspace iteration method)，**共役勾配法** (conjugate gradient method) などがある．

これらのなかで，**べき乗法**について説明する．出発ベクトルとして $\{x\}^{(0)}$ をはじめに適当に決め，式 (9.42) の $[A]$ にかけて，これを次式のように $\{x\}^{(1)}$ ベクトルとする．

$$\{x\}^{(1)}=[A]\{x\}^{(0)} \tag{9.49}$$

つぎに，この $\{x\}^{(1)}$ を新しいベクトルとして，$[A]$ にかけて $\{x\}^{(2)}$ とする．これの繰り返しとして，

$$\{x\}^{(k+1)}=[A]\{x\}^{(k)} \quad (k=0,1,2,\ldots) \tag{9.50}$$

の形の反復式によって得られるベクトル列，

$$\{x\}^{(0)},\ \{x\}^{(1)},\ \{x\}^{(2)},\quad \ldots$$

は，$[A]$ の最大の固有値に対応する固有ベクトルに収束するという性質があり，繰り返し数を増すと最も高い固有値に対応する固有ベクトルが得られる．

しかし，振動問題では小さい固有値のほうが重要であるので，式 (9.42) の両辺に $\lambda^{-1}[A]^{-1}$ をかけて変形し，式 (9.50) のかわりに

$$\{x\}^{(k+1)}=[A]^{-1}\{x\}^{(k)} \quad (k=0,1,2,\ldots) \tag{9.51}$$

に関して，同様のことを行えば，最も低い固有値に対する固有ベクトルが得られる．これが**逆反復法**である．

(3) 行列変換法

これは行列に変換を行って，解を求める方法である．**ヤコビ** (Jacobi) **法**，**QR 法**などは，行列を対角化してその主対角項成分から固有値を求める方法であり，**ハウスホルダー** (Householder) **法**や**ギブンス** (Givens) **法**は少しこの対角化をゆるくして，3 重対角化とよばれるその主対角成分の両隣の成分も残して解く方法である．

いままでは，すべての固有値が同時に求められなかったが，この方法により求めることができるようになる．

例題 9.3　べき乗法が最も高い固有値を与えることを証明せよ．

▶**解**　式 (9.49) の $\{x\}^{(0)}$ を固有ベクトルの線形結合として，つぎのように表示できるとする．

$$\{x\}^{(0)} = a_1\{x_1\} + a_2\{x_2\} + \cdots + a_n\{x_n\}$$

ここで，$a_1, \ldots, a_n$ は任意定数であり，$\{x_1\}$, $\{x_2\}$, ..., $\{x_n\}$ はそれぞれ，1 次，2 次，⋯，n 次の固有モードを示す．式 (9.49) より，

$$\begin{aligned}\{x\}^{(1)} &= a_1[A]\{x_1\} + a_2[A]\{x_2\} + \cdots + a_n[A]\{x_n\} \\ &= a_1\lambda_1\{x_1\} + a_2\lambda_2\{x_2\} + \cdots + a_n\lambda_n\{x_n\}\end{aligned}$$

となる．$\{x\}^{(2)}$ は，

$$\begin{aligned}\{x\}^{(2)} = [A]\{x\}^{(1)} &= a_1\lambda_1[A]\{x_1\} + a_2\lambda_2[A]\{x_2\} + \cdots + a_n\lambda_n[A]\{x_n\} \\ &= a_1{\lambda_1}^2\{x_1\} + a_2{\lambda_2}^2\{x_2\} + \cdots + a_n{\lambda_n}^2\{x_n\}\end{aligned}$$

となり，したがって，式 (9.50) は，

$$\{x\}^{(k+1)} = a_1{\lambda_1}^{(k+1)}\{x_1\} + a_2{\lambda_2}^{(k+1)}\{x_2\} + \cdots + a_n{\lambda_n}^{(k+1)}\{x_n\}$$

となる．k を大きくすると，λ_n は最大であるので，上式の ${\lambda_n}^{(k+1)}$ の項が最も卓越することになるのがわかる．$\{x\}^{(k+1)}$ は，固有値が最も高い n 次モードの $\{x_n\}$ に収束する．◁

9.4 直接積分法

5.1 節の式 (5.8) の多自由度系の運動方程式

$$[M]\{\ddot{x}\} + [C]\{\dot{x}\} + [K]\{x\} = \{f\}$$

をモード解析せずに $n \times n$ の大きい行列のまま，**直接積分法**によって解析することができる．この方法は，大次元の運動方程式を初期値を与えて微小な時間刻みで逐次解いていく方法である．

時間 t から Δt 秒後の状態を計算するために，**オイラー** (Euler) **法**という最も単純な考え方にもとづくと，

$$\left.\begin{aligned}\{x(t+\Delta t)\} &= \{x(t)\} + \Delta t\{\dot{x}(t)\}\\ \{\dot{x}(t+\Delta t)\} &= \{\dot{x}(t)\} + \Delta t\{\ddot{x}(t)\}\\ \{\ddot{x}(t+\Delta t)\} &= [M]^{-1}\Big\{\{f(t+\Delta t)\} - [K]\{x(t+\Delta t)\} - [C]\{\dot{x}(t+\Delta t)\}\Big\}\end{aligned}\right\} \tag{9.52}$$

の各式の順序で数値計算を進めていけばよいことになり，加速度 $\ddot{x}(t+\Delta t)$ の値が式 $(9.52)_{1,2}$ の変位，速度にフィードバックされることはない．オイラー法は，$x(t+\Delta t)$ を Δt に関してテイラー (Taylor) 級数展開した，

$$x(t+\Delta t) = x(t) + \frac{\Delta t}{1!}\dot{x}(t) + \frac{(\Delta t)^2}{2!}\ddot{x}(t) + \frac{(\Delta t)^3}{3!}\dddot{x}(t) + \cdots = \sum_{k=0}^{\infty}\frac{(\Delta t)^k}{k!}x^{(k)}(t) \tag{9.53}$$

の第2項までとった場合に相当し，時間 $t+\Delta t$ での状態を t での微分値から見積もるものである．Δt を小さくしないかぎりよい精度が得られないので，このままでは振動解析には適さない．

この精度向上を図ったものとして，**線形加速度法**，**ニューマーク** (Newmark) **の β 法**，**ルンゲ・クッタ** (Runge–Kutta) **法**などがある．オイラー法では，時間 t の状態がわかると，つぎの時間 $t+\Delta t$ の状態の変位，速度および加速度がステップ・バイ・ステップでわかる．これを**陽解法**という．一方，$t+\Delta t$ での振動系の平衡状態も入れて，$\{x(t+\Delta t)\}$, $\{\dot{x}(t+\Delta t)\}$, $\{\ddot{x}(t+\Delta t)\}$ を未知数とする連立方程式の形にして，新しい $t+\Delta t$ での運動方程式を満足する近似解を得ようとするものが**陰解法**である．陰解法は，陽解法に比べて発散しにくく安定性がよい．

■9.4.1 線形加速度法

この方法は，t から $t+\Delta t$ までの間の加速度が図 **9.8** に示すように直線的に変化するという仮定にもとづき，

$$\dddot{x}(t) = \frac{\ddot{x}(t+\Delta t) - \ddot{x}(t)}{\Delta t} \tag{9.54}$$

という関係式を求める．ここで $\dddot{x}(t)$ は**加加速度**であり，**躍動**または**ジャーク** (jerk) とよばれる．式 (9.53) のテイラー級数展開の第4項までをとり，式 (9.54) を用いて $\dddot{x}(t)$ を消去すると，

$$x(t+\Delta t) = x(t) + \Delta t\cdot\dot{x}(t) + \frac{(\Delta t)^2}{3}\ddot{x}(t) + \frac{(\Delta t)^3}{6}\ddot{x}(t+\Delta t) \tag{9.55}$$

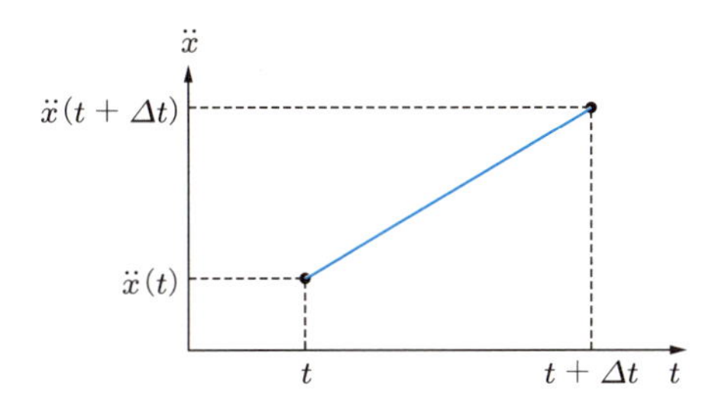

図 9.8 線形加速度法の $\Delta\ t$ 後の状態予測

が得られる．この式と，

$$\left.\begin{aligned}&\{\dot{x}(t+\Delta t)\}=\{\dot{x}(t)\}+\frac{\Delta t}{2}[\{\ddot{x}(t)\}+\{\ddot{x}(t+\Delta t)\}]\\&[M]\{\ddot{x}(t+\Delta t)\}+[C]\{\dot{x}(t+\Delta t)\}+[K]\{x(t+\Delta t)\}=\{f(t+\Delta t)\}\end{aligned}\right\}\tag{9.56}$$

の 2 つの式を合わせて，3 つの式を連立させ，$\ddot{x}(t+\Delta t)$ から解いて $\dot{x}(t+\Delta t)$, $x(t+\Delta t)$ を求めればよい．逆に $x(t+\Delta t)$ から解いていくやり方もある．これは，式 $(9.56)_2$ の加速度 $\ddot{x}(t+\Delta t)$ の値が変位，速度にフィードバックされる形になっており，前述したように陰解法に相当する．

9.4.2 ニューマークの β 法

ニューマークの β 法は，線形加速度法を一般化したものである．式 (9.53) のテイラー級数展開の第 4 項目までとり，第 4 項目の係数の 1/3! をパラメータ β におき換え，さらに $\dddot{x}(t)$ を同じく式 (9.54) の差分式でおき換えると次式が得られる．

$$x(t+\Delta t)=x(t)+\Delta t\cdot\dot{x}(t)+\frac{(\Delta t)^2}{2}\ddot{x}(t)+\beta(\Delta t)^2\{\ddot{x}(t+\Delta t)-\ddot{x}(t)\}\tag{9.57}$$

この式と，

$$\left.\begin{aligned}&\{\dot{x}(t+\Delta t)\}=\{\dot{x}(t)\}+\frac{\Delta t}{2}\left[\{\ddot{x}(t)\}+\{\ddot{x}(t+\Delta t)\}\right]\\&[M]\{\ddot{x}(t+\Delta t)\}+[C]\{\dot{x}(t+\Delta t)\}+[K]\{x(t+\Delta t)\}=\{f(t+\Delta t)\}\end{aligned}\right\}\tag{9.58}$$

の 2 つの式を合わせた 3 つの式を，線形加速度法と同様に連立させて解けばよい．$\beta=0$ とすれば，式 (9.57) からわかるように式 (9.53) のテイラー級数展開の第 3 項までをとった陽解法の表現になる．一般には β の値は，

$$0\leqq\beta\leqq\frac{1}{2}\tag{9.59}$$

として与えられ，β が 0 でないかぎり**陰解法**である．$\beta=1/6$ とすると式 (9.57) は式 (9.55) と等しくなり，線形加速度法と同じになる．$\beta=1/4$ とすると，式 (9.57) は，

$$x(t+\varDelta t)=x(t)+\varDelta t\cdot\dot{x}(t)+\frac{(\varDelta t)^2}{2}\left\{\frac{\ddot{x}(t)+\ddot{x}(t+\varDelta t)}{2}\right\} \tag{9.60}$$

となり，式 (9.53) のテイラー級数展開の第 3 項の $\ddot{x}(t)$ を，時刻 t から時刻 $t+\varDelta t$ まで平均的な加速度 $\{\ddot{x}(t)+\ddot{x}(t+\varDelta t)\}/2$ でおき換え，一定に加速したことになる．また，$\beta=1/2$ にすると $\ddot{x}(t)$ を $\ddot{x}(t+\varDelta t)$ におき換えたことになる．β と加速度の関係を示すと図 9.9 のようになる．

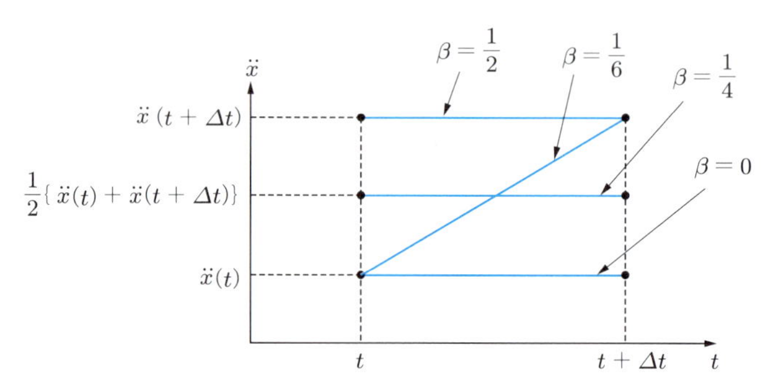

図 9.9 ニューマークの β 法における β と加速度の関係

9.4.3 ルンゲ・クッタ法

8.3 節に示すように，$\{y\}=[x\quad \dot{x}]^T$ とすると 5.1 節の式 (5.8) による多自由度系の運動方程式は，

$$\{\dot{y}\}=\begin{bmatrix}[0] & [I]\\ -[M]^{-1}[K] & -[M]^{-1}[C]\end{bmatrix}\{y\}+\begin{bmatrix}[0]\\ -[M]^{-1}\end{bmatrix}\{f(t)\} \tag{9.61}$$

となる．これを，

$$\{\dot{y}\}=\{\varPhi(t,\{y\})\} \tag{9.62}$$

と定義して，次式

$$\left.\begin{aligned}
\{u_1\}&=\varDelta t\{\varPhi(t,\{y(t)\})\}\\
\{u_2\}&=\varDelta t\{\varPhi(t+\varDelta t/2,\ \{y(t)\}+\{u_1\}/2)\}\\
\{u_3\}&=\varDelta t\{\varPhi(t+\varDelta t/2,\ \{y(t)\}+\{u_2\}/2)\}\\
\{u_4\}&=\varDelta t\{\varPhi(t+\varDelta t,\ \{y(t)\}+\{u_3\})\}\\
\{y(t+\varDelta t)\}&=\{y(t)\}+(\{u_1\}+2\{u_2\}+2\{u_3\}+\{u_4\})/6
\end{aligned}\right\} \tag{9.63}$$

に従って，初期値 $\{y(0)\}=[x(0)\quad \dot{x}(0)]^T$ を与えて，逐次ステップ・バイ・ステップで解くことができる．この方法は，時間を順次増加させて数値計算しており $t+\varDelta t$ の

時点の平衡状態を考慮するような連成解析はしていないので，**陽解法**であるが，テイラー級数展開の 4 次の項まで考慮していることになり，精度は高い．

演習問題

9.1 固有振動数を計算する近似解法について 3 種類述べよ．また，その特徴を簡潔に示せ．

9.2 複雑な形状をした機械構造物の振動解析 (固有振動数，振動モードを求めること) をするとき，どのようなコンピュータ解析法を使うと便利と考えるか．理由を述べて解析法の名前を示せ．

9.3 長さ l の一端固定，他端自由のはりについて，曲げ振動の 1 次固有振動数をレイリーの方法によって求めよ．ただし，モード関数に (1) 放物線 $Y(x) = Y_0 x^2$，(2) 正弦波形 $Y(x) = Y_0\left(1 - \cos\dfrac{\pi}{2l}x\right)$，(3) 等分布荷重を受けたときの静たわみ曲線 $Y(x) = Y_0(x^4 - 4lx^3 + 6l^2x^2)$ のそれぞれを用いた場合について検討せよ．

演習問題略解

第1章

1.1 本文の 1.1 節を参照のこと．

1.2 本文の 1.2 節を参照のこと．

第2章

2.1 本文の 2.1 節を参照のこと．

2.2 本文の 2.2 節を参照のこと．

2.3 (1) 調和振動

(2) $\omega = 2\pi \times \dfrac{30}{60} = 3.14\ \mathrm{rad/s}$, $T = \dfrac{2\pi}{\omega} = 2\ \mathrm{s}$, $f = \dfrac{\omega}{2\pi} = 0.5\ \mathrm{Hz}$

$$a = \frac{250-200}{2} = 25\ \mathrm{mm},\quad a\omega = 78.5\ \mathrm{mm/s},\quad a\omega^2 = 247\ \mathrm{mm/s^2}$$

2.4 $0 < t < T$ では $\omega = 2\pi/T$ であるから，

$$F(\omega t) = \frac{2F_0}{T}t - F_0$$

と書ける．フーリエ級数の各係数は，

$$a_0 = \frac{1}{T}\int_0^T \left(\frac{2F_0}{T}t - F_0\right)dt = \frac{1}{T}\left[\frac{F_0}{T}t^2 - F_0 t\right]_0^T = 0$$

$$\begin{aligned}
a_n &= \frac{2}{T}\int_0^T \left(\frac{2F_0}{T}t - F_0\right)\cos\frac{2\pi nt}{T}dt \\
&= \frac{2}{T}\left[\frac{2F_0}{T}\int_0^T t\cos\frac{2\pi nt}{T}dt - F_0\int_0^T \cos\frac{2\pi nt}{T}dt\right] = 0
\end{aligned}$$

$$\begin{aligned}
b_n &= \frac{2}{T}\int_0^T \left(\frac{2F_0}{T}t - F_0\right)\sin\frac{2\pi nt}{T}dt \\
&= \frac{2}{T}\left[\frac{2F_0}{T}\left(-\frac{T^2}{2\pi n}\right) - 0\right] = -\frac{2F_0}{n\pi}
\end{aligned}$$

したがってフーリエ級数は，

$$F(\omega t) = -\frac{2F_0}{\pi}\sum_{n=1}^{\infty}\frac{1}{n}\sin\frac{2\pi nt}{T}$$

2.5 うなりの周期は，$T = \dfrac{2\pi}{\Delta\omega} = \dfrac{2\pi}{|\omega_1 - \omega_2|} = \dfrac{2\pi}{0.1\pi} = 20\ \mathrm{s}$

最大振幅は，$a_1 + a_2 = 8 + 4 = 12\ \mathrm{mm}$

最小振幅は，$a_1 - a_2 = 8 - 4 = 4$ mm

第3章

3.1 本文の 3.2 節を参照のこと．

3.2 本文の 3.3 節を参照のこと．

3.3 (1) $m\ddot{x} + kx = 0$

(2) 運動エネルギー $T = \dfrac{1}{2}m\dot{x}^2$，位置エネルギー $U = \dfrac{1}{2}kx^2$

(3) ラグランジュ関数 $L = T - U$

$$\frac{d}{dt}\left(\frac{\partial L}{\partial \dot{x}}\right) - \frac{\partial L}{\partial x} = 0 \quad \text{より} \quad m\ddot{x} + kx = 0$$

(4) $\omega_n = \sqrt{\dfrac{k}{m}}$，$f_n = \dfrac{1}{2\pi}\sqrt{\dfrac{k}{m}}$，$T_n = \dfrac{1}{f_n} = 2\pi\sqrt{\dfrac{m}{k}}$

3.4 (1) $2\ddot{x} + 800x = 0$ より，$\ddot{x} + 400x = 0$

(2) 1 自由度系の振動

(3) $\omega_n = \sqrt{\dfrac{k}{m}} = \sqrt{\dfrac{800}{2}} = 20$ rad/s，$T_n = \dfrac{2\pi}{\omega_n} = \dfrac{2\pi}{20} = 0.314$ s,

$$f_n = \frac{\omega_n}{2\pi} = \frac{20}{2\pi} = 3.18 \text{ Hz}$$

3.5 (1) $m\ddot{x} + c\dot{x} + kx = 0$ より，$5\ddot{x} + 10\dot{x} + 500x = 0$ となり，$\ddot{x} + 2\dot{x} + 100x = 0$

(2) $\omega_n = \sqrt{\dfrac{k}{m}} = \sqrt{\dfrac{500}{5}} = 10$ rad/s，$\zeta = \dfrac{c}{2\sqrt{mk}} = \dfrac{10}{2\sqrt{5 \times 500}} = 0.1$

$$\omega_d = \sqrt{1-\zeta^2}\,\omega_n = \sqrt{1-0.01} \times 10 = 9.95 \text{ rad/s}$$

(3) $\zeta = 0.1$

3.6 (1) $\omega_n = \sqrt{\dfrac{k}{m}} = \sqrt{\dfrac{4 \times 10^3}{10}} = 20$ rad/s

(2) $X = \dfrac{X_{st}}{|1 - (\omega/\omega_n)^2|}$

ここで，$\omega = 2\pi f = 40$ rad/s，$X_{st} = F_0/k = 40/(4 \times 10^3) = 0.01$ m

$$X = \frac{0.01}{(40/20)^2 - 1} = \frac{0.01}{4-1} = 0.00333 \text{ m} = 3.33 \text{ mm}$$

(3) $\dfrac{X_{st}}{|1 - (\omega/\omega_n)^2|} < 2X_{st}$ より $|1 - (\omega/\omega_n)^2| > \dfrac{1}{2}$

$(\omega/\omega_n)^2 > 1$ のとき：$(\omega/\omega_n)^2 > 3/2 \quad \therefore \quad \omega > \sqrt{1.5} \times 20 = 24.5$ rad/s

$(\omega/\omega_n)^2 < 1$ のとき：$(\omega/\omega_n)^2 < 1/2 \quad \therefore \quad \omega < \sqrt{0.5} \times 20 = 14.1$ rad/s

3.7 $\delta = \dfrac{1}{10}\log_e\left(\dfrac{1}{0.8}\right) = 0.0223$

$$\delta = \frac{2\pi\zeta}{\sqrt{1-\zeta^2}} \cong 2\pi\zeta,\ \ \zeta = \frac{\delta}{2\pi} = \frac{0.02231}{2\pi} = 0.00355$$

3.8 (1) $mL^2\ddot{\theta} + k_1{l_1}^2\theta + k_2{l_2}^2\theta = 0$

(2) $f_n = \dfrac{1}{2\pi}\sqrt{\dfrac{k_1{l_1}^2 + k_2{l_2}^2}{mL^2}}$

(3) $mL^2\ddot{\theta} + cL^2\dot{\theta} + (k_1{l_1}^2 + k_2{l_2}^2)\theta = 0$

(4) $\zeta = \dfrac{cL^2}{2\sqrt{mL^2(k_1{l_1}^2 + k_2{l_2}^2)}} = \dfrac{cL}{2\sqrt{m(k_1{l_1}^2 + k_2{l_2}^2)}}$

3.9 (1) $\omega_n = \sqrt{\dfrac{k}{m}} = \sqrt{\dfrac{5\times 10^4}{5}} = 100$

$$\omega = 2\pi f = 2\pi \times 20 = 40\pi \text{ rad/s},\ \ X_{st} = \frac{F_0}{k} = \frac{100}{5\times 10^4} = 2\times 10^{-3} \text{ m}$$

強制振動変位：$\dfrac{X_{st}}{|1-(\omega/\omega_n)^2|} = \dfrac{2\times 10^{-3}}{(40\pi/100)^2 - 1} = 0.00345 \text{ m} = 3.45 \text{ mm}$

(2) 図 3.20 より，$\omega/\omega_n < 1$ の条件では静たわみより小さくすることができない．

$$\frac{X_{st}}{(\omega/\omega_n)^2 - 1} < \frac{X_{st}}{20}$$

より，$\omega/\omega_n > 4.58$, $\omega > 4.58\omega_n = 458$ rad/s となり，$f > 72.9$ Hz が条件となる．

3.10 (1) 運動方程式は，

$$\left.\begin{aligned} J_1\ddot{\theta}_1 + K\theta_1 - K\theta_2 = 0 \\ J_2\ddot{\theta}_2 - K\theta_1 + K\theta_2 = 0 \end{aligned}\right\}$$

$$J_1J_2(\ddot{\theta}_1 - \ddot{\theta}_2) + J_2K(\theta_1 - \theta_2) + J_1K(\theta_1 - \theta_2) = 0$$

$\theta_r = \theta_1 - \theta_2$ とおき，さらに両辺を $(J_1 + J_2)$ で割ると，

$$\frac{J_1J_2}{J_1+J_2}\ddot{\theta}_r + K\theta_r = 0$$

よって，$J_e = \dfrac{J_1J_2}{J_1+J_2}$，$K_e = K$，$\theta_e = \theta_r = \theta_1 - \theta_2$

(2) $f = \dfrac{1}{2\pi}\sqrt{K\Big/\left(\dfrac{J_1J_2}{J_1+J_2}\right)} = \dfrac{1}{2\pi}\sqrt{\dfrac{(J_1+J_2)K}{J_1J_2}}$

3.11 $\omega_{n0} = \sqrt{\dfrac{k}{m}} = 4$ rad/s，$\omega_{n1} = \sqrt{\dfrac{k}{m+m_a}} = \sqrt{\dfrac{k}{m+1}} = 3$ rad/s より，

$$\left.\begin{aligned} k &= 16m \\ k &= 9(m+1) \end{aligned}\right\}$$

となり，$m = 1.29$ kg，$k = 20.6$ N/m

3.12 減衰のない自由振動の運動方程式：

$$m\ddot{x} + kx = 0$$

初期条件 $t = 0$ で $x = x_0$，$\dot{x} = v_0$ のもとにラプラス変換：

$$m(s^2X - sx_0 - v_0) + kX = 0$$

したがって，

$$X(s) = \frac{sx_0 + v_0}{s^2 + \omega_n{}^2} = \frac{sx_0}{s^2 + \omega_n{}^2} + \frac{v_0}{s^2 + \omega_n{}^2}$$

ただし，$\omega_n = \sqrt{k/m}$．これを本文の表 3.1 を用いて逆変換すると，

$$x(t) = x_0 \cos\omega_n t + \frac{v_0}{\omega_n}\sin\omega_n t$$

3.13 $m\ddot{x} + c\dot{x} + kx = f(t)$

$m = 2$，$c = 4$，$k = 8$，$f(t) = \sin 2t$ を代入すると，$2\ddot{x} + 4\dot{x} + 8x = \sin 2t$

上式をラプラス変換すると，$(2s^2 + 4s + 8)X(s) = \dfrac{2}{s^2 + 4}$

よって，

$$\begin{aligned} X(s) &= \frac{1}{(s^2+4)(s^2+2s+4)} \\ &= \frac{1}{8} \times \frac{s+1}{(s+1)^2+(\sqrt{3})^2} + \frac{1}{8\sqrt{3}} \times \frac{\sqrt{3}}{(s+1)^2+(\sqrt{3})^2} - \frac{1}{8} \times \frac{s}{s^2+4} \end{aligned}$$

ラプラス逆変換すると，

$$x(t) = \frac{1}{8}e^{-t}\cos\sqrt{3}\,t + \frac{1}{8\sqrt{3}}e^{-t}\sin\sqrt{3}\,t - \frac{1}{8}\cos 2t$$

第4章

4.1 本文の 4.1 節を参照のこと．

4.2 (1)

$$\left.\begin{aligned} m_1\ddot{x}_1 + k_1x_1 + k_2(x_1 - x_2) = 0 \\ m_2\ddot{x}_2 + k_2(x_2 - x_1) = 0 \end{aligned}\right\}$$

(2) 自由振動

(3) $x_1 = X_1e^{\lambda t}$，$x_2 = X_2e^{\lambda t}$ とし，$\omega_{11} = \sqrt{k_1/m_1}$，$\omega_{12} = \sqrt{k_2/m_1}$，$\omega_{22} = \sqrt{k_2/m_2}$ とおくと，振動数方程式は，

$$\begin{vmatrix} \lambda^2 + \omega_{11}{}^2 + \omega_{12}{}^2 & -\omega_{12}{}^2 \\ -\omega_{22}{}^2 & \lambda^2 + \omega_{22}{}^2 \end{vmatrix} = 0$$

(4) $$\omega_{n1}{}^2, \omega_{n2}{}^2 = \frac{1}{2}\left\{(\omega_{11}{}^2+\omega_{12}{}^2+\omega_{22}{}^2) \mp \sqrt{(\omega_{11}{}^2+\omega_{12}{}^2+\omega_{22}{}^2)^2 - 4\omega_{11}{}^2\omega_{22}{}^2}\right\}$$

(5) 本文の式 (4.36) を参照のこと．

(6) 強制振動

(7) 本文の式 (4.42) を参照のこと．

4.3 (1) $X_1 = 0$ にするためには，$\omega = \omega_{22}$ と選べばよい．すなわち，$\omega = \sqrt{k_2/m_2}$ とすればよい．

(2) 本文の式 $(4.43)_2$ より，

$$X_2 = -\frac{X_{st}}{\alpha(\omega_{22}/\omega_{11})^2} = -\frac{F_0}{k_2}$$

$$\therefore\ x_2 = -\frac{F_0}{k_2}\sin\sqrt{\frac{k_2}{m_2}}t$$

となる．

(3) 調和外力 $F_0 \sin\sqrt{k_2/m_2}t$ と反対方向に質点 2 は振動し，この変位により生じる質点 1 に与える力は調和外力をキャンセル (相殺) することになり，質点 1 を静止させることができる．この原理を「動吸振器の原理」という．

4.4
$$\left.\begin{aligned} ml\ddot{\theta} + (kl+mg)\theta - kl\varphi = 0 \\ 2ml\ddot{\varphi} + (kl+2mg)\varphi - kl\theta = 0 \end{aligned}\right\}$$

$\theta = Ae^{j\omega t}$, $\varphi = Be^{j\omega t}$ とすると，振動数方程式は，

$$\begin{vmatrix} -ml\omega^2 + kl + mg & -kl \\ -kl & -2ml\omega^2 + kl + 2mg \end{vmatrix} = 0$$

$$\omega^4 - \frac{1}{2m^2l^2}(3l^2km + 4glm^2)\omega^2 + \frac{3gklm + 2g^2m^2}{2m^2l^2} = 0$$

円振動数 ω_1, ω_2：

$$\omega_1{}^2,\ \omega_2{}^2 = \frac{1}{2}\left\{\left(\frac{3k}{2m} + \frac{2g}{l}\right) \pm \frac{3k}{2m}\right\} = \frac{g}{l},\qquad \frac{3k}{2m} + \frac{g}{l}$$

振幅比：

$$\left(\frac{A}{B}\right)_{\omega=\omega_1,\,\omega_2} = \left(\frac{kl}{kl + mg - ml\omega^2}\right)_{\omega=\omega_1,\,\omega_2} = 1,\quad -2$$

4.5
$$\left.\begin{aligned} ml\ddot{\theta} + (kl+mg)\theta - 2kl\varphi = 0 \\ 2ml\ddot{\varphi} + (2kl+mg)\varphi - kl\theta = 0 \end{aligned}\right\}$$

$\theta = Ae^{j\omega t}$, $\varphi = Be^{j\omega t}$ とすると，振動数方程式は，

$$\begin{vmatrix} -ml\omega^2 + kl + mg & -2kl \\ -kl & -2ml\omega^2 + 2kl + mg \end{vmatrix} = 0$$

$$\omega^4 - \left(\frac{2k}{m} + \frac{3g}{2l}\right)\omega^2 + \left(\frac{3gk}{2ml} + \frac{g^2}{2l^2}\right) = 0$$

円振動数 ω_1, ω_2：

$$\omega_1{}^2,\ \omega_2{}^2 = \frac{1}{2}\left\{\left(\frac{2k}{m} + \frac{3g}{2l}\right) \mp \sqrt{\frac{4k^2}{m^2} + \frac{g^2}{4l^2}}\right\}$$

振幅比：

$$\left(\frac{A}{B}\right)_{\omega=\omega_1,\,\omega_2} = \left(\frac{2kl}{kl + mg - ml\omega^2}\right)_{\omega=\omega_1,\,\omega_2}$$

4.6 (1)
$$\left.\begin{aligned} m\ddot{x}_1 &= k(x_2 - x_1) - kx_1 \\ m\ddot{x}_2 &= -k(x_2 - x_1) \end{aligned}\right\}$$

$x_1 = X_1 e^{\lambda t}$, $x_2 = X_2 e^{\lambda t}$ とすると，

$$\begin{vmatrix} m\lambda^2 + 2k & -k \\ -k & m\lambda^2 + k \end{vmatrix} = 0$$

$$\lambda^2 = \frac{-3mk \pm \sqrt{9m^2k^2 - 4m^2k^2}}{2m^2} = \frac{-3 \pm \sqrt{5}}{2}\frac{k}{m}$$

いま，$\lambda^2 = -\omega_1{}^2$，$-\omega_2{}^2$ であるから $\omega_1 < \omega_2$ とすると，

$$\omega_1 = \sqrt{\frac{3-\sqrt{5}}{2}}\sqrt{\frac{k}{m}},\quad \omega_2 = \sqrt{\frac{3+\sqrt{5}}{2}}\sqrt{\frac{k}{m}}$$

ここで，$m = 1$ kg，$k = 10$ kN/m $= 10000$ N/m を代入すると，

$$\omega_1 = \sqrt{\frac{3-\sqrt{5}}{2}}\sqrt{10000} = 0.618 \times 100 = 61.8 \text{ rad/s}$$

$$\omega_2 = \sqrt{\frac{3+\sqrt{5}}{2}}\sqrt{10000} = 1.618 \times 100 = 161.8 \text{ rad/s}$$

$$f_1 = \frac{\omega_1}{2\pi} = 9.84 \text{ Hz},\quad f_2 = \frac{\omega_2}{2\pi} = 25.8 \text{ Hz}$$

(2) 固有モードは，

$$\frac{X_2}{X_1} = \frac{m\lambda^2 + 2k}{k}$$

$\lambda^2 = -\omega_1{}^2$ のとき，

$$\left(\frac{X_2}{X_1}\right)_{\omega_1} = \frac{-\dfrac{3-\sqrt{5}}{2}k + 2k}{k} = \frac{1+\sqrt{5}}{2} = 1.618$$

$\lambda^2 = -\omega_2{}^2$ のとき，

$$\left(\frac{X_2}{X_1}\right)_{\omega_2} = \frac{-\dfrac{3+\sqrt{5}}{2}k + 2k}{k} = \frac{1-\sqrt{5}}{2} = -0.618$$

4.7 (1) x を上向きを正，θ を反時計まわりを正とすると，運動方程式は，

$$\left.\begin{aligned} m\ddot{x} + (x - l_F\theta)k_F + (x + l_R\theta)k_R = 0 \\ J\ddot{\theta} - (x - l_F\theta)k_F l_F + (x + l_R\theta)k_R l_R = 0 \end{aligned}\right\}$$

(2) 自由度は 2.

(3) $k_F l_F = k_R l_R$

(4) $x = X_1 e^{j\omega t}$, $\theta = X_2 e^{j\omega t}$ とおくと，

$$\left.\begin{aligned} (-m\omega^2 + k_F + k_R)X_1 - (k_F l_F - k_R l_R)X_2 = 0 \\ -(k_F l_F - k_R l_R)X_1 + (-J\omega^2 + k_F l_F{}^2 + k_R l_R{}^2)X_2 = 0 \end{aligned}\right\}$$

ここで，$a_{11}=\dfrac{k_F+k_R}{m}$，$a_{12}=\dfrac{k_Fl_F-k_Rl_R}{m}$，$a_{21}=\dfrac{k_Fl_F-k_Rl_R}{J}$，

$a_{22}=\dfrac{k_F{l_F}^2+k_R{l_R}^2}{J}$ とおくと，振動数方程式は，

$$\begin{vmatrix} -\omega^2+a_{11} & -a_{12} \\ -a_{21} & -\omega^2+a_{22} \end{vmatrix}=0$$

$${\omega_1}^2,\ {\omega_2}^2=\frac{(a_{11}+a_{22})\mp\sqrt{(a_{11}-a_{22})^2+4a_{12}a_{21}}}{2}$$

$$f_1,\ f_2=\frac{\omega_1}{2\pi},\ \frac{\omega_2}{2\pi}=\frac{1}{2\sqrt{2}\pi}\left\{(a_{11}+a_{22})\mp\sqrt{(a_{11}-a_{22})^2+4a_{12}a_{21}}\right\}^{1/2}$$

(5) $$\left(\frac{X_2}{X_1}\right)_{\omega=\omega_1,\omega_2}=\frac{-\omega^2+a_{11}}{a_{12}}=\frac{(a_{11}-a_{22})\pm\sqrt{(a_{11}-a_{22})^2+4a_{12}a_{21}}}{2a_{12}}$$

a_{12} と a_{21} は，つねに同符号であるから，分子はつねに正の場合と負の場合がある．すなわち，並進方向を正とすると回転角は正の場合と負の場合がある．

第5章

5.1 運動方程式は，

$$\left.\begin{aligned} &\frac{1}{2}m\ddot{x}_1+kx_1+k(x_1-x_2)=0 \\ &\frac{1}{4}m\ddot{x}_2-k(x_1-x_2)+k(x_2-x_3)=0 \\ &\frac{1}{4}m\ddot{x}_3-k(x_2-x_3)=0 \end{aligned}\right\}$$

$x_i=X_ie^{j\omega t}$ $(i=1,2,3)$ とすると，振動数方程式は，

$$\begin{vmatrix} -\dfrac{m\omega^2}{2}+2k & -k & 0 \\ -k & -\dfrac{m\omega^2}{4}+2k & -k \\ 0 & -k & -\dfrac{m\omega^2}{4}+k \end{vmatrix}=0$$

$$\omega_1=\sqrt{2(3-\sqrt{7})}\sqrt{\frac{k}{m}},\ 2\sqrt{\frac{k}{m}},\ \sqrt{2(3+\sqrt{7})}\sqrt{\frac{k}{m}}$$

5.2 (1) $m_1\ddot{x}_1+(k_1+k_2)x_1-k_2x_2=0$

$m_2\ddot{x}_2+(k_2+k_3)x_2-k_2x_1=0$

(2) $[M]\{\ddot{x}\}+[K]\{x\}=0$

(3) $[M]=\begin{bmatrix} m_1 & 0 \\ 0 & m_2 \end{bmatrix}$，$[K]=\begin{bmatrix} k_1+k_2 & -k_2 \\ -k_2 & k_2+k_3 \end{bmatrix}$

$\{x\}=\begin{Bmatrix} x_1 \\ x_2 \end{Bmatrix}$，　$\{\ddot{x}\}=\begin{Bmatrix} \ddot{x}_1 \\ \ddot{x}_2 \end{Bmatrix}$

(4) $$\begin{vmatrix} -m_1\omega^2 + k_1 + k_2 & -k_2 \\ -k_2 & -m_2\omega^2 + k_2 + k_3 \end{vmatrix} = 0$$

(5) $k_1 = k_2 = k_3 = 100$ N/m, $m_1 = m_2 = 1$ kg

$$\begin{vmatrix} -\omega^2 + 100 + 100 & -100 \\ -100 & -\omega^2 + 100 + 100 \end{vmatrix} = 0$$

$$\therefore\ \omega^2 = 100,\ 300$$

$$\therefore\ \omega = 10,\ 17.321$$

(6) モード関数は,

$$\{X_1\} = \begin{Bmatrix} 1 \\ 1 \end{Bmatrix},\ \{X_2\} = \begin{Bmatrix} -1 \\ 1 \end{Bmatrix}$$

(7) $\{x\} = [X]\{q(t)\}$

$$[M]\{\ddot{x}\} + [K]\{x\} = 0$$

$$[X]^T[M]\,[X]\{\ddot{q}\} + [X]^T[K]\,[X]\{q\} = 0$$

ここで,

$$[X]^T[M]\,[X] = \begin{bmatrix} 1 & 1 \\ -1 & 1 \end{bmatrix} \begin{bmatrix} 1 & 0 \\ 0 & 1 \end{bmatrix} \begin{bmatrix} 1 & -1 \\ 1 & 1 \end{bmatrix} = \begin{bmatrix} 2 & 0 \\ 0 & 2 \end{bmatrix}$$

$$[X]^T[K]\,[X] = \begin{bmatrix} 1 & 1 \\ -1 & 1 \end{bmatrix} \begin{bmatrix} 200 & -100 \\ -100 & 200 \end{bmatrix} \begin{bmatrix} 1 & -1 \\ 1 & 1 \end{bmatrix} = \begin{bmatrix} 200 & 0 \\ 0 & 600 \end{bmatrix}$$

(8) $\ddot{q}_1 + 100q_1 = 0,\ \ddot{q}_2 + 300q_2 = 0$

5.3 (1) 運動方程式は,

$$\left.\begin{aligned} m\ddot{x}_1 + kx_1 + k(x_1 - x_2) = 0 \\ m\ddot{x}_2 + k(x_2 - x_1) + k(x_2 - x_3) = 0 \\ m\ddot{x}_3 + k(x_3 - x_2) + kx_3 = 0 \end{aligned}\right\}$$

(2) $x_1 = X_1 e^{j\omega t}$, $x_2 = X_2 e^{j\omega t}$, $x_3 = X_3 e^{j\omega t}$ とおくと,

$$\begin{vmatrix} -m\omega^2 + 2k & -k & 0 \\ -k & -m\omega^2 + 2k & -k \\ 0 & -k & -m\omega^2 + 2k \end{vmatrix} = 0$$

これより,

$$\omega_1 = \sqrt{2-\sqrt{2}}\sqrt{\frac{k}{m}},\ \omega_2 = \sqrt{2}\sqrt{\frac{k}{m}},\ \omega_3 = \sqrt{2+\sqrt{2}}\sqrt{\frac{k}{m}}$$

$\omega = \omega_1$ のとき, $X_1 : X_2 : X_3 = 1 : \sqrt{2} : 1$

$\omega = \omega_2$ のとき, $X_1 : X_2 : X_3 = 1 : 0 : -1$

$\omega = \omega_3$ のとき, $X_1 : X_2 : X_3 = 1 : -\sqrt{2} : 1$

(3)
$$\left.\begin{aligned} T &= \frac{1}{2}m({\dot{x}_1}^2 + {\dot{x}_2}^2 + {\dot{x}_3}^2) \\ U &= \frac{1}{2}k{x_1}^2 + \frac{1}{2}k(x_2 - x_1)^2 + \frac{1}{2}k(x_3 - x_2)^2 + \frac{1}{2}k{x_3}^2 \end{aligned}\right\}$$

$L = T - U$ として,

$$\frac{d}{dt}\left(\frac{\partial L}{\partial \dot{x}_i}\right) - \frac{\partial L}{\partial x_i} = 0 \quad (i = 1, 2, 3)$$

とすると,

$$\left.\begin{aligned} &m\ddot{x}_1 + kx_1 - k(x_2 - x_1) = 0 \\ &m\ddot{x}_2 + k(x_2 - x_1) - k(x_3 - x_2) = 0 \\ &m\ddot{x}_3 + k(x_3 - x_2) + kx_3 = 0 \end{aligned}\right\}$$

5.4 (1) 運動方程式は,

$$\left.\begin{aligned} &m\ddot{x}_1 + kx_1 + k(x_1 - x_2) = 0 \\ &m\ddot{x}_2 + k(x_2 - x_1) + k(x_2 - x_3) = 0 \\ &m\ddot{x}_3 + k(x_3 - x_2) + k(x_3 - x_4) = 0 \\ &m\ddot{x}_4 + k(x_4 - x_3) + kx_4 = 0 \end{aligned}\right\}$$

(2) $x_1 = X_1 e^{j\omega t}$, $x_2 = X_2 e^{j\omega t}$, $x_3 = X_3 e^{j\omega t}$, $x_4 = X_4 e^{j\omega t}$ とおくと,

$$\begin{vmatrix} -m\omega^2 + 2k & -k & 0 & 0 \\ -k & -m\omega^2 + 2k & -k & 0 \\ 0 & -k & -m\omega^2 + 2k & -k \\ 0 & 0 & -k & -m\omega^2 + 2k \end{vmatrix} = 0$$

$$(-1)^{1+1}(-m\omega^2 + 2k)\begin{vmatrix} -m\omega^2 + 2k & -k & 0 \\ -k & -m\omega^2 + 2k & -k \\ 0 & -k & -m\omega^2 + 2k \end{vmatrix} +$$

$$(-1)^{1+2}(-k)\begin{vmatrix} -k & -k & 0 \\ 0 & -m\omega^2 + 2k & -k \\ 0 & -k & -m\omega^2 + 2k \end{vmatrix} = 0$$

$$(-m\omega^2 + 2k)^2\left\{(-m\omega^2 + 2k)^2 - 3k^2\right\} + k^4 = 0$$

$X = -m\omega^2 + 2k$, $A = k^2$ とおくと,

$$X^2 = \frac{3A \pm \sqrt{9A^2 - 4A^2}}{2} = \frac{3A \pm \sqrt{5A^2}}{2} = \frac{3 \pm \sqrt{5}}{2}A$$

であるから,

$$m\omega^2 = \left(2 \mp \sqrt{\frac{3 \pm \sqrt{5}}{2}}\right)k = \frac{3 - \sqrt{5}}{2}k,\quad \frac{5 - \sqrt{5}}{2}k,\quad \frac{3 + \sqrt{5}}{2}k,\quad \frac{5 + \sqrt{5}}{2}k$$

$$\omega_1 = \frac{\sqrt{5} - 1}{2}\sqrt{\frac{k}{m}},\quad \omega_2 = \frac{\sqrt{10 - 2\sqrt{5}}}{2}\sqrt{\frac{k}{m}},\quad \omega_3 = \frac{\sqrt{5} + 1}{2}\sqrt{\frac{k}{m}},$$

$$\omega_4 = \frac{\sqrt{10 + 2\sqrt{5}}}{2}\sqrt{\frac{k}{m}}$$

$\omega = \omega_1$ のとき，$X_1 : X_2 : X_3 : X_4 = 1 : \dfrac{1+\sqrt{5}}{2} : \dfrac{1+\sqrt{5}}{2} : 1$

ここで，振動モードの比率は下記の式を解けばよい．

$$\begin{bmatrix} \frac{1+\sqrt{5}}{2}k & -k & 0 & 0 \\ -k & \frac{1+\sqrt{5}}{2}k & -k & 0 \\ 0 & -k & \frac{1+\sqrt{5}}{2}k & -k \\ 0 & 0 & -k & \frac{1+\sqrt{5}}{2}k \end{bmatrix} \begin{Bmatrix} X_1 \\ X_2 \\ X_3 \\ X_4 \end{Bmatrix} = 0$$

$\omega = \omega_2$ のとき, $X_1 : X_2 : X_3 : X_4 = 1 : \dfrac{\sqrt{5}-1}{2} : \dfrac{1-\sqrt{5}}{2} : -1$

$\omega = \omega_3$ のとき, $X_1 : X_2 : X_3 : X_4 = 1 : \dfrac{1-\sqrt{5}}{2} : \dfrac{1-\sqrt{5}}{2} : 1$

$\omega = \omega_4$ のとき, $X_1 : X_2 : X_3 : X_4 = 1 : \dfrac{-1-\sqrt{5}}{2} : \dfrac{1+\sqrt{5}}{2} : -1$

(3) $i = 1$ のとき，

$$M_1 = \begin{bmatrix} 1 & \frac{1+\sqrt{5}}{2} & \frac{1+\sqrt{5}}{2} & 1 \end{bmatrix} \begin{bmatrix} m & 0 & 0 & 0 \\ 0 & m & 0 & 0 \\ 0 & 0 & m & 0 \\ 0 & 0 & 0 & m \end{bmatrix} \begin{Bmatrix} 1 \\ \frac{1+\sqrt{5}}{2} \\ \frac{1+\sqrt{5}}{2} \\ 1 \end{Bmatrix}$$

$$= (5+\sqrt{5})m$$

$$K_1 = \begin{Bmatrix} 1 & \frac{1+\sqrt{5}}{2} & \frac{1+\sqrt{5}}{2} & 1 \end{Bmatrix} \begin{bmatrix} 2k & -k & 0 & 0 \\ -k & 2k & -k & 0 \\ 0 & -k & 2k & -k \\ 0 & 0 & -k & 2k \end{bmatrix} \begin{Bmatrix} 1 \\ \frac{1+\sqrt{5}}{2} \\ \frac{1+\sqrt{5}}{2} \\ 1 \end{Bmatrix}$$

$$= (5-\sqrt{5})k$$

$i = 2$ のとき，

$M_2 = (5-\sqrt{5})m$ ，$K_2 = 5(3-\sqrt{5})k$

$i = 3$ のとき，

$M_3 = (5-\sqrt{5})m$ ，$K_3 = (5+\sqrt{5})k$

$i = 4$ のとき，

$M_4 = (5+\sqrt{5})m$ ，$K_4 = 5(3+\sqrt{5})k$

つぎに，異なるモードに関して直交性を確認する．

$i=1$ と $i=2$ に関して,

$$M_{12}=\begin{bmatrix}1 & \dfrac{1+\sqrt{5}}{2} & \dfrac{1+\sqrt{5}}{2} & 1\end{bmatrix}\begin{bmatrix}m & 0 & 0 & 0\\ 0 & m & 0 & 0\\ 0 & 0 & m & 0\\ 0 & 0 & 0 & m\end{bmatrix}\begin{Bmatrix}1\\ \dfrac{\sqrt{5}-1}{2}\\ -\dfrac{\sqrt{5}-1}{2}\\ -1\end{Bmatrix}=0$$

$$K_{12}=\begin{bmatrix}1 & \dfrac{1+\sqrt{5}}{2} & \dfrac{1+\sqrt{5}}{2} & 1\end{bmatrix}\begin{bmatrix}2k & -k & 0 & 0\\ -k & 2k & -k & 0\\ 0 & -k & 2k & -k\\ 0 & 0 & -k & 2k\end{bmatrix}\begin{Bmatrix}1\\ \dfrac{\sqrt{5}-1}{2}\\ -\dfrac{\sqrt{5}-1}{2}\\ -1\end{Bmatrix}=0$$

5.5 振動数方程式は,$\theta_1=A_1e^{j\omega t}$, $\theta_2=A_2e^{j\omega t}$, $\theta_3=A_3e^{j\omega t}$ とすると,

$$\begin{vmatrix}-J\omega^2+k & -k & 0\\ -k & -J\omega^2+2k & -k\\ 0 & -k & -J\omega^2+2k\end{vmatrix}=0$$

運動方程式は,

$$\left.\begin{aligned}&J\ddot{\theta}_1+k(\theta_1-\theta_2)=T_0\sin\omega t\\ &J\ddot{\theta}_2+k(\theta_2-\theta_1)+k(\theta_2-\theta_3)=0\\ &J\ddot{\theta}_3+k(\theta_3-\theta_2)+k\theta_3=0\end{aligned}\right\}$$

第6章

6.1 本文の 6.1 節から 6.5 節を参照のこと.

6.2 本文の弦の振動を棒の縦振動におき換えて,考察すること.

6.3 (1) $\dfrac{\partial^2 y}{\partial t^2}=-\dfrac{EI}{\rho A}\dfrac{\partial^4 y}{\partial x^4}$

(2) $f_i=\dfrac{1}{2\pi}\left(\dfrac{i\pi}{l}\right)^2\sqrt{\dfrac{EI}{\rho A}}\quad(i=1,2)\quad=8.07\ \text{Hz},\ 32.3\ \text{Hz}$

6.4 弦の固有振動数 f は $\sqrt{T/\rho}$ に比例する.

$$\frac{(T)_{f=250}}{(T)_{f=200}}=\left(\frac{250}{200}\right)^2=1.56$$

となり,張力を 1.56 倍にすればよい.

6.5 一端固定,他端自由の棒の縦振動の 1 次の固有振動数は,

$$f=\frac{1}{4l}\sqrt{\frac{E}{\rho}}=\frac{1}{4}\sqrt{\frac{206\times10^9}{7.8\times10^3}}=1280\ \text{Hz}$$

ねじり振動の 1 次の固有振動数は,

$$f = \frac{1}{4l}\sqrt{\frac{G}{\rho}} = \frac{1}{4}\sqrt{\frac{80 \times 10^9}{7.8 \times 10^3}} = 801 \text{ Hz}$$

第 7 章

7.1 15 Hz, エリアシング

7.2 2 点のパワースペクトル密度と 2 点間のクロススペクトル密度を用いてコヒーレンスを求めればよい.

第 8 章

8.1 受動制御は減衰器としてオイルダンパがよく使われる. また, 摩擦板もよく利用される. 能動制御は固有振動数を変化させたり, 減衰力を付加したり, 強制振動をさせる外力そのものを打ち消すために, アクチュエータとよばれる油圧ピストン, 圧電素子, 電気モータなどの外部能動制御装置がよく使われる.

8.2 本文の 8.1, 8.2 節を参照のこと.

第 9 章

9.1 本文の 9.1 節を参照のこと.

9.2 有限要素法. 詳細は本文の 9.3 節を参照のこと.

9.3 (1) $Y(x) = Y_0 x^2$ のとき,

$$\int_0^l \left(\frac{d^2Y(x)}{dx^2}\right)^2 dx = 4{Y_0}^2 l, \quad \int_0^l Y^2(x)\,dx = \frac{1}{5}{Y_0}^2 l^5$$

$$\omega = \sqrt{\frac{EI}{\rho A}\cdot\frac{4{Y_0}^2 l}{(1/5){Y_0}^2 l^5}} = \frac{4.472}{l^2}\sqrt{\frac{EI}{\rho A}}$$

(2) $Y(x) = Y_0\left(1 - \cos\dfrac{\pi}{2l}x\right)$ のとき,

$$\int_0^l \left(\frac{d^2Y(x)}{dx^2}\right)^2 dx = \frac{\pi^4}{2^5 l^3}{Y_0}^2, \quad \int_0^l Y^2(x)\,dx = \left(\frac{3}{2} - \frac{4}{\pi}\right) l{Y_0}^2$$

$$\omega = \sqrt{\frac{EI\{\pi^4/(2^5 l^3)\}{Y_0}^2}{\rho A(3/2 - 4/\pi) l{Y_0}^2}} = \frac{3.664}{l^2}\sqrt{\frac{EI}{\rho A}}$$

(3) $Y(x) = y_0\left(x^4 - 4lx^3 + 6l^2x^2\right)$ のとき,

$$\int_0^l \left(\frac{d^2Y(x)}{dx^2}\right)^2 dx = \frac{144}{5} l^5 {Y_0}^2, \quad \int_0^l Y^2(x)\,dx = \frac{104}{45} l^9 {Y_0}^2$$

$$\omega = \sqrt{\frac{EI}{\rho A}\cdot\frac{(144/5) l^5 {Y_0}^2}{(104/45) l^9 {Y_0}^2}} = \frac{3.530}{l^2}\sqrt{\frac{EI}{\rho A}}$$

(注) 厳密解のとき, $\omega = \dfrac{3.516}{l^2}\sqrt{\dfrac{EI}{\rho A}}$

参考文献

[1] 妹沢克惟：振動学，上・下，岩波書店，1932.
[2] 坪井忠二：振動論，現代工学社，1942.
[3] J.W.S. Rayleigh: The Theory of Sound, Vol.1, 2, Dover, 1945.
[4] 萩原尊禮：振動測定，寳文館，1946.
[5] 岩本周平(編纂)：航空学術研究報告集 振動篇，(財) 日本科学文化協会，1947.
[6] 太田友弥：振動工学，山海堂，1948.
[7] 松平精：基礎振動学，共立出版，1950.
[8] 高橋利衛：機械振動とその防止，オーム社，1953.
[9] S. Timoshenko (著)，谷下市松，渡辺茂(共訳)：工業振動学，東京図書，1956.
[10] 谷口修：振動工学，コロナ社，1957.
[11] 平尾収，近藤政市，亘理厚，山本峰雄：理論自動車工学，山海堂，1958.
[12] J.P.D. Hartog (著)，谷口修，藤井澄二(共訳)：機械振動論，コロナ社，1960.
[13] C.M. Harris and C.E. Crede: Shock and Vibration Handbook, McGraw-Hill, 1961.
[14] L.A. Jacobsen and R.S. Ayre (著)，後藤尚男，金多潔(共訳)：構造物と機械のための振動工学，丸善，1961.
[15] 井町勇：機械振動学，朝倉書店，1964.
[16] 亘理厚：機械振動，丸善，1966.
[17] 岡本舜三：建設技術者のための振動学，オーム社，1967.
[18] J.N. Macduff and J.R. Curreri (著)，小堀与一(訳)：振動制御，コロナ社，1967.
[19] 入江敏博：機械振動学通論，朝倉書店，1969.
[20] 野口尚一，北郷薫監修：100 万人のダイナミックス，アグネ，1969.
[21] 田島清灝：振動の工学，産業図書，1970.
[22] 戸川隼人：マトリクスの数値計算，オーム社，1971.
[23] 河島佑男：動的応答解析，培風館，1972.
[24] 前沢成一郎：振動工学，森北出版，1973.
[25] 小坪清真：土木振動学，森北出版，1973.
[26] S.H. Crandall and W.D. Mark: Random Vibration in Mechanical Systems, Academic Press, 1973.
[27] 中川憲治，室津義定，岩壺卓三(共著)：工業振動学，森北出版，1976.
[28] 添田喬，得丸英勝，中溝高好，岩井善太(共著)：振動工学の基礎，日新出版，1978.
[29] R. Bishop (著)，中山秀太郎(訳)：振動とは何か　なぜ起こり，どう克服するか：講談社，1981.
[30] 日本建築学会(編)：地震動と地盤 — 地盤振動シンポジウム 10 年の歩み，日本建築学会，1983.
[31] 国枝正春：実用機械振動学，理工学社，1984.

[32] D.J. Ewins: Modal Testing: Theory and Practice, Research Studies Press and John Wiley & Sons, 1984.
[33] 長松昭男：モード解析，培風館，1985.
[34] A.P. French (著)，平松淳，安福精一(監訳)：MIT 物理　振動・波動，培風館，1986.
[35] 日本機械学会編：振動工学におけるコンピュータアナリシス，コロナ社，1987.
[36] 安久正紘，住谷正夫：家庭用機器における $1/f$ ゆらぎ振動の利用，騒音制御 14-3，1990.
[37] 川井忠彦，藤谷義信(共著)：振動および応答解析入門，1991.
[38] A.A. Shabana: Vibration of Discrete and Continuous Systems, Springer-Verlag, 1991.
[39] G.G. Luce (著)，団まりな(訳)：生理時計，思索社，1991.
[40] 長岡洋介：振動と波，裳華房，1992.
[41] 芳村敏夫，横山隆，日野順市(共著)：基礎 振動工学，共立出版，1992.
[42] 近藤恭平：工学基礎 振動論，培風館，1993.
[43] 佐藤秀紀，岡部佐規一，岩田佳雄(共著)：機械振動学 ― 動的問題解決の基本知識 ―，工業調査会，1993.
[44] 長松昭男，内山勝，斎藤忍，鈴木浩平，背戸一登，原文雄，藤田勝久，山川宏，吉田和夫(編)：ダイナミクスハンドブック，朝倉書店，1993.
[45] 小林繁夫：振動学，丸善，1994.
[46] 田中基八郎，大久保信行(共著)：振動をみる，オーム社，1994.
[47] D.J. Inman: Engineering Vibration, Prentice Hall, 1996.
[48] B.H. Tongue: Principle of Vibration, Oxford University Press, 1996.
[49] A.I. Beltzer (著)，川田重夫，岡田利男(共訳)：シミュレーション工学入門，培風館，1998.
[50] M. Geradin and D. Rixen: Mechanical Vibrations, Theory and Application to Structural Dynamics, John Wiley & Sons, 1997.
[51] 鈴木浩平：振動を制する ダンピングの技術，オーム社，1997.
[52] 鈴木浩明：快適さを測る その心理・行動・生理的影響の評価，日本出版サービス，1999.
[53] C.W. de Silva: Vibration Fundamentals and Practice, CRC Press, 2000.
[54] M. Mukhopadhyay: Vibrations, Dynamics and Structural Systems, A.A. Balkema, 2000.
[55] 安田仁彦：振動工学 基礎編，コロナ社，2000.
[56] L. Meirovitch: Fundamentals of Vibrations, McGraw-Hill, 2001.
[57] 背戸一登，丸山晃市：振動工学 解析から設計まで，森北出版，2002.
[58] 下郷太郎，田島清灝：振動学，コロナ社，2002.
[59] 鈴木浩平：振動の工学，丸善，2004.

索　引

■た 行

■な 行

■は 行

■ま 行

■や 行

■ら 行

著 者 略 歴
藤田　勝久（ふじた・かつひさ）
1966 年　大阪大学大学院工学研究科修士課程機械工学専攻修了
（三菱重工業（株）高砂研究所振動・騒音研究室長，
研究所次長，事業所技師長兼研究所技師長を歴任）
1997 年　大阪府立大学工学部機械システム工学科教授
2000 年　大阪府立大学大学院工学研究科機械系専攻教授（改組による）
2005 年　定年退官

大阪公立大学大学院工学研究科機械物理系専攻特任教授・客員教授
会社，研究所等の技術顧問・研究指導顧問など
現在に至る
工学博士，日本機械学会フェロー，米国機械学会フェロー

編集担当　上村紗帆・宮地亮介（森北出版）
編集責任　石田昇司（森北出版）
組　　版　アベリー
印　　刷　丸井工文社
製　　本　　同

振動工学　新装版
振動の基礎から実用解析入門まで

2005 年 9 月 1 日　第 1 版第 1 刷発行
2015 年 10 月 26 日　第 1 版第 8 刷発行
2016 年 12 月 26 日　新装版第 1 刷発行
2025 年 2 月 10 日　新装版第 8 刷発行

著　　者　藤田勝久
発 行 者　森北博巳
発 行 所　**森北出版株式会社**
東京都千代田区富士見 1-4-11（〒 102-0071）
電話 03-3265-8341 ／ FAX 03-3264-8709
https://www.morikita.co.jp/
日本書籍出版協会・自然科学書協会　会員
JCOPY ＜（一社）出版者著作権管理機構 委託出版物＞

落丁・乱丁本はお取替えいたします.

Printed in Japan ／ ISBN978-4-627-66542-2